全国中等职业技术学校园林绿化专业教材

# 园林绿地设计

（第二版）

郭玉梅　王　伟　主编

中国劳动社会保障出版社

**图书在版编目（CIP）数据**

园林绿地设计/郭玉梅、王伟主编．—2版．—北京：中国劳动社会保障出版社，2014

ISBN 978-7-5167-0692-3

Ⅰ.①园…　Ⅱ.①郭…　②王…　Ⅲ.①绿化地-园林设计　Ⅳ.①TU986.2

中国版本图书馆CIP数据核字（2014）第023302号

**中国劳动社会保障出版社出版发行**

（北京市惠新东街1号　邮政编码：100029）

*

新华书店经销

北京印刷集团有限责任公司印刷二厂印刷　北京密云青云装订厂装订

787毫米×1092毫米　16开本　18.5印张　372千字

2014年1月第2版　　2014年1月第1次印刷

**定价：42.00 元**

读者服务部电话：(010)64929211/64921644/84643933

发行部电话：(010)64961894

出版社网址：**http://www.class.com.cn**

# 简介

本教材为全国中等职业技术学校园林绿化专业教材，由人力资源和社会保障部教材办公室组织编写。

教材在介绍了园林制图基础知识和园林绿地设计原理的基础上，着重讲解了公园绿地、居住区绿地、道路绿地、厂区绿地、校园绿地和医疗机构绿地等常见园林绿地类型的设计思路与方法，简要介绍了园林绿地计算机辅助设计中常用的Auto CAD和Photoshop操作软件。教材引入了大量设计案例，用以引导学生学习如何将理论应用于实际，进而提高其设计能力和操作水平；每章后的“思考练习题”可以帮助学生进一步巩固所学内容。教材配有电子课件，可登录www.class.com.cn在相应的书目下载。

本教材由郭玉梅、王伟任主编，张颖、邵丽艳、田新伟、丁春梅、张凌云、王欣、黄本敏、仲蕾、刘传志、傅薪雨参加编写，林俭审稿。

# 目录
# CONTENTS

# 绪论

## 一、园林绿地设计多元综合性、艺术性及重要性

现在我国园林的发展在速度和数量上都是空前的。园林绿地设计也在逐步深化和完善。园林绿地设计是兼具社会、自然、艺术多元功能的综合体，既要满足生态、环保、休闲和美化城市的社会功能，又要符合植物学特性的自然规律，同时在艺术上还要体现创作理念和设计风格。

园林绿地在美化城市面貌、平衡城市生态环境、调节气候、净化空气等诸多方面均有着积极的作用。园林绿地设计是为了满足这一目的和用途，在规划的原则下运用园林艺术和工程技术手段利用植物、山水、建筑等园林要素，创造出具有独立风格，有生机、有力度、有内涵的园林环境。因此，园林设计师担负着自然环境和人工环境的建设与发展、人类生活质量的提高、中华民族优秀传统文化的传承和弘扬的重任；要求有较全面的园林植物、生态、环境保护、建筑工程、艺术审美、旅游和社会行为心理学等方面的知识。以便能从实际出发，因地制宜地设计出符合科学、美观、实用、经济的优秀设计方案，造福城乡广大人民，为我国社会主义精神文明和物质文明建设增光添彩。

## 二、园林绿地设计内容及其分科

中国造园历史悠悠数千年，在这漫长的岁月中，中国人在造园实践中积累下极其珍贵的经验以及理论著作，并出现了众多的造园哲匠。中国古代园林设计方面的论著，如：明代计成的《园冶》、清代李渔的《闲情偶寄》，以及北宋沈括的《梦溪笔谈》中部分内容、有关的论述，都为今天的园林、风景园林设计工作提供了极其宝贵的文化遗产。现代园林绿地设计，遵循“古为今用，洋为中用”的准则，总结古今中外园林设计方面的经验与成就，结合丰富的有关资料，使之成为符合新时代要求的设计作品。本书对我国及世界各国的园林绿地的发展各个历程都进行了详细的介绍。

园林绿地设计属于综合性较强的专业技术工作，学习时先需要掌握制图的基础知识，扎实掌握设计基础的理论，从而能够在设计中遵守基本的国家行业标准，还需要不断地增加对有关园林绿地中地形、植物、水体、园林建筑等园林要素的设计标准和原理的了解，从而在设计中不违背基本的自然规律和原则，并在这些原则下进行园林绿地设计创作。

中国城市绿化建设近十年来快速发展，国家及社会对绿地的要求和投入不断提升，在许多方面有了明显的进步。城市绿地面积有了快速的增长，生态环境有了较大的改善，人们对绿化、美化和景观建设的重视达到了空前的高度。园林绿地多样性程度、工程质量得到了大幅度提升，提高了生态效益和植物景观效果。这些表现在园林绿地的设计水平的提高上，特别是公园、街道广场、工厂、居住区、学校、医院等各类园林绿地的设计的形式也越发精彩多样。因地制宜地设计出符合科学、美观、适用、经济的优秀设计方案尤为重要，书中对绿地的特征、设计手法以及设计过程中需要注意的问题和重点进行了详细的论述；通过大量设计案例中的设计图例和实景照片介绍了各类园林绿地的设计原则和方法；设计者要对各类绿地的设计原则和要求进行详细的了解，并在实践中灵活运用。从由来与传承、风格与情趣、建筑与小品、植物与配置、环境与类别、风水与营造等方面切入，营造空气清晰、视野舒适的生态氛围，达到至善至美、天人合一的理想境界。

随着计算机技术日新月异的发展，计算机辅助设计已经深入到各个学科，各类设计软件在园林绿地设计中的应用日益广泛， Auto CAD 2012、Photoshop CS 3.0、3DS MAX及Sketchup等设计软件的程序使用与技巧掌握，为各类学者提供了更为宽阔的视野和深入发展的方向。

## 三、学习《园林绿地设计》的方法与目标

园林不仅是一个有形的物质空间，还是一个无形的精神领域。赏园旨在体味超越花草、树木、湖水及岩石的喜悦，即感受瞬间的永恒。因此园林绿地设计是综合艺术性较强的专业技术工作，学者在了解掌握园林绿地设计的基础上，还需要不断扩大有关园林植物、生态、环境保护、城市规划、建筑工程、艺术审美、旅游和社会行为心理学等方面的知识。在学习中要掌握科学的学习方法，制图基础知识和计算机辅助设计两部分内容在掌握理论的基础上，着眼于解决学习的能力点、技能点，不强调知识的系统性，重点在于培养实际动手能力；侧重于基本技能训练。

各种园林要素和各类园林绿地设计在掌握设计要求和原则的基础上，要多看、多了解新的相关的观念和方向，注重全方位的修养，重于开发思路与新的设计理念的形成，多参入各类绿地设计创作过程，才能对项目进行高起点、大视野、全方位的把握，达到学习的目标。通过对学生启发设计思维，培养学生的设计意识，同时让学生了解园林绿地设计中计算机辅助设计的技法和目的，使其灵活运用各类设计软件。

本次改编在原教材的基础上更多的增加了新的设计实例和分析；更新了有关绿地分类标准，并根据新标准重新编写；调整了部分章节的内容，能比较全面地反映绿地设计新知识，具有较强的操作性。具体调整内容如下：

第一章在原基础上更加详细地介绍了中外园林的特点；第二章增加了三面投影体

系的有关内容，并将原教材中第三章的部分内容并入其中，计算机辅助设计单列为第五章，内容有所增加、调整，原教材中的第四章园林测量基础知识已经另行改编在其他科目的教材中，第三章主要保留原教材第五章园林绿地设计的内容，增加了规划设计程序，第四章按照最新的《城市绿地分类标准》进行了编写，增加了实例分析。第五章计算机辅助设计从原第二章独立，增加了新的设计软件操作介绍。

本教材学习的目标是学习完成后学习者能掌握有关的理论与应用技巧，成为在园林相关领域的高级技术人员；毕业后可到园林局、公园、物业管理、相关绿化企业及各级政府的行政管理部门从事相关技术与管理工作。

# 第一章 中外园林概述

### 学习目标

◆了解园林绿地的概念及中外古典园林的发展概况
◆重点掌握中国古典园林的主要特点及南北方传统园林的差异
◆理解并掌握日本、意大利、法国、英国及美国园林的造园特点

根据历史的不同发展时期，园林在中国古籍里被称为园、囿、苑、园亭、庭院、园池、山池、池馆、别业、山庄等，美英各国则称为花园、公园等。它们的性质、规模虽不完全一样，但都具有一个共同的特点：在一定的地段范围内，利用并改造天然山水地貌或者人为地开辟山水地貌，结合植物的栽植和建筑的布置，从而构成一个供人们观赏、游憩、居住的环境。创造这样一个环境的全过程（包括设计和施工在内）一般称为“造园”，研究如何去创造这样一个环境的科学就是造园学。

园林建设与人们的审美观念、社会的科学技术水平有着密切的关系，其更多地凝聚了当时当地人们对正在或未来生存空间的一种向往。在当代，园林选址已不拘泥于名山大川、深宅大府，而广泛建于城市的街头、交通枢纽地、商业区、住宅区、工业区以及大型建筑的屋顶等处，使用的材料范围也从传统的建筑用材与植物扩展到了水体，并增加了灯光、音响等综合性的技术手段的运用。

## 第一节 中国园林概述

### 一、中国园林发展简史

中国是世界上最早出现园林的国家之一，早在3 000多年以前的殷商时代，中国就出现了园林的雏形——“囿”。“囿”是指在围住的一定地域内保留着天然的地形和森林草原，让鸟兽滋生繁育，后来发展了少量的人为景观和设施，如池台等，成为供帝王贵族们狩猎、游乐的场所。

到了封建社会，由于生产力进一步提高，囿单调的游乐内容已不能满足当时统治者的要求，从而出现了以宫室建筑为主体的建筑宫苑形式，除有动物供狩猎或圈养观赏外，还应用植物和山水的内容。秦、汉时期，建筑宫苑的形式发展迅速，而且规模宏大，如“上林苑”“阿房宫”等著名的宫苑就是代表。

魏晋南北朝时期，是中国历史上的一个大动乱时期，许多文人雅士悲观厌世，寄情于山水，出现了陶渊明、谢灵运等田园文人；绘画的理论和表现技巧的发展对于当时的园林布局起到了一定作用，宫苑、佛寺、私家园林都凿渠引水，穿池筑山，园林中包含山水风格，出现了自然山水园，园林的经营完全转向以满足作为人的本性的物质享受和精神享受为主，并升华到艺术创作的新境界，为后来的唐、宋、明、清的园林艺术打下了良好的基础。所以说，魏晋南北朝乃是中国古典园林发展史上一个承前启后的时期。

隋、唐是我国封建社会中期的全盛时期，宫苑园林在这一时期有了很大发展。隋朝结束了社会长期混乱的局面，统一了南北之后，南北方的园林得到交流，使北方宫苑也向南方自然山水园演变，而成为山水建筑宫苑。唐朝国力强盛，所建园林规模更为宏大，但仍取宫苑结合、前宫后苑的形式，著名的代表有西内（太极宫）、东内（大明宫）和南内（兴庆宫），以及在骊山建的华清宫。在城的东南角建有“曲江池”，也是帝王游乐之所，每年还定期向百姓开放三天，是我国最早出现带有“公园”含义的园林胜景。唐宋时期，山水诗、山水画很流行，影响到园林的创作，将诗情画意融入了园林，以景入画，以画设景，形成了“唐宋写意山水园”的特色。唐宋写意山水园开创了中国园林的一代新风，它效法自然、高于自然、寓情于景、情景交融，富有诗情画意，为明清园林，特别是江南私家园林所继承发展，成为我国园林的重要特点之一。

从明中期至清初，随着经济的发展，大江南北的私家园林蓬勃兴起，是我国江南园林蔚然成风、硕果累累的黄金时代。北方发挥着皇家的物质优势，又结合江南私家园林艺术，开始兴起一个皇家造园的高潮。“绘画乃造园之母”，此时期私家园林受到文人画家的直接影响，更重诗画情趣，意境创造，贵于含蓄蕴藉，其审美多倾向于清新高雅的格调。此时期的园林代表作品可推无锡寄畅园、苏州拙政园、扬州个园，其审美特点是“接近自然”。园景的主体是自然风光，亭台参差、廊坊婉转作为陪衬，这里寄托园主人淡漠厌世、超脱凡俗的思想，在物质环境中蕴藏着丰富的精神世界，苍凉廓落、古朴清旷是其美的特征。而在皇家园林艺术创作中，更表现出了一种统一的风格，一种共有的审美倾向，如大内御苑、离宫御苑、行宫御园等（见图1—1）。

清朝乾隆时期是中国封建社会经济、政治、文化的最后繁荣时期，号称“乾隆盛世”。此段时期集中兴建的一大批优秀的皇家园林与江南私家园林，成为我国园林发展史上的高峰，可以认为是整个封建社会园林创作的总结。它们全面体现了传统园林的美学思想，成为中国传统文化和民族审美的结晶，在从古至今的世界园林舞台上，是令观众倾倒的最精彩的角色之一。

从乾隆三年起至其后的30余年，皇家新建、扩建的大小园林占地面积共计1 500余$hm^2$。皇城内的御苑有三海（西苑）、建福宫花园、慈宁宫花园、宁寿宫花园，离宫御

图1—1　中国古典园林

苑有畅春园、圆明园、承德避暑山庄，行宫御苑有静宜园、静明园、熙春院、春熙园、乐善园、南苑行宫、汤泉行宫、钓鱼台行宫、滦阳行宫、盘山静寄山庄等。

避暑山庄（建成于乾隆五十五年，即1790年完成）占地广阔，山区、平原区和湖区分别把北国山岳、塞外草原、江南水乡的风景名胜荟萃于一体，恰当的比例（山岭占4/5，平原、水面占1/5）构成巨幅山水画中堂。这里，磬锤峰是借景的主体，山庄外围仿蒙、藏地区著名庙宇形式兴建了外八庙，如同众星捧月，成为山庄背景烘托的又一层景观，由山庄至外八庙再拓展到周围崇山峻岭，构成约20 $km^2$的山水园林与庙宇寺观交织的壮丽景观，其妙在充分借用自然美以开拓环境美，园内园林之景又与环境美浑然一体，给人以雄浑磅礴、自然天成、层次清晰、野趣横生的艺术感受。

圆明园是以建筑造型的技巧取胜，显示了人对一般形式美法则的熟练掌握。园内15万 $m^2$的建筑中，个体建筑的形式就有五六十种之多；而一百余组的建筑群的平面布置也无一雷同，可以说囊括了中国古代建筑可能出现的一切平面布局和造型式样。但却又万变不离其宗，都是以传统的院落作为基本单元。圆明园建筑的内部装修同样堪称集传统装修之大成，装修多采用扬州“周制”，以紫檀、花梨等贵重木料制作，镶嵌翠玉、金银、象牙等，使外部造型绚丽精巧，内部装修华丽精致有机组合，卓绝的技能融于形式美的法则之中，可谓技艺融合。

新中国成立后，社会主义建设在各个领域逐渐展开，园林事业也取得了长足的发展，尤其是改革开放以后，许多西方的现代景观设计理论被引进国内，现代风景园林的学科体系得到更进一步的充实，城市公共绿地的兴起成为中国现代园林发展的主要动力。新中国成立初期，党和政府对城市园林绿化建设工作极为重视，制定了“普遍绿化，重点美化”的方针，提出了“大地园林化”的口号。以杭州市为例，杭州植物园、花港观鱼就是在这一时期修建的。到了20世纪60年代，城市公园建设进一步加强，全国城市园林绿地面积已发展到26 080 $hm^2$，公园585个。1973年以后，国家开始重视城市绿地对环境的保护作用，城市公共绿地建设在全国各地也逐渐展开，如杭州动物园、南京园林药物园等一批公园陆续建成。改革开放以后，中国的政治、经济、社会、文化得到了全面的发展，城市绿地作为市民生活的重要场所，也得到了长足发展。据1985年年底对全国220个城市的统计，仅城市公园就有978个，总面积增加到20 956 $hm^2$，分布逐渐普及，公共绿地的类型和内容也很丰富，供居民游息的公园绿地有综合性公园、纪念性公园、专类花园、动植物园、儿童公园、小游园和广场绿地等，城市公园成为市民休憩的重要场所。城市绿地的建设也向着个性化、系统化、人性化、规范化的方向发展，规划布局从僵化、单一形式逐渐变得灵活多样，植物的种类也从少到多。花灌木、地被植物，特别是草坪的大量应用，不仅增加了绿化量，也扩大了绿地的可视范围，极大地丰富了城市园林景观。绿地的类型也出现了新的发展，城市公园出现了各类主题公园、雕塑公园等一些个性突出的专类公园，同时随着城市用地的日趋紧张，屋顶花园等特殊场地的绿化也得到了很大的发展。

中国现代园林对于传统古典园林的传承及其一系列的发展，并不意味着就应该一味地仿古、复古，园林建设在延续传统园林文化精髓的同时，最终还要与现代社会紧密结合。

## 二、中国古典园林的特点

在中国园林发展的过程中，由于中国幅员辽阔，形成了丰富多彩的各类园林。按园林的选址和开发方式的不同可分为人工山水园和天然山水园，按园林的布局形式可分为自然式、规则式与混合式，按园林的隶属关系可分为皇家园林、私家园林和寺观（或宗教）园林。

从地域看，中国古典园林，北方以皇家园林为代表，江南以私家园林为代表，而岭南地区的园林自成一体，它们都各具特色（见表1—1）。此外，还有充满地方特色的巴蜀园林和西域园林等。

表1—1 中国三大地区古典园林的特征

| 分类 | 特征 | 代表 |
| --- | --- | --- |
| 北方皇家园林 | 规模宏伟、富丽堂皇，不脱严谨庄重的皇家风范。追求宏大气派和“普天之下莫非皇土”的意志，形成“园中园”的格局。同时，安排一些体量巨大的单体建筑及组合丰富的建筑群落，将较明确的轴线关系或主次分明的多轴线关系带入本来就强调因山就势、巧若天成的造园理法中，这也是皇家园林与私家园林判然有别的地方所在 | 承德避暑山庄、北京颐和园、北京圆明园 |
| 江南私家园林 | 自由小巧、古朴淡雅，具有尘虑顿消的精神境界。明清时代的江南私家园林，是中国造园发展史上的高峰，代表着精致、素雅、空灵、通透的文人写意山水风景园林的成熟，代表着中国园林艺术的最高水准。同时，在江南涌现了大批造园家和匠师，《园冶》《闲情偶记》《长物志》等造园理论著作也已面世。大多是宅园一体的园林，将自然山水浓缩于住宅之中，在城市里创造人与自然和谐相处的居住环境，它是可居、可赏、可游的城市山林，是人类理想的家园 | 苏州四大名园：沧浪亭（宋）、狮子林（元）、拙政园（明）、留园（清） |
| 岭南园林 | 布局紧凑、装修华美，追求赏心悦目的世俗情趣。岭南泛指中国南方五岭地区，过去由于远离政治文化中心又地处沿海，形成了自己独特的园林风格。以宅园为主，规模较小，一般为庭园和庭园的组合形式，密集紧凑，建筑的比重较大，通透开敞，以装修的细木雕工和套色玻璃画见长；叠山多用姿态嶙峋、皴折繁密的英石包镶；气候温暖，观赏植物的品种繁多 | 广东的岭南四大名园：余荫山房（番禺）、可园（东莞）、清晖园（顺德）、梁园（佛山） |

中国园林作为世界园林体系中的一大分支，大都是“虽由人作，宛自天开”的自然风景园，富于中国传统文化的神韵。这个造园系统中风貌各异的三大园林风格，都充分体现了中国园林参差天趣、丰富多彩的美（见图1—2～图1—5）。

图1—2　承德避暑山庄烟雨楼

图1—3　北京圆明园

图1—4　苏州拙政园的小飞虹

图1—5　广东顺德清晖园

中国地大物博，园林文化极其丰富，即使属于同一类园林，也因南北方地域、文化以及服务对象的不同，设计特点上具有较大的差异（见表1—2）。

表1—2　南北方传统园林的比较

| 比较项目 | 南方园林 | 北方园林 |
|---|---|---|
| 风格 | 轻巧、秀丽、朴素、典雅 | 宏伟、壮观、华丽、端庄 |
| 占地面积 | 较小 | 较大 |
| 布局特点 | 轻巧、通透、开敞，多用自然式 | 敦实、厚重，较封闭，有对称式和自然式 |
| 园林建筑特点 | 屋顶陡峭，屋脊曲线弯曲，屋角起翘高，屋面坡度较大，柱细；精巧，常用青瓦，不常施彩画；古朴素雅、协调统一，多用冷色调 | 屋顶略陡，屋脊曲线较平缓，屋角起翘不高，屋面坡度较小，柱较粗；华丽，常用琉璃瓦，常施彩画；艳丽、浓烈、对比强，多用暖色调 |

中国古典园林艺术正是造园艺术家以园林美丽的“躯体”成功表现了园林所承载的美丽灵魂，从而使中国古典园林艺术成为优秀的艺术门类（见表1—3）。

表1—3　　中国古典园林艺术的主要特点

| 特点 | 说明 |
| --- | --- |
| 崇尚自然美：源于自然、高于自然是中国古典园林创作的主旨，目的在于求得一个概括、精练、典型而又不失自然美的空间环境 | 所有的造园要素，都要求模仿自然形态，反对矫揉造作。充分利用自然的地形开山凿池，强调建筑美与自然美的融糅，达到人工与自然的高度协调——“虽由人作，宛自天开”（计成《园冶》）的境界。如苏州的拙政园“与谁同坐”轩（见图1—6） |
| 寓情于景：常用比拟和联想的手法，使意境更为深邃，充满诗情画意。其特点在于它不以创造呈现在眼前的具体园林形象为终极目标，追求的是表现形外之意，像外之像，是园主寄托情怀、观念和哲理的理想审美境界 | 文人常将自然界万物赋予品性，常会睹物思情等。在运用造园材料时考虑到材料本身所象征的不同情感内容，表达一定的情思，增强园林艺术的表现力，营造园林的意境。常用匾额、楹联、诗文、碑刻等文学艺术形式，来点明主旨、立意，表现园林的艺术境界，引导人们获得园林意境美的享受。“片山多致，寸石生情”（计成《园冶》）。典型实例：扬州个园的四季假山，借助多种石料的色泽、山体的形状、配置的植物以及光影效果，使游园者联想到四季之景，产生游园一周，恍如一年之感。如扬州个园的春园、夏园、秋园、冬园（见图1—7） |
| 寓大于小：在有限的空间中运用延伸和虚复空间的特殊手法，组织空间、扩大空间、强化园林景深 | 巧于因借，延伸空间，增加空间层次感，形成虚实、疏密、明暗的变化，丰富空间意境，增加空间情趣、气氛。“一峰则太华千寻，一勺则江湖万里”（文震亨《长物志》）。如苏州的留园（见图1—8） |

图1—6　苏州拙政园的“与谁同坐”轩

a）春园

b）夏园

c）秋园

d）冬园

图1—7　扬州个园

a）夏季的留园

b）留园冠云峰

图1—8　苏州留园

### 三、中国现代园林的特点

中国现代园林是对中国古典园林的继承与发展。随着科技的发展，人们对自然的认识逐渐深刻，现代园林尊重自然的园林传统，并改变只注重自然形态而忽视自然功能的形式主义手法，以自然为主体，依据自然规律对遭到破坏的自然进行人工整治，或减少对自然的人为干扰，形成具有自然活力的人类活动空间。

中国现代园林的特点具体表现在以下几个方面：

1. 在原始的自然与营建的自然之间建立一种新的联系，使营建的自然真正具有自然的功能与属性。
2. 以保护和恢复场地的自然特性为宗旨，强调可持续地利用自然资源为人服务。
3. 把过去孤立的、内向的园林转变为敞开的、外向的整个城市环境，从城市中的花园转变为花园城市。
4. 园林中建筑密度减少，以植物为主的景观取代了以建筑为主的景观。
5. 丘陵起伏的地形和草坪，代替了大面积的挖湖堆山，增加环境容量。
6. 新材料、新技术、新的园林机械，在园林中应用得越来越广泛。
7. 增加生产内容，养鱼、种藕以及栽种药用和芳香植物等。
8. 强调功能性、科学性与艺术性结合，用生态学的观点进行植物配置。
9. 体现时代精神的雕塑在园林中的应用日益增多。

在以生态理念为指导、以自然文化为主体的国际园林设计发展潮流下，中国园林唯有融入其中，同时阐释本土的自然景观属性和自然文化特征，才能真正发展成熟，并为国际园林文化的发展做出应有的贡献。

## 第二节 外国园林概述

外国园林的发展同样具有悠久的历史和特点鲜明的造园风格，在世界园林中同样占有非常重要的地位。具有代表性的有东方的日本园林、西方的欧洲园林和美国园林。

### 一、日本园林——缩景园

日本庭园特色的形成是与日本民族的生活方式与艺术趣味，以及与日本的地理环境密切相关的。日本庭园在古代受中国文化和唐宋山水园的影响，后又受到日本宗教的影响，逐渐发展形成了日本民族所特有的“山水庭”，十分精致和细巧。它是模仿大自然风景，并缩景于一块不大的园址上，象征着一幅自然山水风景画，因此说，日本庭园是自然风景的缩景园。园林尺寸较小，注意色彩层次，植物配置高低错落，自由种植。石灯笼和洗手钵是日本园林特有的陈设品。

### 1. 日本传统园林

日本传统园林有三类。

（1）筑山庭。“筑山”即所谓鉴赏型“山水园”。“筑山”又像书法一样，分为“真”“行”“草”三种体，繁简各异。它是表现山峦、平野、谷地、溪流、瀑布等大自然山水风景的园林。传统的特征是以山为主景，以重叠的几个山头形成远山、中山、近山及主山、客山，以流自山涧的瀑布为焦点。除此之外，另有一种筑山庭称为“枯山庭”。其布置一如筑山庭，有瀑布、溪和水池，然而并不留有真正的水，代替水的是卵石和沙子，布在谷床和湖床里拟想为水，甚至有起伏如波涛。

（2）平庭。一般布置于平坦园地上，有的堆一些土山，有的仅于地面聚散地设置一些大小不等的石组，布置一些石灯笼、植物和溪流，来象征原野和谷地。平庭中也有枯山水的做法，以平沙模拟水面（见图1—9）。

图1—9 日本园林

（3）茶庭。茶庭只是一小块庭地，单设或与庭园其他部分隔开，一般面积很小，布置在筑山庭或平庭之中，四周设富有野趣的围篱，如竹篱、木栅，由小庭门入内，主体建筑为举行茶汤仪式的茶屋。茶庭中也有洗手钵和石灯笼装点（见图1—10）。

图1—10 日本园林中的洗手钵和石灯笼

20世纪60年代末，日本横滨国立大学的宫协昭教授提出的用生态学原理进行设计的方法，就是将所选择的乡土树种幼苗按自然群落结构密植于近似天然森林土壤的种植带上，利用种群间的自然竞争，保留优势种，两三年可郁闭，十年后便可成林。这种形式在现代园林设计，如野生林地园、高山公园、大型庭院、高速公路等景观设计中得到广泛应用。青岛青银高速公路生态林建设、佳世客庭院绿化均采用此种方式，目前已完全郁闭，达到了预期的效果。

### 2. 日本园林的特点

日本园林的基本特点可以概括为以下几点：

（1）源于自然，匠心独运。日本园林充分发挥造园者的想象力，从自然中获得灵感，创造出一个对立统一的景观。注重选材的朴素、自然，以体现材料本身的纹理、质感为美。造园者把粗犷朴实的石料和木材、竹、藤、苔藓等植被以自然界的法则加以精心布置，使自然之美浓缩于一石一木之间，使人仿佛置身于一种简朴、谦虚的至美境界。

（2）讲究写意，意味深长。日本园林常以写意象征手法表现自然，构图简洁、意蕴丰富。其典型表现便是多见于小巧、静谧、深邃的禅宗寺院的“枯山水”园林。在其特有的环境气氛中，细细耙制的白沙石铺地，叠放有致的几尊石组，便能表现大江大海、岛屿、山川；不用滴水却能表现恣意汪洋，不筑一山却能体现高山峻岭、悬崖峭壁。它同音乐、绘画、文学一样，可表达深沉的哲理，体现出大自然的风貌特征和含蓄隽永的审美情趣。

（3）追求细节，构筑完美。对于细节的刻画是日本园林中的点睛之笔，对微小的东西如一根枝条、一块石头所做出的感性表现，也极其关心并看得非常重要，这些在飞石、石灯笼、门、洗手钵、墙垣等细节的处理上都有充分的体现。

（4）清幽恬静，凝练素雅。日本的自然山水园，具有清幽恬静、凝练素雅的整体风格，尤其是日本的“茶庭”，“飞石以步幅而点，茶室据荒原野处。松风笑看落叶无数，茶客有无道缘未知。蹲踞以洗心，守关以坐忘。禅茶同趣，天人合一”。小巧精致，清雅素洁；不用花卉点缀，不用浓艳色彩，一概运用统一的绿色系。为了体现茶道中所讲究的“和、寂、清、静”和日本茶道、歌道美学中所追求的“佗”美和“寂”美，在相当有限的空间内，表现出深山幽谷之境，给人以寂静空灵之感。空间上，对园内的植物进行复杂多样的修整，使植物自然生动，枝叶舒展，体现出天然本性。

（5）谈佛论法，体现禅意。宗教在日本一直处于重要地位，而寺院、神社则是日本文化中重要的象征物。日本园林的造园思想受到极其浓厚的宗教思想的影响，追求一种远离尘世，超凡脱俗的境界。特别是后期的枯山水，竭尽其简洁和纯洁之能事，无树无花，只用几尊石组，一块白沙，凝缠成一方净土。

## 二、欧洲园林

欧洲的造园艺术经历了三个最重要的时期：从16世纪中叶往后的100年间，意大利领导潮流；从17世纪中叶往后的100年间，法国领导潮流；从18世纪中叶起，领导潮流的是英国。因此，考察西方古典园林艺术通常主要以意大利、法国、英国为主，这些国家受其自然、社会、历史、经济、政治、文化艺术和宗教背景的影响，不仅相互借鉴、相互渗透，而且逐步形成了具有各自风格的园林形式。

### 1. 意大利园林

意大利国内山岭起伏，由于地理气候的关系，夏季时谷地或平原的气候十分闷热，但在数十米的高地，白天可得到海风的吹拂，夜间也因来自山上林中的冷凉气流而感觉凉爽，将这种地形和气候上的特点应用于造园，形成了别具一格的台地园。以文艺复兴时期建造的别墅园林为例，这种园林以别墅为主体，依山就势辟出整齐的台地，中轴线突出，采用几何对称式平面布局，主体建筑位于轴线上，并安排在台地的中层或最高层，较低层台地为体现规则式图案美的绿丛植坛，各式理水及雕塑应用较多（见图1—11）。

**图1—11　意大利台地园**

意大利别墅夏季需有凉风，大多建在山坡上，建在山坡上的意大利园林，要对山坡地形进行改造。与中国园林的“挖池筑山”不同，意大利人一般顺应地形，把山坡修筑成几层整齐的坛台，因此意大利园林基本上没有“山”的概念。

意大利园林的石作包括台阶、平台、挡土墙、廊或亭等，此外还有花盆、雕塑和各种喷泉，这些要素是建筑领域向园林领域的延伸和渗透，同时把主建筑跟花园“锁合”

在一起，常用白色石头，在常年浓绿的环境中有很强的装饰性。台阶的装饰性最强，它是道路的一部分，是游人的必经之路，又因它沟通两个台地，使它有多种活泼而富有变化的构图，因而使石作更活泼多姿，园林更有生气。

意大利园林的水体再现了自然界的各种形式：有出自岩隙的各种清泉，有急湍奔流的溪水，有直泻而下、飞珠溅玉的瀑布，还有链式瀑和台阶瀑。而在这些形式之外，最富有活泼生趣的是喷泉，它把水的美发挥得淋漓尽致（见图1—12）。此外，水扶梯和水剧场也是意大利园林的两大特色。

在植物方面，意大利园林盛行将树木修剪成“绿色雕塑”。一般用冬青树和柏树修剪成方正整齐的高墙，花坛多利用黄杨树和砾石经修剪形成几何形图案，四季常青，一般不用鲜花和香草，所以四季变化不大，虽避免了寒冬的萧瑟，却也失去了金秋的明媚（见图1—13）。

**图1—12　意大利的喷泉组图**

**图1—13　意大利用植物修剪成的几何图案**

意大利园林的主要特点如下：

（1）沿山坡引出的一条中轴线上开辟层层台地，配置平台、花坛、水池、喷泉、雕像等。矩形、曲线应用较多。

（2）理水手法丰富。顺坡势往下组成水瀑或流水梯、各式喷泉等，并形成动听的水声（见图1—14）。

（3）装饰性的园林小品丰富，强调色彩和质感的对比，注重细部的设计。

（4）植物的修剪表现人工匠气，削弱了艺术性。

图1—14　意大利理水手法

### 2. 法国园林

法国继承和发展了意大利的造园艺术。1638年法国人布阿依索在其所著的《论造园艺术》中说："如果不加以条理化和安排整齐，那么人们所能找到的最完美的东西都是有缺陷的。" 17世纪下半叶，法国造园家勒诺特提出"强迫自然接受匀称的法则"，并在该思想的指导下，主持设计了堪称规则式园林杰出代表的凡尔赛宫苑（见图1—15）。

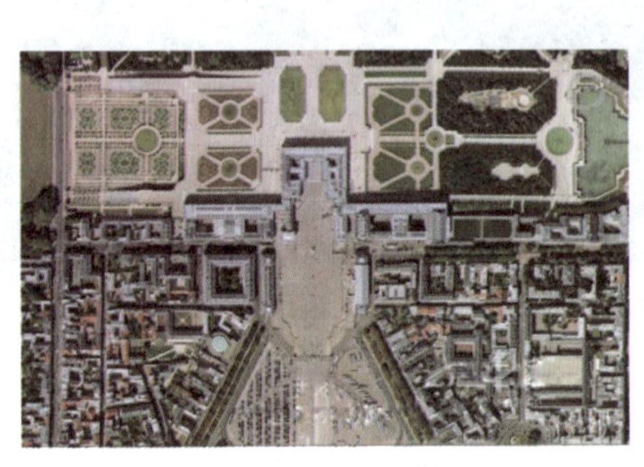

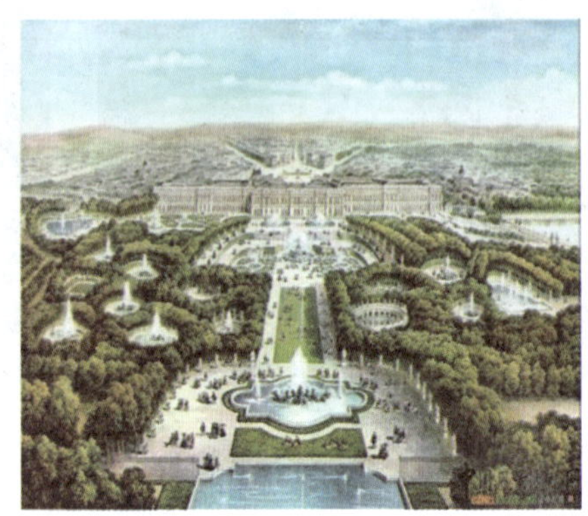

图1—15　凡尔赛宫苑组图

凡尔赛宫苑宏伟华丽而精致，其中轴长3 km，与高坡上长400 m的宫殿主楼垂直联系，中轴的一半是十字形大运河，中轴两侧布置了对称的花坛、喷泉和雕像。喷泉多达1 400座。整个园林以几何形构图组成，笔直而明显的轴线主路与其他道路呈垂直或放射状相交。园内安排了一系列对景，利用开放空间和封闭空间等特点使园景富于变化，用斜坡代替石阶使建筑与自然更协调。用植物遮挡围墙，使园内景色与田野融为一体，给人以空间无限感（见图1—16、图1—17）。凡尔赛宫苑建成后，欧洲许多国家竞相仿效，如俄国的彼得夏宫、德国柏林的波茨坦无愁宫等。

图1—16　凡尔赛宫苑的花坛

图1—17　凡尔赛宫苑的喷泉与雕像

法国园林的主要特点如下：

（1）以主轴对称布局，讲求平面图案美，用开阔的大草地，强调轴线与远景的视觉感。

（2）多用温带植物，经过人工修剪成为几何形体。

（3）多用雕塑、喷泉、水池、花坛、行道树、小运河作为轴线上的装饰。

### 3. 英国园林

英国园林与中国古典园林同属风景式园林，两者均以大自然为创作的本源，但两者的造园理念和创作手法有着较为明显的区别。英国园林钟情于纯自然之美，进行理性的、客观的写实，侧重于再现大自然风景的具体实感，其创作手法是原原本本地把大自然的构景要素经过艺术的组合、并根据用地大小来设计并呈现在人们眼前，审美情感蕴含于被再现的景观总体之中（见图1—18）。同时，园中大量种植从美洲、东亚等地引进的花卉，丰富了园林色彩，并出现了专类园，把英国自然风景园推进了一步（见图1—19、图1—20）。

图1—18　英国园林图

图1—19　自然风景式园林

图1—20　充满浪漫气息的小花园

英国园林的主要特点如下：

（1）追求自然美。

（2）园林的边界不明显，常隐藏使之视觉辽阔。尽量利用附近的森林、河流和牧场，将范围无限扩大，边界完全取消，有时仅掘沟为界。

（3）人工要素尽量自然化。

（4）园林中的景物、装饰物需与自然环境结合。

## 三、美国园林

18世纪中叶以后，随着工业文明的崛起，西方国家掠夺性的开发方式造成了对自然环境的破坏，进而带来了严重的生态失衡问题。与此同时，大工业相对集中，城市人口密集，大城市不断膨胀，城市居住环境恶化，这些情形到19世纪中叶以后在一些发达国家更为显著。一些有识之士预见到这种情况继续发展下去必然会带来恶果，相继提出各种改良的学说，其中就包括自然保护的对策以及对城市园林方面的探索，就此情况较早进行新的造园理论探索与实践的代表就是美国。

美国建国的历史不长，因而其园林史较短，但发展迅速，尤其体现在公共园林方面。美国人F·L·阿姆斯特德是开创自然保护和现代城市公共园林的先驱者之一，他首先把保护自然的理想付诸实现，协助联邦政府划定一些原生生物区和特殊风景区加以永久保留作为“国家公园”，禁止任意开发，并提出城市必须逐步地趋于园林化。

1875年，他与C·沃克斯合作，将纽约市内大约348 $hm^2$的一块荒野空地改造、规划成为市民公共游览、娱乐的绿地，这就是世界上最早的城市公园之一——纽约“中央公园”（见图1—21）。

图1—21　纽约中央公园

中央公园原先是一片荒野，布满沼泽、丘陵和地沟。后来设计者将臭河沟挖成湖泊，把沼泽铺成草地，改变地形，遍植花草树木，风景优美，成为纽约市中心十分难能可贵的游憩之处。公园内有各自独立的交通路线：车辆交通路线、骑马跑道、步行道，以及穿越公园的城市公共交通道路。

总结阿姆斯特德在规划纽约中央公园时所提出的构思要点，称为“阿姆斯特德”原则，可概括为以下几方面：保护自然景观时，某些情况下需要对其加以恢复和进一步强调，以突出自然景观特色；多采用自然式，对于非常有限的范围可采用规则式；保持公园中心区的草原和草地；大路和小路的规划多呈流畅的曲线，所有道路呈环形系统；全园靠主要道路划分区域。

从以上规划原则可看出：美国大型公园强调了公园的规划必须满足人的需要，满足环境的需要，强调保护自然景观和自然式布局，公园要有足够大的面积以满足不同人的活动要求。

阿姆斯特德的城市园林化思想逐渐为公众和政府所接受，于是“公园”作为一种新兴的公共园林遍及欧美的大城市，并陆续出现街道、广场绿化，以及公共建筑、校园、住宅区的园林绿化等多种形式的公共园林。

通过阿姆斯特德的作品，可以将美国园林的特点概括为以下几点：

（1）保持自然景色，如有必要，则对自然景色进行恢复和强调。

（2）除了建筑物周围极其有限的区域之外，避免采用各种形式的规则式设计。

（3）在大面积的中心区域保持开放式草坪和草场。

（4）选用乡土乔灌木，特别是在对生长条件艰难的边缘地带进行植物配置时。

（5）布局大面积的弧线形小路和大道，提供便捷的交通路线。

（6）主路的设置应使其尽可能地划分整个区域。

## 第三节　中外园林造园特点比较

中外园林造园艺术具有同一性的特点，即都是运用相同的构景造园要素（山、水、植物、建筑等），创造出了人们理想的绿化环境场所和所追求的生活体验。但由于不同国家、不同民族所生活的自然地理环境的差异，以及社会文化背景的不同，空间思维模式的独特性，故而产生了不同的园林造园风格及特点。

下面从造园理念、空间布局、造园风格三个方面来对比中外园林造园特点。

### 一、造园理念

从造园理念上来说，由于中西方文化在起源上有着根本上的不同，造成中西方思维方式的不同，导致两者在造园发展过程中的不同发展趋向。

中国造园寻求园林意境与人的审美心情的完美契合，是温情拟人化的；而西方造园反映的是人对大自然的认识与征服，是一种绝对的理性至上。中国园林是一种由文人、画家、造园匠师们创造出来的自然山水式园林，追求天然之趣，寻求心中的平衡，寄情于山水，追求文人所特有的一种恬静淡雅，既不能藏身于山林，便在市井之中另辟园林，顺内心之意，作山林之想。所以，中国园林追求自然之美，熔铸诗画艺术于园林艺术之中，借助于山水、花木、建筑所构筑成的环境来表述出造园家的情感理念，意境蕴含深旷。例如苏州的拙政园，就是明嘉靖年间御史王献臣仕途失意归隐苏州后将其买下，又聘著名画家文徵明参与设计蓝图，历时16年建成的，并且借用西晋文人潘岳《闲居赋》中“筑室种树，逍遥自得……灌园鬻蔬以供朝夕之膳……此亦拙者之为政也”之句取园名。暗喻自己把浇园种菜作为自己（拙者）的“政”事。其特点是以水为主，水面广阔，景色平淡天真、 疏朗自然。它以池水为中心，楼阁轩榭建在池的周围，其间建有漏窗、回廊相连，与园内的山石、古木、绿竹、花卉，构成了一幅幽远宁静的画面。

西方造园的理念则不一样。古希腊的毕达哥拉斯就认为艺术美来源于数量上的协调，不管在什么种类的艺术中，只要调整好了数量比例，就能产生出美的效果。当时的封建君权也在各艺术领域内建立了严格的规范，以便于控制艺术，颂扬强大的专制政体。他们所制定的绝对的艺术规则和标准就是纯粹的几何结构和数学关系，以代替直接的感性的审美经验，用数字来计算美，力图从中找出最美的线形和比例。所以，西方园林追求几何美，崇尚理性主义，表现出以人为中心，以人力胜自然的理念。从法国维贡特府邸花园的俯瞰图中就可以看出西方园林的规则化、几何化，它采取的是严格的几何构造，花园的主轴线与运河垂直布置，利用自然地势将中轴线设计成高差富有变化，但又统一、充满秩序感的空间排列。体现了简洁明朗、庄严华丽的园林风格。

## 二、空间布局

中西方对自然的追求上也不一样，建造园林必然离不开大自然，各方面因素的差异导致了中西方古典园林有着本质的区别，又有着各具特色的欣赏美感。在几千年的发展中，自然占据中国园林中绝对重要的地位，造园者们认为自然有自己的灵魂和自己的美，并对自然采取因势利导的态度，更加追求“天人合一”。西方园林的造园理念则是大规模地改造自然现状，对自然采取对立、征服的态度，最终通过流变松动的结构来体现天人合一的理念。

中国园林在自然的基础上，既不求轴线对称，也没有任何规则可循，相反却是山环水抱，曲折蜿蜒，不仅花草树木为自然原貌，即使人工建筑也尽量顺应自然而参差错落，力求与自然融合，“虽由人作，宛自天开”。苏州的网师园就是很好的例子，其地质松软，积水弥漫，而且湿气很重，其地质并不太适合盖相当多建筑。因此很多景色以水为主体，在不改变自然条件的情况下，因地制宜设计出了各个景点，并将诗画中的隐喻套进视觉层次中。这体现了中国古典园林“本于自然，高于自然”的特点，将建筑美与自然美相融合，体现诗画的情趣。

西方古典园林更多追求人工美。从现象上看，西方造园主要立足于用人工方法改变其自然状态。虽然在西方美学著作中也提到自然哲学，但其认为自然美只是美的一种形式，自然美本身是有缺陷的，不经过人工的改造，达不到完美的境地。所以自然美不可能升华为艺术美。而园林是人工创造的，它理应按照人的意志加以改造，这样才能达到完美的境地。比如法国的凡尔赛宫，凡尔赛在法语中是坡地的意思，那里原本是一片生态湿地。勒诺特尔在进行总体设计时，为求恢宏气派的风格，用直尺与圆规勾绘了一幅美丽的蓝图，而不是根据场地的地形地貌着手考虑，这就导致建设时要耗费大量的人力、物力来完成前期的场地平整工作。它以中轴线的几何格局、地毯式的花圃草地、笔直的林荫路、规整的水池、华丽的喷泉、精美的雕像、整形的树木、造型的绿篱、恢宏的建筑物著称，闻名中外。

## 三、造园风格

中西方造园在对虚实关系的运用上也大相径庭。在造园的应用中虚实变化对人们感官视觉有着主导的作用，不同的虚实关系会给人完全不同的感受。中国古典园林造园时善于运用虚实关系，特别注重含蓄、虚幻、含而不露，这在一定程度上受儒家、道家和佛教三大流派的熏陶，也与古人谦卑不与世俗相争，而追求一种蕴藉、清幽、淡泊，重在情感上的感受有关。

中国园林讲究的是含而不露，借鉴诗词、绘画，力求含蓄、深沉、虚幻，以求得大中见小，小中见大，虚中有实，实中有虚，或藏或露，或浅或深，从而把许多全然对立的因素交织融会，浑然一体，虚实交相呼应。如苏州的留园，该园综合了江南造园艺术，并以建筑结构见长，善于运用大小、曲直、明暗、高低、收放等手法，吸取四周景色，虚虚实实，形成一组组层次丰富、错落相连，有节奏、有色彩、有对比的空间体系。园内整体布局讲究虚实变化，假山池沼的虚实配合，花草树木的虚实映衬，近景远景的虚实交替，使得整个园林设置景中有景，园中有园，峰回路转，曲折幽深，显得很含蓄，很有韵味，让游览者无论站在哪个点上，眼前总是一幅完美的图画。

西方的园林主从分明，重点突出，边界和空间范围一目了然，空间序列段落分明，给人以秩序井然和清晰明确的印象。其主要原因是西方园林追求形式美，形式美的规律性必然给人以清晰的秩序感。例如意大利兰特庄园，从主体建筑、水体小品、道路系统到植物种植，都充满了文艺复兴时期建筑典型的均衡、大度和巴洛克式的夸张气息。它的园林布局呈中轴对称，均衡稳定、主次分明，各层次间变化生动，又通过恰到好处的比例掌控形成了一个和谐的整体。将人的视线由近及远，由狭窄到开敞，由人工花木景观导向远处的自然水景，再配以极具雕塑感、层次感的植物景观及富有意大利浓郁文化特色的雕塑、小品，使整个庭院充满了古典、浪漫、优雅的气质。

总之，纵观古今中外城市与园林的发展历程，这种差异不仅反映在人居环境景观模式上，也反映在城市建设中。师法自然、融于自然、顺应自然、表现自然，崇尚“天人合一”的观念，正是中国古代园林的精髓与灵魂，也是中国园林能经久不衰、屹立于世界民族之林的根本所在。西方园林也具有悠久的历史，同样追求自然美与艺术美的统一，不同的是西方古典园林一直崇尚人力，重在表现人为的力量，而西方现代园林则越来越注重人与自然的和谐而不是对立，更加自觉地注重自然环境的生态保护，追求自然界固有的和谐美，顺应并有节制地加以修饰。

## 思考与练习

1. 什么是园林？园林的雏形是什么？
2. 中国古典园林的发展经历了哪几个阶段？各阶段的造园有何特点？
3. 中国古典园林可分为哪几类？其各自的特征是什么？
4. 简述中国古典园林的艺术特点，以及在现代园林中的应用。
5. 江南私家园林与北方皇家园林有何区别？
6. 苏州的四大名园是什么？广东岭南园林中的四大名园是什么？
7. 试述日本园林、意大利园林、法国园林、英国园林和美国园林的造园特点。
8. 日本传统园林分为哪三类？简述日本的“枯山水”。
9. 欧洲园林主要讲了哪些方面？
10. 试比较中西方传统造园差异。

# 第二章　园林制图基础知识

### 学习目标

◆掌握图纸幅面及格式规定，掌握图纸类型及用途，掌握尺寸标注方法
◆掌握常用制图工具的使用方法及常用几何图形的绘制方法
◆了解字体规定及书写规则；理解索引、详图等符号、比例的相关规定
◆掌握投影的基本概念，了解投影的种类，掌握正投影的特性
◆理解三面体投影体系的建立，掌握三面投影规律
◆掌握园林中植物、山石、水体、道路、建筑小品的表示方法

园林制图是园林绿地设计的基本语言，是每个初学者必须掌握的基本技能。学习制图不仅应掌握常用制图工具的使用方法，以保证制图的质量和提高作图的效率，还必须遵照有关的制图规范进行制图，以保证制图的规范化，园林制图要求可沿用国家颁布的建筑制图中的有关标准作为制图的依据。另外，除采用绘图工具制图外，还必须具备徒手作图的能力。

## 第一节　绘图工具

在绘制园林图样时，了解常用绘图仪器与工具的构造和性能，掌握其正确的使用方法是提高绘图水平和保证绘图质量的重要条件之一。

### 一、丁字尺

丁字尺由尺头和尺身组成，是用来画水平线的。目前使用的丁字尺大多是用有机玻璃制成的，尺头与尺身固定成90°。

使用丁字尺画线时，尺头应紧靠图板左边，以左手扶尺头，使尺上下移动，要先对准位置，再用左手压住尺身，然后画线。切勿图省事推动尺身，使尺头脱离图板工作，也不能将丁字尺靠在图板的其他边画线（见图2—1）。

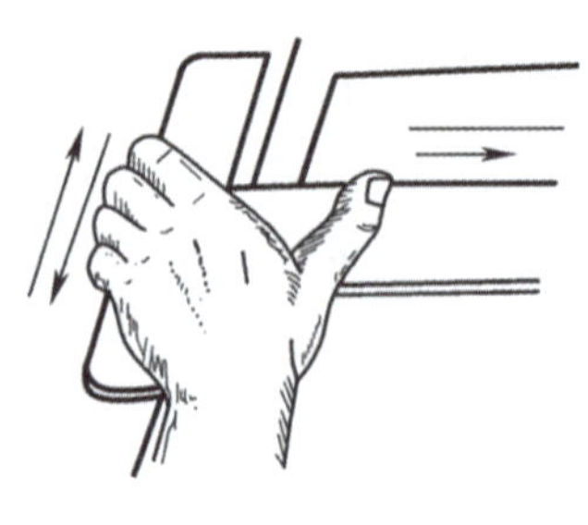

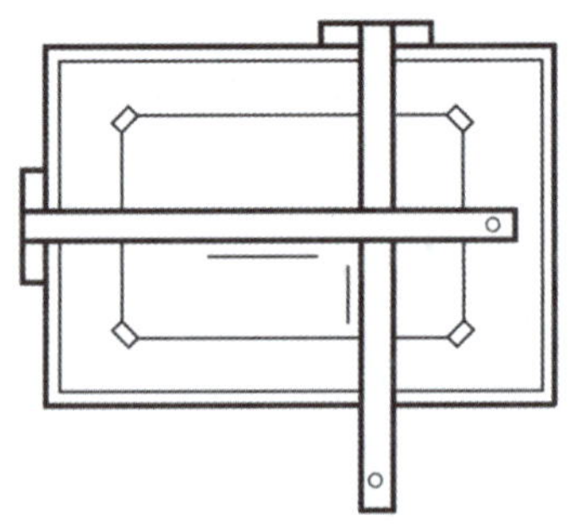

a）正确　　b）不正确

图2—1　丁字尺的使用方法

特别应注意保护丁字尺的工作边，保证其平整光滑，不能用小刀靠住尺身切割纸张。不用时应将丁字尺装在尺套内悬挂起来，防止压弯变形。

## 二、绘图板

绘图板用来固定图纸。它的两面由胶合板组成，四周边框镶有硬质木条。绘图板的板面要平整，工作边（即短边）要平直（见图2—2）。为防止图板翘曲变形，图板不能受潮、暴晒和烘烤，不能用刀具或硬质器具在图板上任意刻划。

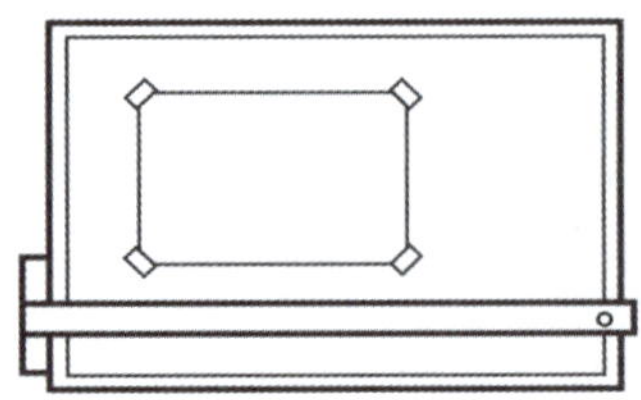

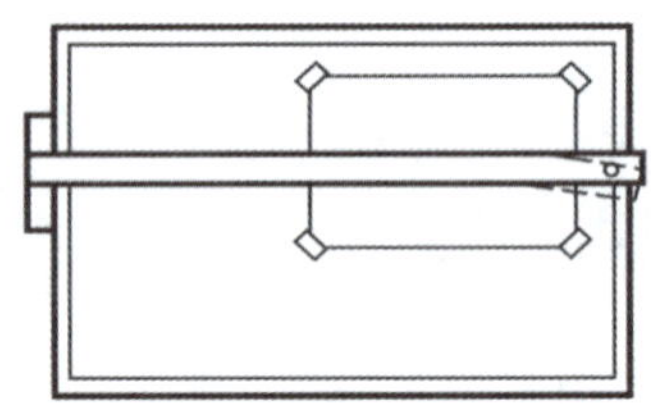

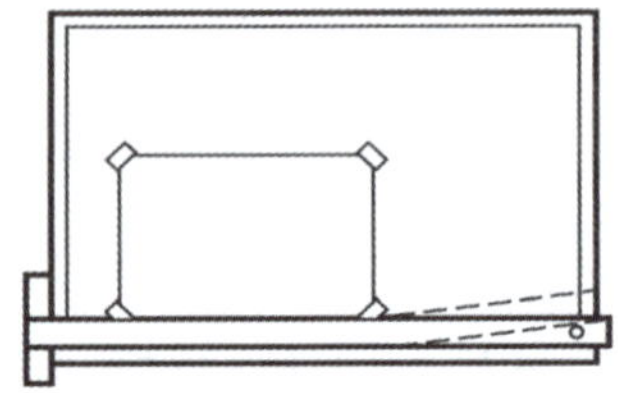

a）正确　　b）不正确

图2—2　图纸固定的位置

## 三、三角板

一副三角板有两块，一块是45°等腰直角三角板，另一块是两锐角分别为30°和60°的直角三角板。三角板的大小规格较多，绘图时应灵活选用。一般宜选用板面略厚，两直角边有斜坡，边上有刻度或有量角刻线的三角板。三角板应保持各边平直，避免碰摔。三角板与丁字尺配合使用，可画垂直线及与丁字尺工作边成15°、30°、45°、60°、75°等各种斜线（见图2—3）。两块三角板配合使用，能画出垂直线和各种斜线及其平行线。可用丁字尺和三角板画垂直线和斜线。

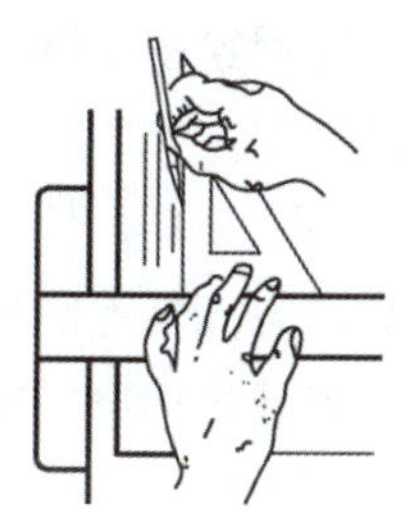

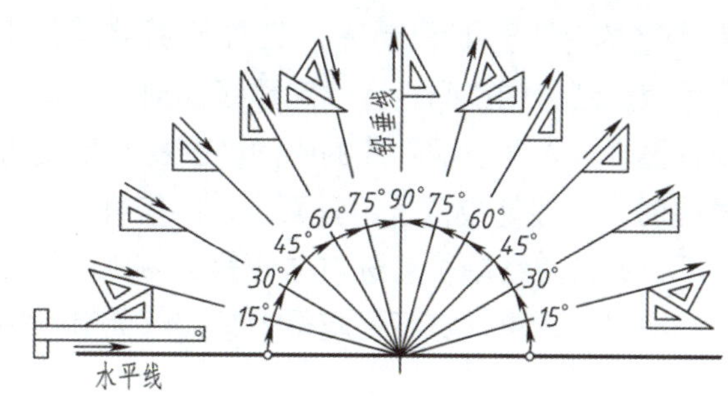


a）用三角板画铅垂线　　b）特殊角度（$n \times 15°$）及斜线的画法

图2—3　三角板的用法

## 四、绘图铅笔

绘图铅笔的铅芯有软硬之分，分别用字母B和H表示，B前的数字越大表示铅芯越软；H前的数字越大，表示铅芯越硬；HB表示软硬适中。 铅笔应从没有标志的一端开始使用，以便保留标记，供使用时辨认。铅笔应削成圆锥形，削去约30 mm，铅芯露出6～8 mm。铅芯可在砂纸上磨成圆锥或四棱锥形。

前者用来画底稿、加深细线和写字，后者用来描粗线（见图2—4）。

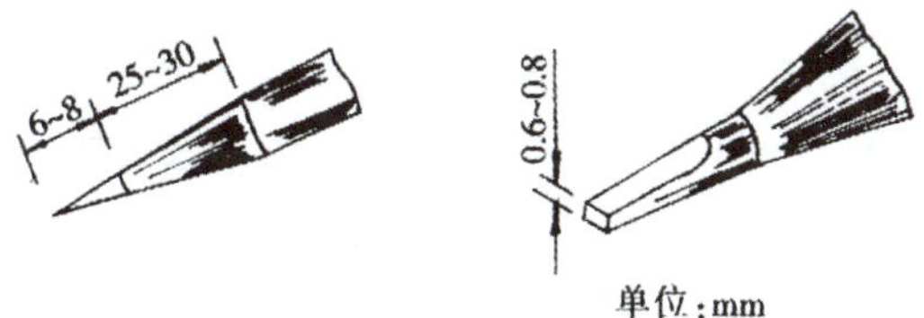


图2—4　铅笔的削法

## 五、绘图笔

绘图笔有直线笔、绘图小钢笔、绘图墨水笔等（见图2—5）。

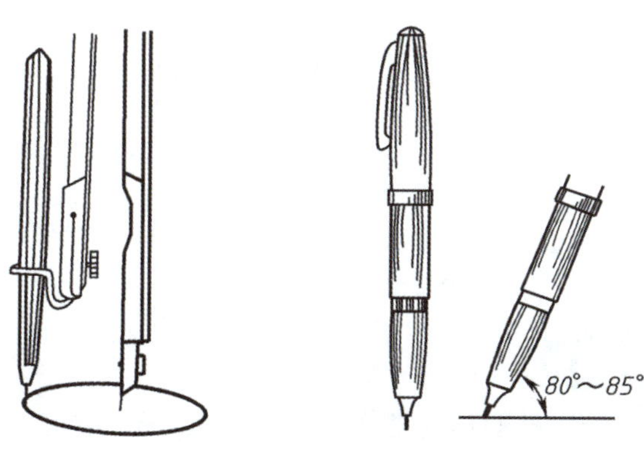


图2—5　绘图墨水笔

直线笔的笔尖形状似鸭嘴，又称鸭嘴笔，是画墨线的仪器，笔尖由两块钢叶片组成，可用螺钉任意调整间距，确定墨线粗细。往直线笔注墨时，应用绘图小钢笔或注墨管小心地将墨水加入两块钢叶片的中间，注墨的高度为4～6 mm。

画线时，直线笔应位于铅垂面内，即笔杆的前后方向与纸张保持90°，使两叶片同时接触图纸，并使直线笔往前进方向倾斜5°～20°。画线时速度要均匀，落笔时用力不宜太重。画细线时，调整螺钉不要旋得太紧，以免笔尖变形，用完后应清洗擦净，放松螺钉后收藏好。

绘图小钢笔由笔杆、笔尖两部分组成，是用来写字、修改图线的，也可用来为直线笔注墨。使用时沾墨要适量，笔尖要经常保持清洁干净。

绘图墨水笔又称针管笔，是专门用来绘制墨线的，除笔尖是钢管针且内有通针外，其余部分的构造与普通钢笔基本相同。笔尖针管有多种规格，供绘制图线时选用。使用时如发现流水不畅，可将笔上下移动，当听到管内有撞击声时，表明管心已通，即可继续使用。使用绘图笔与使用直线笔一样，笔身前后方向与图纸要垂直，让笔头针管口边缘都接触纸面。用完后应立即用温水清洗干净，便于保存。

## 六、圆规

圆规是画圆和圆弧的工具（见图2—6），一只脚固定，另一只脚可装铅笔芯、钢针、直线笔三种插脚。圆规使用前应先调整针脚，画圆或圆弧都应顺时针一次完成。

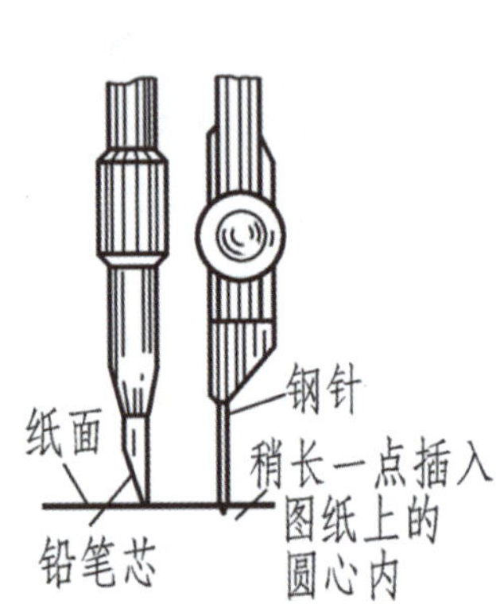


a）调整圆规

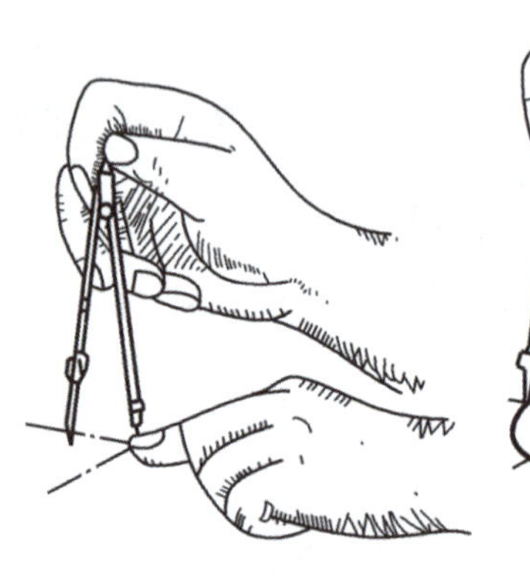

b）画圆弧

图2—6　圆规的用法

## 七、画圆模板

画圆模板是用来绘制园林图样的常用工具，其上标有不同大小半径的圆形孔，在使用时可以根据实际比例及物体的大小选用不同的圆孔。园林设计中，在平面图中画树冠十

分方便。但绘图中画圆模板不能代替圆规使用（见图2—7）。

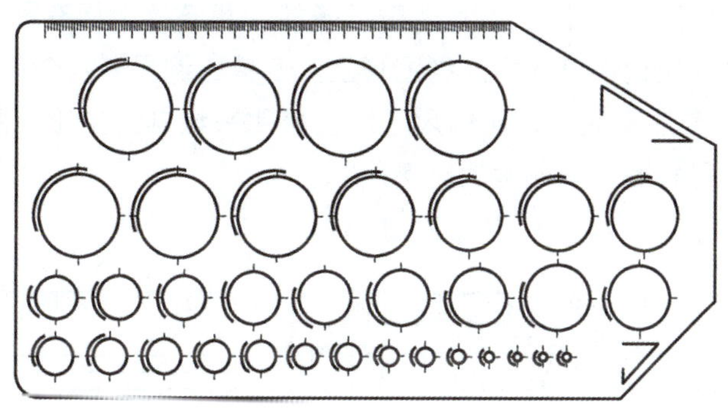

图2—7　画圆模板

## 八、曲线板及曲线尺

曲线板是用来画非圆曲线的专用工具之一（见图2—8），有复式曲线板和单式曲线板两种。复式曲线板用来画简单曲线；单式曲线板用来画较复杂的曲线，每套有多块，每块都由一些曲率不同的曲线组成。使用曲线板时，应根据曲线的弯曲趋势，从曲线板上选取与所画的曲线相吻合的一段描绘。吻合的点越多，所得曲线也就越光滑。每描绘一段曲线应不少于四个吻合点。描绘每段曲线时至少应包含前一段曲线的最后两个点（即与前段曲线应重复一小段）。而在本段后面至少留两个点给下一段描绘（即与后段曲线重复一小段），这样才能保证连接光滑流畅。

图2—8　复式曲线板

曲线尺是用来画非圆曲线的新式工具，其优点是可根据各种曲线形状任意弯曲地绘制，可以一气呵成，快速方便地绘制不同曲线。

## 九、比例尺

比例尺常见的有三棱比例尺，尺上有三条棱，每条棱上标有不同的比例刻度，可以将物体实际尺寸按一定比例直接标注到图样上。三棱比例尺有六个不同的比例，可以根据绘图要求选用。需要注意的是，比例尺不能直接用来绘制线条（见图2—9）。另外，在绘图三角板上也往往标有不同刻度的比例尺寸。

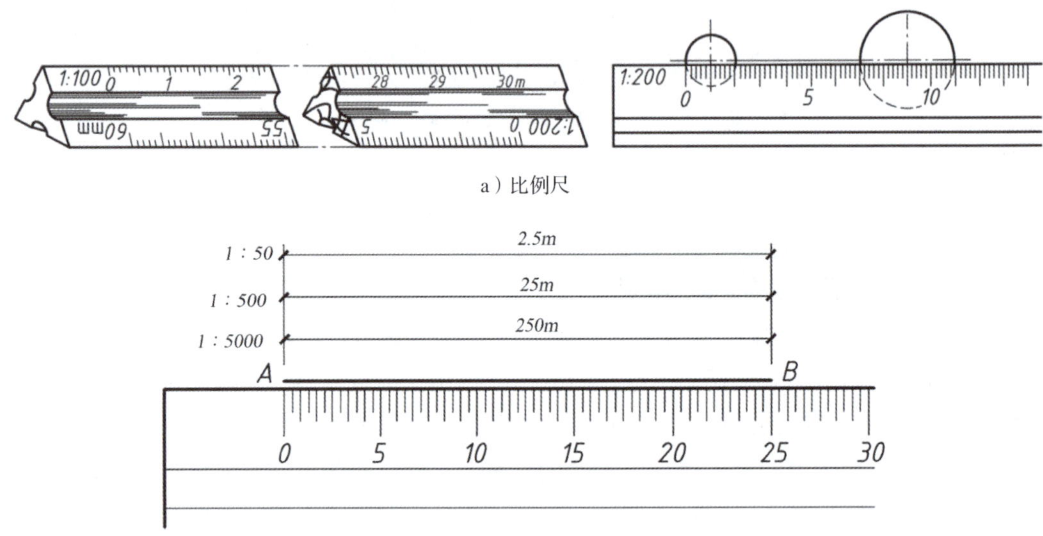


a）比例尺

b）比例尺的变通使用

图2—9　比例尺

## 十、擦图片

擦图片是用来修改图线的（见图2—10），使用时只要将该擦去的图线对准擦图片上相应的孔洞，用橡皮轻轻擦拭即可。

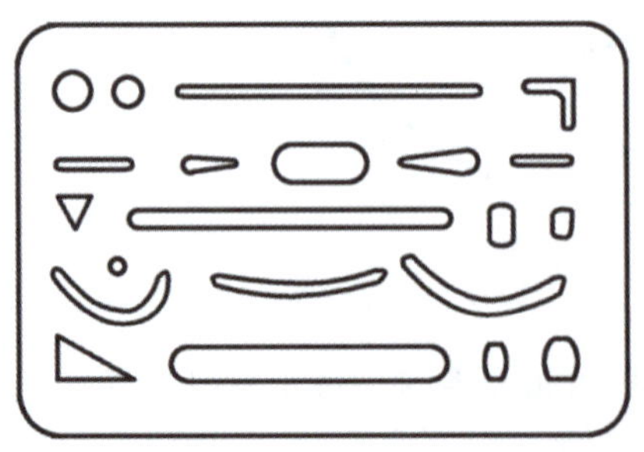

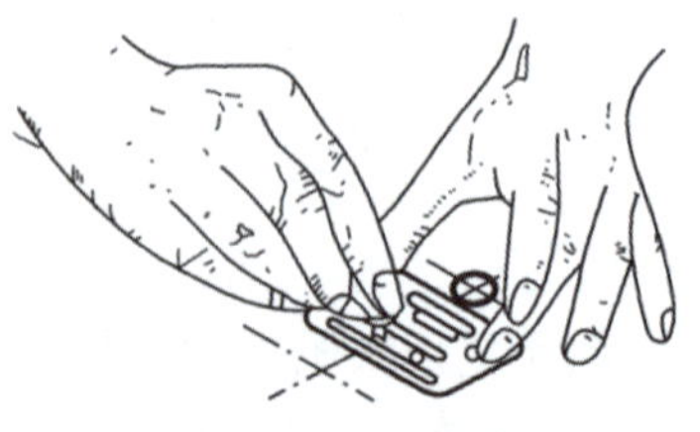

图2—10　擦图片及其使用方法

## 第二节　基本制图标准

工程图样是工程界的技术语言，用来进行生产、经营、管理和交流技术，其图样的画法、图线、字体、尺寸注法、采用的符号等各方面有一个统一的标准。本章仅介绍《房屋建筑制图统一标准》。

### 一、图纸

图纸分为绘图纸和描图纸两种。 绘图纸要求纸面洁白、质地坚硬，用橡皮擦拭不易起毛，画墨线时不渗透，图纸幅面应符合国家标准。绘图纸不能卷曲、折叠和压皱。描图纸要求洁白、透明度好，带柔性。受潮后的描图纸不能使用。保存时应放在干燥通风处。为了便于使用和保管，《房屋建筑制图统一标准》对图纸的幅面、图框、格式和标题栏会签栏作了统一的规定。

#### 1. 图纸幅面

规定绘图时，图样大小应符合表2—1中规定的图纸幅面尺寸。

表2—1　幅面及图框尺寸　mm

| 尺寸代号 | 幅面代号 | | | | |
|---|---|---|---|---|---|
| | A0 | A1 | A2 | A3 | A4 |
| $b \times l$ | 841×1 189 | 594×841 | 420×594 | 297×420 | 210×297 |
| $c$ | 10 | | | 5 | |
| $a$ | 25 | | | | |

#### 2. 图框规格、标题栏、会签栏

规定每张图样都要画出图框，图框线用粗实线绘制。图纸分为横式与立式两种幅面（见图2—11～图2—13）。

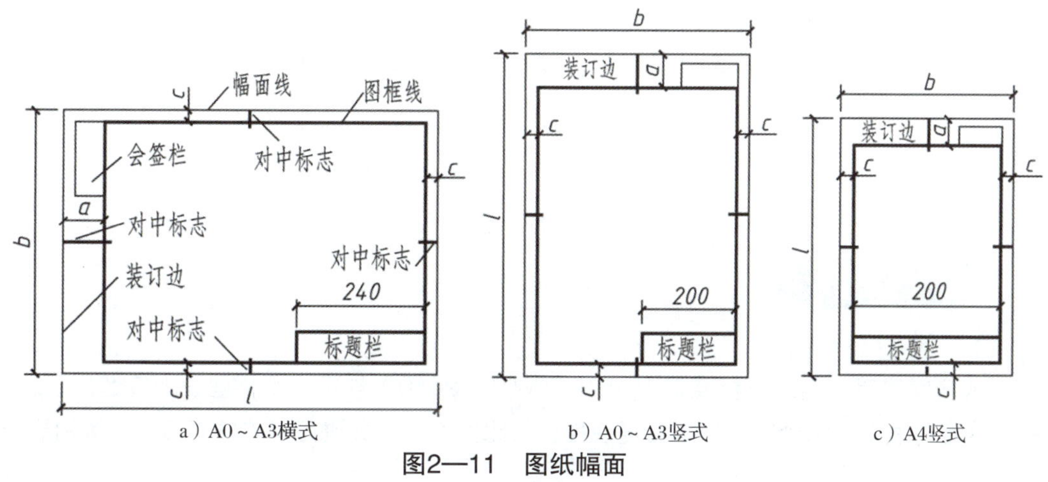


a）A0～A3横式　b）A0～A3竖式　c）A4竖式

图2—11　图纸幅面

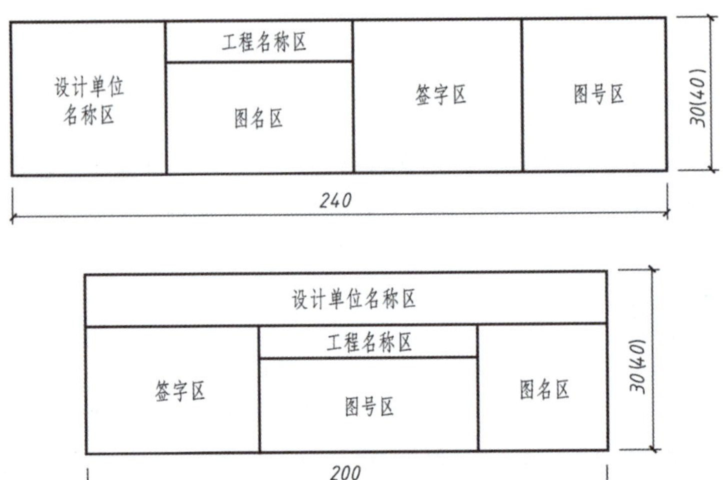


a）工程用标题栏

| 校名 | | | | | 图号 | |
|---|---|---|---|---|---|---|
| | | | | | 比例 | |
| 制图 | | 班级 | | 图名 | 指导 | |
| 专业 | | 日期 | | | 成绩 | |
| 15 | 25 | 15 | 25 | 85 | 15 | 20 |



b）学生作业用标题栏

图2—12　标题栏

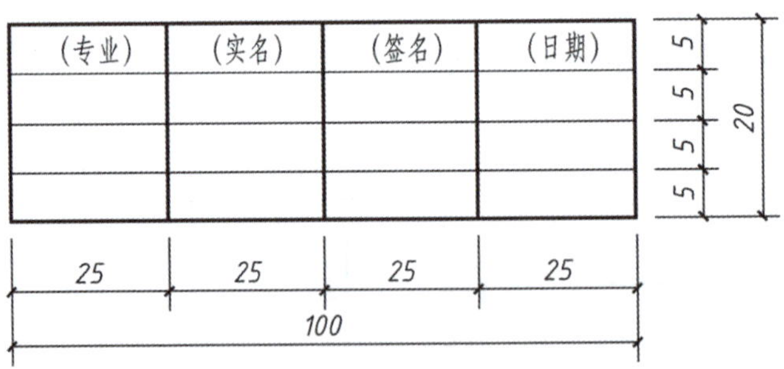


图2—13　会签栏

## 二、图线

### 1. 线型与线宽

《房屋建筑制图统一标准》（GB/T 50001—2010）规定：工程建设上应选用表2—2中所规定的线型。每个图样都根据复杂程度与比例大小，先确定基本线宽 $b$，再选用表2—

2中适当的线宽组（详细要求见附录）。图框线、标题栏线宽度见表2—3。

表2—2　线型

| 名称 | | 线型 | 线宽 | 一般用途 |
|---|---|---|---|---|
| 实线 | 粗 | | *b* | 主要可见轮廓线 |
| | 中 | | 0.5 *b* | 可见轮廓线 |
| | 细 | | 0.35 *b* | 可见轮廓线、图例线等 |
| 虚线 | 粗 | | *b* | 见有关专业制图标准 |
| | 中 | | 0.5 *b* | 不可见轮廓线 |
| | 细 | | 0.35 *b* | 不可见轮廓线图例线等 |
| 单点长画线 | 粗 | | *b* | 见有关专业制图标准 |
| | 中 | | 0.5 *b* | 见有关专业制图标准 |
| | 细 | | 0.35 *b* | 中心线、对称线 |
| 双点长画线 | 粗 | | *b* | 见有关专业制图标准 |
| | 中 | | 0.5 *b* | 见有关专业制图标准 |
| | 细 | | 0.35 *b* | 假想轮廓线、成型前原始轮廓线 |
| 折断线 | | | 0.35 *b* | 断开界线 |
| 波浪线 | | | 0.35 *b* | 断开界线 |

表2—3　图框线、标题栏线宽度　mm

| 幅面代号 | 图框线 | 标题栏外框线 | 标题栏分格线会签栏线 |
|---|---|---|---|
| A0、A1 | 1.4 | 0.7 | 0.35 |
| A2、A3、A4 | 1.0 | 0.7 | 0.35 |

## 2. 图线的画法

（1）在同一张图纸内，相同比例的图样，应选用相同的线宽组。

（2）相互平行的图线，其间隙不宜小于其粗线的宽度，且不宜小于0.7 mm。

（3）虚线、单点长画线或双点长画线的线段长度和间隙，宜各自相等。

（4）如图形较小，画单点长画线或双点长画线有困难时，可用实线代替。

（5）单点长画线或双点长画线的两端不应是点，单点长画线与单点长画线的交接或单点长画线与其他图线交接时，应是线段交接。

（6）虚线与虚线的交接或虚线与其他图线交接时，应是线段交接。虚线为实线段的延长线时，不得与实线连接。

（7）图线不得与文字、数字或符号重叠、混淆，不可避免时，应首先保证文字的清晰。

## 三、字体

图样和技术文件中书写的汉字、数字、字母或符号必须做到笔画清晰、字体端正、排列整齐、间隔均匀。字迹潦草，不仅影响图样质量，而且可能导致不应有的差错，给国家、集体造成损失。因此，一定要加强练习。制图中常用的文字有汉字、阿拉伯数字及拉丁字母、罗马数字和希腊字母等。按国家标准规定：图纸上需要书写的文字、数字或符号等，均应笔画清晰、字体端正、排列整齐，标点符号清楚正确，且必须用黑墨水写。

### 1. 汉字

（1）工程图样中的汉字，宜采用长仿宋体。大标题或图册封面等可写成黑体字。汉字的书写必须遵守国务院公布的《汉字简化方案》和有关规定。

（2）汉字的规格指汉字的大小，即字高。汉字的字高用字号表示，如高为5 mm的字就为5号字。常用的字号有2.5号、3.5号、5号、7号、10号、14号、20号等。规定汉字的字高不小于3.5 mm。

（3）长仿宋字的写法。长仿宋字应写成直体字，其字高和字宽的比例一般为3∶2左右，字的间距一般为字高的1/8～1/4，行距不少于字高的1/3，以字高的1/2为宜。

字形构图要注意字形整齐（笔端顶格、横竖不离格、瘦长字缩格），端正平稳（横平竖直、上下对齐、左右平衡、笔画相称、重心稳定），匀称自然（笔画密度均匀、各部间距适当、各部轻重相称）。

1）书写长仿宋字时，应先打好字格，以便字与字之间的间隔均匀、排列整齐，书写时应做到字体满格、端正，注意起笔和落笔的笔锋顿挫且横平竖直。

2）书写长仿宋字时，要注意汉字的结构，并应根据汉字的不同结构特点，灵活处理偏旁和整体的关系。

3）每一笔画的书写都应做到干净利落、顿挫有力，不应歪曲、重叠和脱节，并特别注意起笔、落笔和转折等。

4）长仿宋字的基本笔画及例字（见表2—4和图2—14、图2—15）。

表2—4　主要笔画的运笔特征

| 笔画名称 | 笔法 | 运笔说明 |
|---|---|---|
| 横 |   | 横可略斜，运笔起落略顿，使尽端呈三角形，但应一笔完成 |
| 竖 |   | 竖要垂直，有时可向左略斜，运笔同横 |
| 撇 |   | 撇的起笔同竖，但是随斜向逐渐变细，而运笔也由重到轻 |
| 捺 |   | 捺与撇相反，起笔轻而落笔重，终端稍顿再向右尖挑 |
| 点 |   | 点笔起笔轻而落笔重，形成上尖下圆的光滑形象 |
| 竖钩 |   | 竖钩的竖同竖笔，但要挺直，稍顿后向左上尖挑 |
| 横钩 |   | 横钩由两笔组成，横同横笔，末笔应起重落轻，钩尖如针 |
| 挑 |   | 运笔由轻到重再轻，由直转弯，过渡要圆滑，转折有棱角 |

图2—14　例字

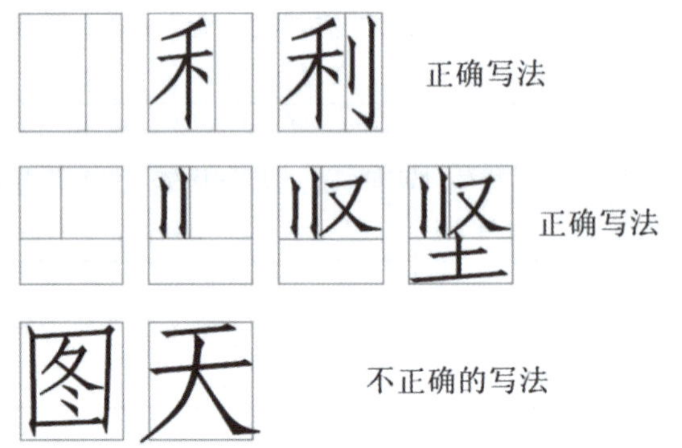


图2—15　长仿宋字写法

5）缩格书写。一般全包围结构的字体四周都应适当地缩格书写，凡贴边的长笔画也应适当地缩格。如图2—16a所示。

四周缩格：口、日、曰、国、图、门。

上下缩格：四、二、工。

左右缩格：贝、目、月。

6）高宽足格。主要笔画都顶格。一个汉字四周伸出的笔画很多，长短不一，又不能将所有的笔画顶满格子。因此，必须找出一个字的宽度、高度中的主要笔画顶格。如图2—16b所示。

7）独体字的结构（见图2—16c）。

8）合体字的结构。合体字由几个部分组成，要注意各部分所占的比例，凡笔画较长或较多的所占的位置应较大，反之则应较小。笔画相差不多的所占的位置也应大致相等。各部分之间的笔画有时也应有所穿插。如图2—16d所示。

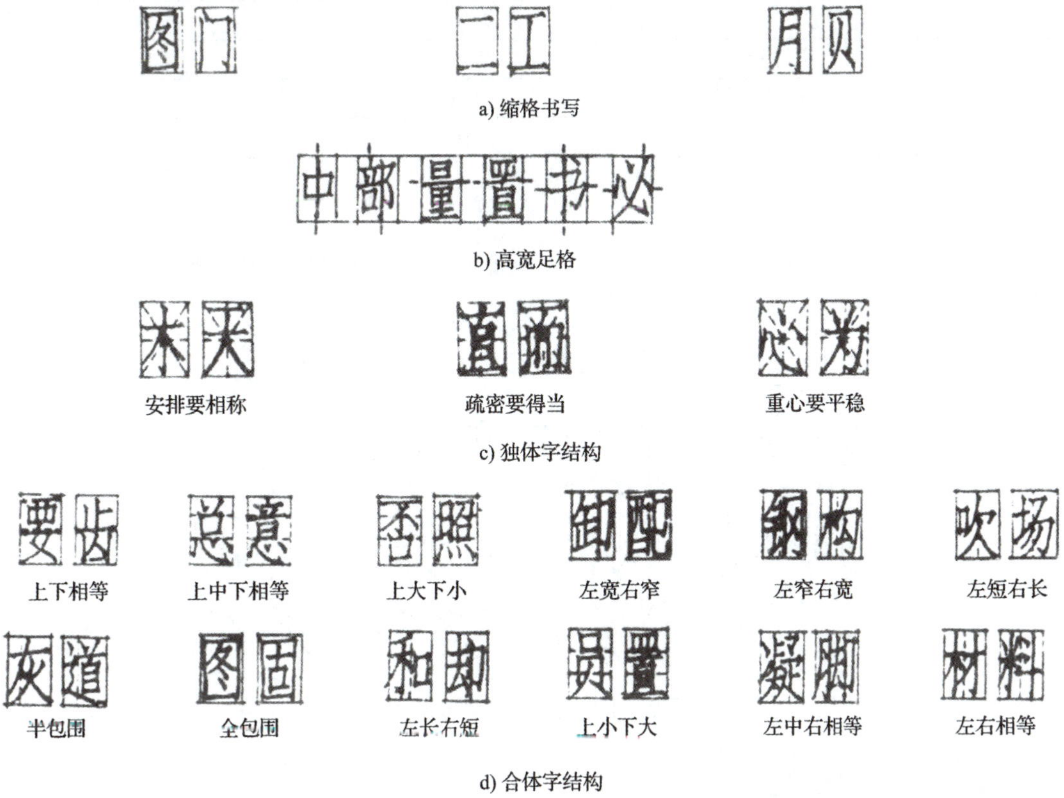

图　门　　二　工　　月　贝

a) 缩格书写

中　部　量　置　书　必

b) 高宽足格

木　买　　直　酾　　心　为

安排要相称　　疏密要得当　　重心要平稳

c) 独体字结构

要　齿　　总　意　　否　照　　卸　配　　钢　构　　吹　扬

上下相等　　上中下相等　　上大下小　　左宽右窄　　左窄右宽　　左短右长

灰　道　　图　固　　和　却　　员　置　　凝　脚　　材　料

半包围　　全包围　　左长右短　　上小下大　　左中右相等　　左右相等

d) 合体字结构

图2—16　缩格书写、高宽足格、独体字的结构、合体字的结构

## 2. 数字及字母的写法

工程图样中常用到拉丁字母、阿拉伯数字和罗马数字，书写可根据需要写成直体或斜体。斜体的倾斜度应是从字的底线逆时针向上倾斜75°，其宽度和高度与相应的字体相同。数字及字母又可按其笔画宽度分为一般字体和窄字体两种。数字与字母的字高应不小于2.5 mm。数字及字母的书写应符合表2—5的规定。字母的间隔，如需排列紧凑，可按表中最小间隔减半。数字及字母的例子如图2—17所示。

表2—5　数字及字母的书写规范

| 字体 | | 一般字体 | 窄字体 |
|---|---|---|---|
| 字母高 | 大写字母高 | *h* | *h* |
| | 小写字母高 | 7/10 *h* | 10/14 *h* |
| 小写字母高向上或向下延伸部分 | | 3/10 *h* | 4/14 *h* |
| 笔画宽度 | | 1/10 *h* | 1/14 *h* |
| 间隔 | 字母间 | 2/10 *h* | 2/14 *h* |
| | 上下底线间最小间距 | 14/10 *h* | 20/14 *h* |
| | 文字间最小间距 | 6/10 *h* | 6/14 *h* |

图2—17　数字及字母例子

## 四、标注和索引

图样中的标注和索引应按制图标准正确、规范地进行表达。标注要醒目准确，不可模棱两可；索引要便于查找，不可零乱。

### 1. 线段的标注

线段的尺寸标注包括尺寸界线、尺寸线、起止符号和尺寸数字。

尺寸界线与被注线段垂直，用细实线画，与图线的距离应大于2 mm。

尺寸线为与被注线段平行的细实线，通常超出尺寸界线外侧2～3 mm，但当两不相干尺寸界线靠得很近时，尺寸线彼此都不出头，任何图线都不得作为尺寸线使用。

尺寸线起止符号可用小圆点、空心圆圈和短斜线表示，其中短斜线最常用，短斜线与尺寸线成45°，为中粗实线，长2～3 mm。

线段的长度应该用数字标注，水平线的尺寸应标在尺寸线上方，铅垂线的尺寸应标在尺寸线左侧，其他角度的斜向线段标注（见图2—18）。当尺寸界线靠得太近时可将尺

寸标注在界线外侧或用引线标注。图中的尺寸单位统一，除了标高和总平面图中可用m为标注单位外，其他尺寸均以mm为单位。所有尺寸宜标注在图线以外，不宜与图线、文字和符号相交。

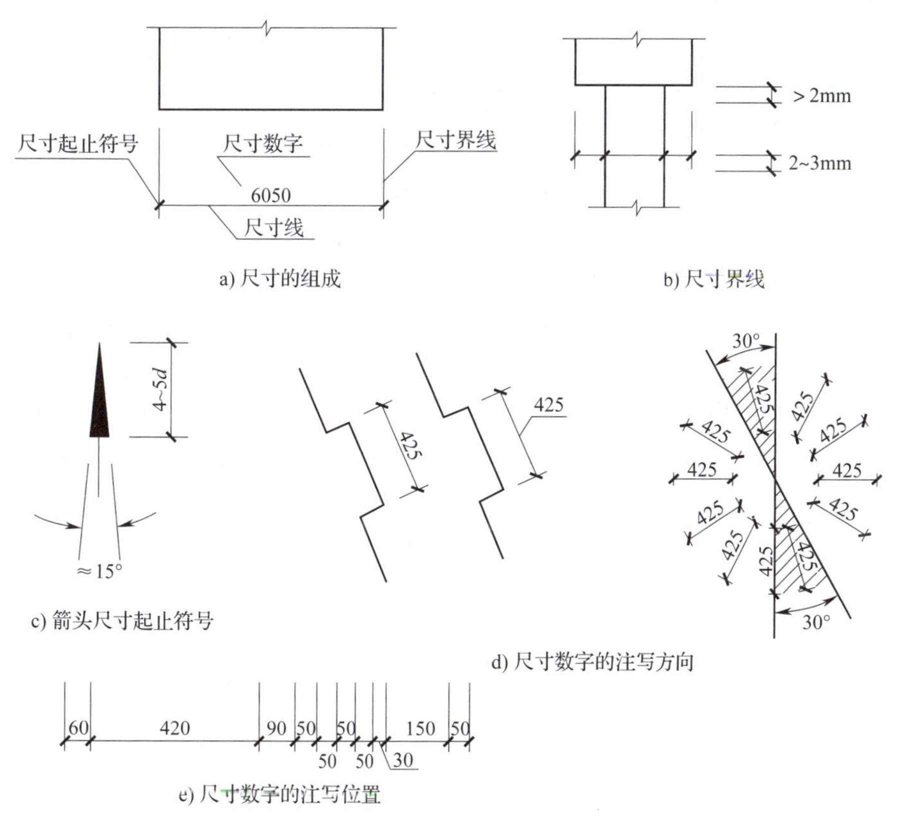


**图2—18　线段、箭头尺寸及尺寸界线的标注**

当图上需标注的尺寸较多时，互相平行的尺寸线应根据尺寸大小从远到近依次排列在图线一侧，尺寸线与图样之间的距离应大于10 mm，平行的尺寸线间距宜相同，常为7～10 mm。两端的尺寸界线应稍长些，中间的应短些，并且排列整齐。

### 2. 圆（弧）和角度标注

圆或圆弧的尺寸常标注在内侧，尺寸数字前需加注半径符号*R*或直径符号*D*，过大圆弧尺寸线可用折断线，过小的可用引线。圆（弧）、弧长和角度的标注都应使用箭头起止符号。

### 3. 坡度标注

坡度常用百分数、比例或比值表示。坡向采用指向下坡方向的单面箭头表示，坡度百分数或比例数字应标注在箭头的短线上。用比值标注坡度时，常用直角三角形标注符号，铅垂边的数字常定为1，水平边上标注比值数字（见图2—19）。

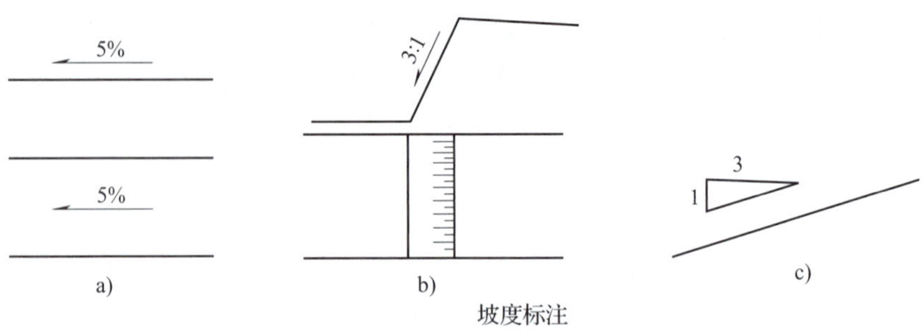


图2—19 坡度标注

## 4. 标高标注

标高标注有两种形式。一是将某水平面如室内地面作为起算零点，主要用于个体建筑物图样上。标高符号为细实线绘制的直角等腰三角形，其尖端应指至被注的高度，直角等腰三角形的水平引申线为数字标注线（见图2—20a、b）。标高数字应以m为单位，注写到小数点以后第三位。二是以大地水准面或某水准点为起算零点，多用在地形图和总平面图中。标注方法与第一种相同，但标高符号宜用涂黑的三角形表示（见图2—20c），标高数字可注写到小数点以后第三位。

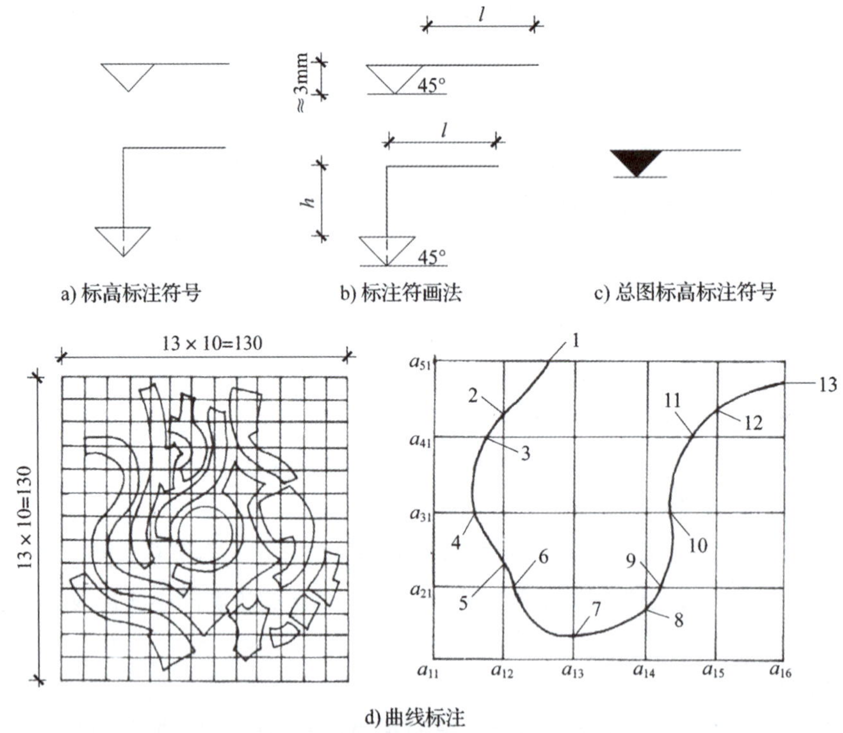


图2—20 标高标注、曲线标注

$l$—注写标高数字的长度，应做到注写后匀称

$h$—高度，据需要而写

### 5. 曲线标注

简单的不规则曲线可用截距法（又称坐标法）标注，较复杂的曲线可用网格法标注（见图2—20）。用截距法标注时，为了便于放样或定位，常选一些特殊方向和位置的直线，如将定位轴线作为截距轴，然后用一系列与之垂直的等距平行线标注曲线。用网格标注较复杂的曲线时，所选用网格的尺寸应能保证曲线或图样的放样精度。精度越高，网格的边长应该越短。尺寸的标注符号与直线相同，但因短线起止符号的方向有变化，故尺寸起止符号常用小圆点的形式表示。

### 6. 索引

在绘制施工图时，为了便于查阅需要详细标注和说明的内容，应标注索引。索引符号为直径10 mm的细实线圆，过圆心作水平细实线将其分为上下两部分，上侧标注详图编号，下侧标注详图所在图纸的编号。涉及标准图集的索引，下侧标注详图所在的图集中的页码，上侧标注详图所在页码中的编号，并应在引线上标注该图集的代号。如果用索引符号索引剖面详图，应在被剖切部位绘制剖切位置线，并以引出线引出索引符号，引出线所在一侧应为投射方向。被索引的详图编号应与索引符号编号一致。详图编号常注写在直径为14 mm的粗实线圆内（见图2—21a）。

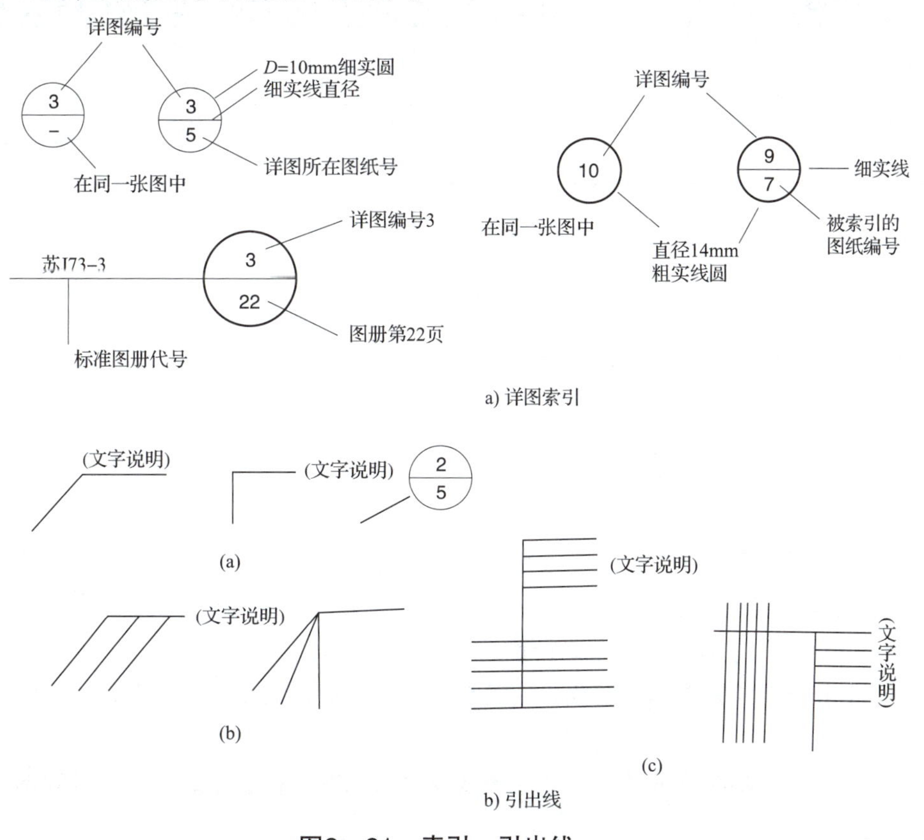


图2—21 索引、引出线

### 7. 引出线

引出线宜采用水平方向或与水平方向成30°、45°、60°、90°的细实线，文字说明可注写在水平线的端部或上方。索引详图的引出线应对准索引符号圆心，同时引出几个相同部分的引出线可互相平行或集中于一点。路面构造、水池等多层标注的共同引出线应通过被引的各层。文字可注写在端部或上方，其顺序应与被说明的层次一致。竖向层次的共同引出线的文字说明应从上至下顺序注写，且其顺序应与从左至右被引注的层次一致（见图2—21b）。

### 8. 比例

工程图样中的建筑物或机械图中的机械零件，都不能按它们的实际大小画到图纸上，需按一定的比例放大或缩小，园林制图也是这样。图形与实物相对的线性尺寸之比称为比例。比例的大小，是指比值的大小，如1∶50大于1∶100。比例的选择，应根据图样的用途和复杂程度确定，并优先选用常用比例，见表2—6。

表2—6 绘图常用比例

| 详图 | 1:2 1:3 1:4 1:5 1:10 1:20 1:30 1:40 1:50 |
|---|---|
| 道路绿化设计图 | 1:50 1:100 1:200 1:300 1:150 1:250 |
| 小游园设计图 | 1:50 1:100 1:200 1:300 1:150 1:250 |
| 居住区绿化设计图 | 1:50 1:100 1:200 1:300 1:500 1:1 000 |
| 公园规划设计图 | 1:500 1:1 000 1:2 000 |

## 第三节 绘图的一般步骤

要提高绘图效率，除了必须熟悉《房屋建筑制图统一标准》、正确熟练使用绘图工具外，还应按照一定的绘图步骤进行。

### 一、绘图步骤

#### 1. 准备

（1）做好准备工作。将铅笔按照绘制不同线型的要求削好；将圆规的铅芯磨好，并调整好铅芯与针尖的高低，使针尖略长于铅芯；用干净软布把丁字尺、三角板、图板擦干净；将各绘图用具按顺序放在固定位置，洗净双手。

（2）分析要绘制图样的对象，收集参阅有关资料，做到对所绘图样的内容、要求心中有数。

（3）根据所画图样的要求，选定图纸幅面和比例。在选取时，必须遵守国家标准的有关规定。

将大小合适的图纸用胶带纸（或绘图钉）固定在图板上。固定时，应使丁字尺的工作边与图纸的水平边平行。最好使图纸的下边与图板下边保持大于一个丁字尺宽度的距离。

### 2. 用铅笔绘制底稿

（1）按照图纸幅面的规定绘制图框，并在图纸上按规定位置绘出标题栏。

（2）合理布置图面，综合考虑标注尺寸和文字说明的位置，定出图形的中心线或外框线，避免在一张图纸上出现太空或太挤的现象，使图面匀称美观。

（3）先画图形的主要轮廓线，然后再画细部。画草稿时最好用较硬的铅笔，落笔尽可能轻、细、准，以便修改。

（4）画尺寸线、尺寸界线和其他符号。

（5）仔细检查，擦去多余线条，完成全图底稿。

### 3. 加深图线、上墨或描图

（1）加深图线。用铅笔加深图线应选用适当硬度的铅笔，并按下列顺序进行。

1）先画上方，后画下方；先画左方，后画右方；先画细线，后画粗线；先画曲线，后画直线；先画水平方向的线段，后画垂直及倾斜方向的线段。

2）同类型、同规格、同方向的图线可集中画出。

3）画起止符号，填写尺寸数字、标题栏和其他说明。

4）仔细核对、检查并修改已完成的图样。

（2）上墨。上墨是在绘制完成的底稿上用墨线加深图线，步骤与用铅笔加深基本一致，一般使用绘图墨水笔。

（3）描图。在工程施工过程中往往需要多份图样，这些图样通常采用描图和晒图的方法进行。描图是用透明的描图纸覆盖在铅笔图上用墨线描绘，描图后得到的底图再通过晒图就可得到所需份数的复制图样（俗称蓝图）。

描图时应注意以下几点：

1）将原图用丁字尺校正位置后粘贴在图板上，再将描图纸平整地覆盖在原图上，用胶带纸把两者固定在一起。

2）描图时应先描圆或圆弧，从小圆或小弧开始，然后再描直线。

3）描图时一定要耐心、细致，切忌急躁和粗心。图板要放平，墨水瓶千万不可放在图板上，以免翻倒玷污图样。手和用具一定要保持清洁干净。

4）描图时若画错或有墨污，一定要等墨迹干后再修改。修改时可用刀片轻轻地将画错的线或墨污刮掉。刮时底下可垫三角板，用力要轻而均匀。千万不要着急，以免刮破描图纸。 刮过的地方要用砂橡皮擦除痕迹，最后用软橡皮擦净并压平后重描。重描时注墨不要太多。

（4）注意事项

1）画底图时线条宜轻而细，只要能看清楚就行。

2）铅笔选用的硬度。加深时粗线宜选用HB或B，细实线宜用2H或3H，写字宜用H或HB。加深圆或圆弧时所用的铅芯，应比同类型画直线的铅笔软一号。

3）加深或描绘粗实线时应保证图线位置的准确，防止图线移位，影响图面质量。

4）使用橡皮擦拭多余线条时，应尽量缩小擦拭面，擦拭方向应与线条方向一致。

（5）指北针。指北针在建筑平面图和总图上，可明确表示建筑物与规划区域的方位。指北针加风玫瑰图，还可说明此地的常年主导风向，这不仅是规划设计的重要依据，也是衡量建筑设计质量的标志之一。

## 二、工具线条图画法

用尺、规和曲线板等绘图工具绘制的，以线条特征为主的工整图样称为工具线条图。工具线条图的绘制是园林设计制图最基本的技能。绘制工具线条图应熟悉和掌握各种制图工具的用法、线条的类型、等级、所代表的意义及线条的交换。

工具线条应粗细均匀、光滑整洁、边缘挺括、交接清楚。作墨线工具线条时只考虑线条的等级变化；作铅线工具线条时除了考虑线条的等级变化外还应考虑铅芯的浓淡，使图面线条对比分明。通常剖断线最粗最浓，形体外轮廓线次之；主要特征的线条较粗较浓；次要内容的线条较细较淡。线条的加深与加粗如图2—22a所示。铅笔线宜用较软的铅笔B～3B加深或加粗，然后用较硬的铅笔H～B将线边修齐。

墨线的加粗，可先画边线，再逐笔填实。如第一笔先画粗线，由于下水过多，容易在起笔处胀大，纸面也容易起皱（见图2—22b）。

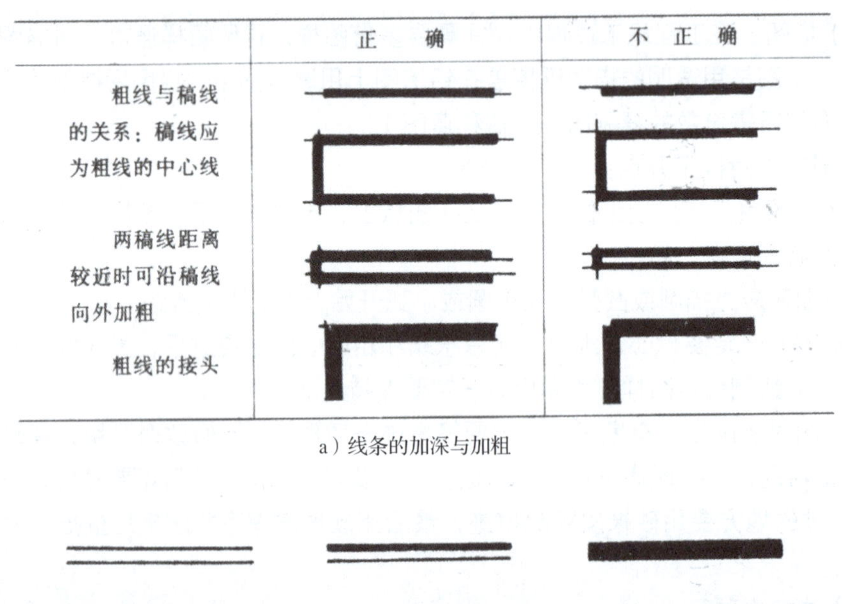


a）线条的加深与加粗

b）墨线加粗方法

图2—22　墨线的加粗方法

## 三、钢笔徒手线条图画法

园林设计者必须具备徒手绘制线条图的能力。因为园林规划设计图中的地形、植物和水体等需徒手绘制，且在收集素材、探讨构思、推敲方案时也需借助于徒手线条图。

绘制徒手线条图的工具很多，用不同的工具所绘制的线条的特征和图面效果虽然有些差别，但都具有线条图的共同特点。下面主要介绍钢笔徒手线条图的画法技巧和表现方法。

学画钢笔徒手线条图可从简单的直线练习开始。在练习中应注意运笔速度、方向和支撑点以及用笔力量。运笔速度应保持均匀，宜慢不宜快，停顿干脆。用笔力量应适中，保持平稳。基本运笔方向为从左至右、从上至下，且左上方的直线（倾角45°~225°）应尽量按向圆心的方向运笔，相应的右下方的直线运笔方向正好与其相反。运笔中的支撑点有三种情况：一为以手掌一侧或小指关节与纸面接触的部分作为支撑点，适合于作较短的线条，若线条较长，需分段作，每段之间可断开，以免搭接处变粗；二为以肘关节作为支撑点，靠小臂和手腕运动，并辅以小指关节轻触纸面，可一次做出较长的线条；三为将整个手臂和肘关节腾空或辅以肘关节或小指关节轻触纸面作更长的线条（见图2—23a）。

在画水平线和垂直线时，宜以纸边为基线，画线时视点距图面略放远些，以放宽视面，并随时以基线来校准。

若画等距平行线，应先目估出每格的间距（见图2—23b）。

凡对称图形都应先画对称轴线，如画山墙立面时，先画中轴线，再画山墙矩形，然后在中轴线上点出山墙尖高度，画出坡度线，最后加深各线（见图2—23c）。

画圆可先用笔在纸上顺一定方向轻轻兜圆圈，然后按正确的圆加深。

画小圆时，先作十字线，定出半径位置，然后按四点画圆。

画大圆时除十字线外还要加45° 线，定出半径位置，作短弧线，然后连各短弧线成圆（见图2—23d）。

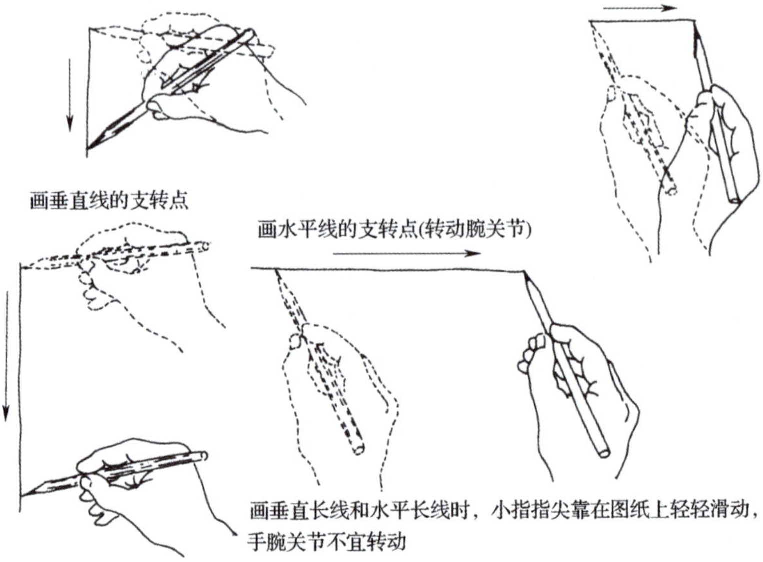

画垂直线应自上而下，与用仪器画恰恰相反

徒手画水平线应自左至右

画垂直线的支转点

画水平线的支转点(转动腕关节)

画垂直长线和水平长线时，小指指尖靠在图纸上轻轻滑动，手腕关节不宜转动

a) 运笔方向

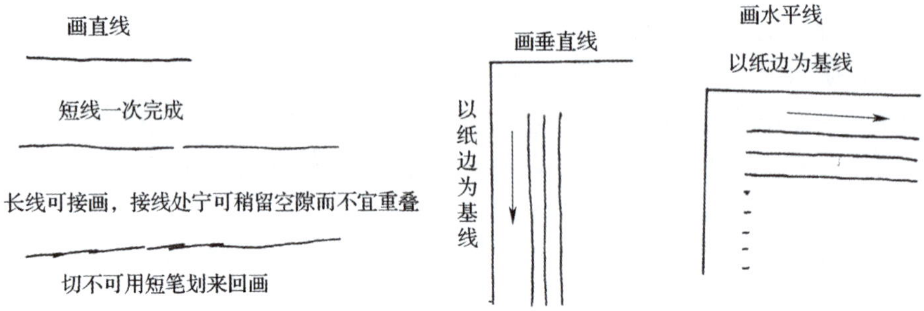

画直线

短线一次完成

长线可接画，接线处宁可稍留空隙而不宜重叠

切不可用短笔划来回画

画垂直线

以纸边为基线

画水平线

以纸边为基线

b) 画线条

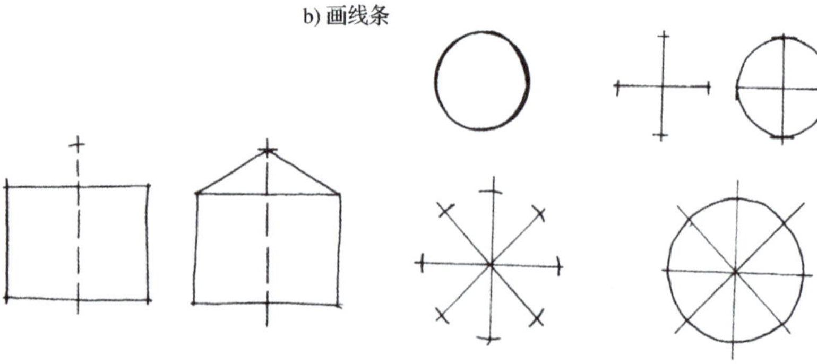

c) 画对称图形

d) 画圆

图2—23　徒手线条画法

## 第四节　三面投影体系

园林工程图样是根据各种投影法绘制而成的。工程制图中的投影法包括平行投影法和中心投影法，平行投影法又分为正投影法和斜投影法，其中正投影法是绘制工程图样，特别是施工图样的重要方法，必须掌握。本章主要介绍运用正投影法建立三面投影体系，三面投影体系的展开以及剖面图和断面图概念的建立和正确识别。

### 一、三面投影基本知识

#### 1. 投影的概念

日常生活中，物体在灯光或阳光的照射下就会在墙面或地面上产生影子（见图2—24a），这种自然现象称为投影。经人们科学的总结、抽象，找到了影子和物体间的几何关系，逐步形成了在平面上表达空间物体的各种投影法。

假设光线能够透过物体而将物体的各个顶点和棱线的影投在平面*V*上，这些点和线的影将组成一个能够反映出物体形状的图形，这个图形称为物体的投影（见图2—24b）。

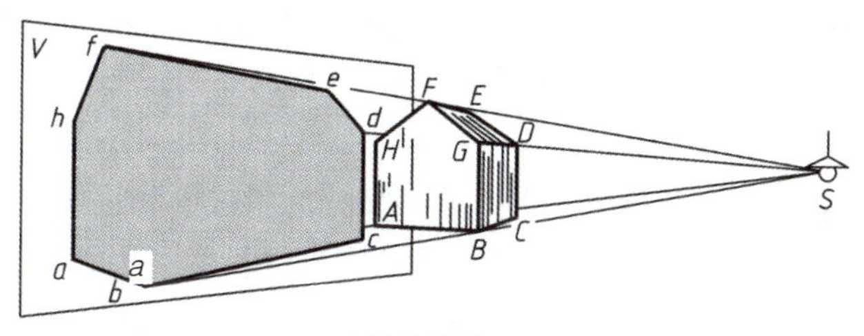


a）物体的影子

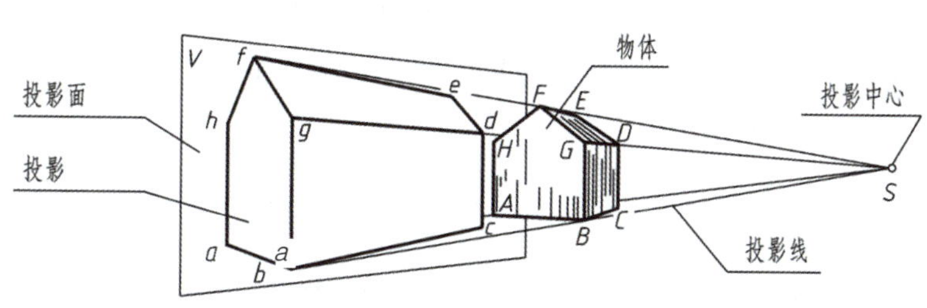


b）物体的投影（中心投影法）

**图2—24　物体的影子与投影**

光源*S*称为投影中心；投影所在的平面*V*称为投影面；光线称为投射线；通过物体上的一点的投射线与投影面*V*相交，所得交点就是该点在平面*V*上的投影。通常把这种只研究其形状和大小，而不涉及其理化性质的物体，称为形体。

### 2. 投影的类型

使空间物体在投影面上产生投影的方法称为投影法。按照投影中心距离投影面的远近，可将投影分为中心投影和平行投影两种。

（1）中心投影。投射线由一点放射出来的投影称为中心投影。这种投影的方法，称为中心投影法（见图2—24b）。由中心投影法所得的投影图样具有较好的立体感（见图2—25），接近人们的视觉印象，具有较强的直观性，因而在园林设计中，常用其表现设计效果。

图2—25　用中心投影绘制的图样

（2）平行投影。当投影中心距离投影面无限远时，可认为所有的投射线都相互平行，用这样一组相互平行的投射线所得到的投影，称为平行投影。这种投影方法称为平行投影法。

根据投射线与投影面垂直与否，平行投影又分为斜投影和正投影两种：

1）投射线相互平行且倾斜于投影面时，所得到的投影称为斜投影（见图2—26a）。用斜投影法画图具有较好的直观性，这种方法常应用于轴测斜投影作图。

2）投影线相互平行且垂直于投影面时，所得到的投影称为正投影（见图2—26b）。用正投影法画出的物体图形，称为正投影图。正投影图虽然直观性较差，但经多面投影处理后，能反映物体的真实形状和大小，且具有较好的度量性、作图简便等优点，因而成为工程制图中广泛采用的一种图示方法。

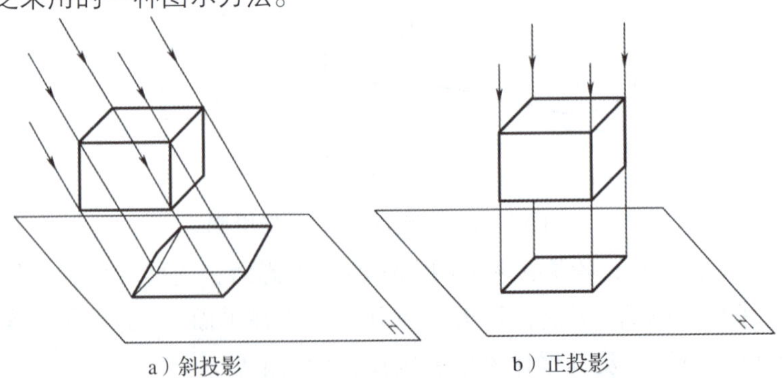


图2—26　平行投影

### 3. 正投影的基本特性

任何形体都可以看成是由点、线、面组成的，因此研究形体的正投影特性，可以从分析点、线、面的正投影特性入手。

（1）点、线、面的正投影特性

1）点的正投影特性。点的正投影仍为一点（见图2—27）。

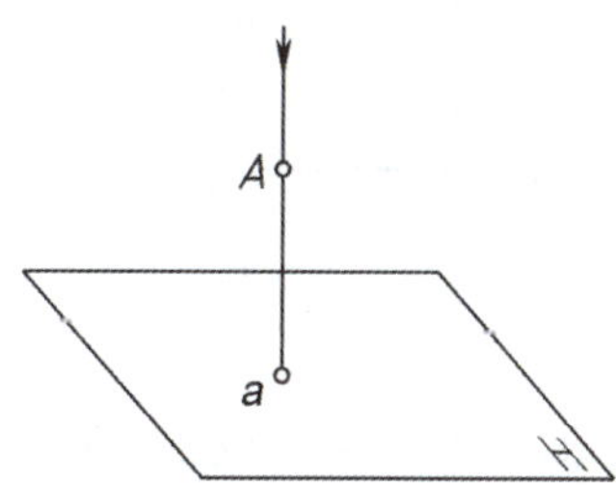


图2—27　点的正投影

2）直线的正投影特性

①当直线平行于投影面时，其投影仍为直线，且反映实长（$ab=AB$），如图2—28a所示。

②当直线垂直于投影面时，其投影积聚为一点，如图2—28b所示。

③直线上点的投影，必在该直线的投影上，如图2—28c所示。点$C$在$AB$上，则点$C$的投影$c$在直线$AB$的投影$ab$上。

④一点分一直线为两段，则两段长度之比等于两线段投影之比，$AC:CB=ac:cb$。如图2—28c所示。

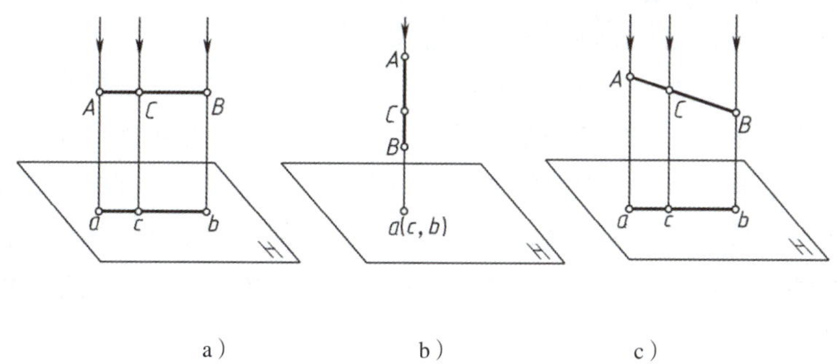


图2—28　直线的正投影

3）平面的正投影特性

①当平面平行于投影面时，其投影仍为平面，且反映实形，如图2—29a所示。

②当平面垂直于投影面时，其投影积聚为一直线，如图2—29b所示。

③当平面倾斜于投影面时，其投影仍为平面，但其面积缩小，如图2—29c所示。

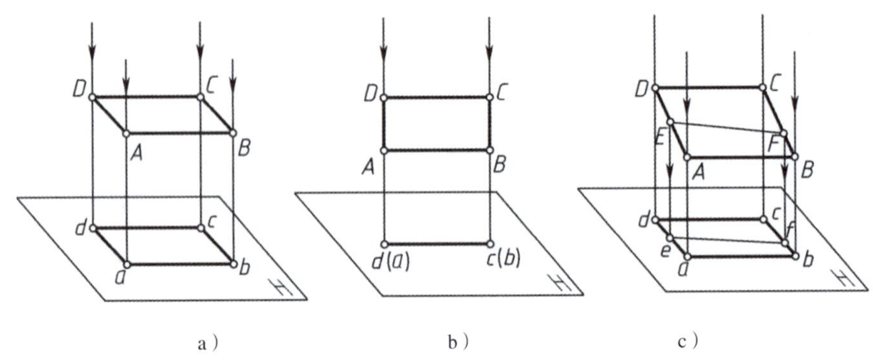


图2—29　平面的正投影

（2）正投影的基本特性。由以上点、线、面的正投影特性，可以总结出正投影的基本特性：

1）实形性。直线（或平面图形）平行于投影面，其投影反映实长（或平面实形）。

2）积聚性。直线（或平面图形）垂直于投影面，其投影积聚为一点（或一直线）。

3）相仿性。直线（或平面图形）倾斜于投影面，其投影长度缩短（或面积缩小），但与原几何形状相仿。

4）从属性。点在直线上，则点的投影必在该直线的投影上；点（或直线）在平面上，则点（或直线）的投影必在该平面的投影上。

5）定比性。点分线段所成的比例，等于该点的正投影所分该线段的正投影的比例；直线分平面所成的面积之比，等于直线的正投影所分平面的投影的面积之比。

## 二、三面投影体系的建立及展开

如图2—30所示，空间三个物体的形状各异，但它们在同一个投影面上的投影却是相同的。因此，在正投影中，物体在一个投影面上的投影，一般是不能全面真实地反映空间物体形状的，必须从若干个方向对物体进行多面投影，才能确定空间物体的真实形状。一般物体由六面围合而成，是否需要作六个方向的投影才能确定空间物体的形状呢？经大量实践证实，多数情况下用在三个相互垂直的投影面上的投影，就能比较充分地表示出这个空间物体的形状。

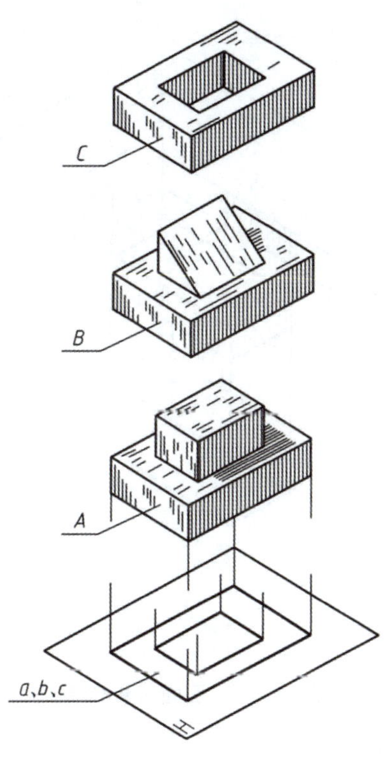


图2—30 仅用一个投影面不能确定物体的形状和大小

## 1. 三面投影体系的建立

图2—31表示了三个互相垂直的投影面，图中正对前方的投影面称为正立投影面，用$V$表示，简称正面或$V$面；水平位置的投影面称为水平投影面，用$H$表示，简称水平面或$H$面；右面侧立的投影面称为侧立投影面，用$W$表示，简称侧面或$W$面。各投影面之间的交线称为投影轴，其中$V$面与$H$面的交线称为$X$轴，$W$面和$H$面的交线称为$Y$轴，$V$面和$W$面间的交线称为$Z$轴，三个投影轴的交点$O$，称为原点，$OX$、$OY$、$OZ$是三条相互垂直的投影轴。

将物体放置在三面投影体系中，按正投影法向各投影面投射，投射线由前向后在$V$面产生的投影称为正立投影图，简称正立面图；投射线自上而下在$H$面上产生的投影称为水平投影图，简称平面图；投射线由左向右在$W$面产生的投影称为侧立投影图，简称侧立面图。

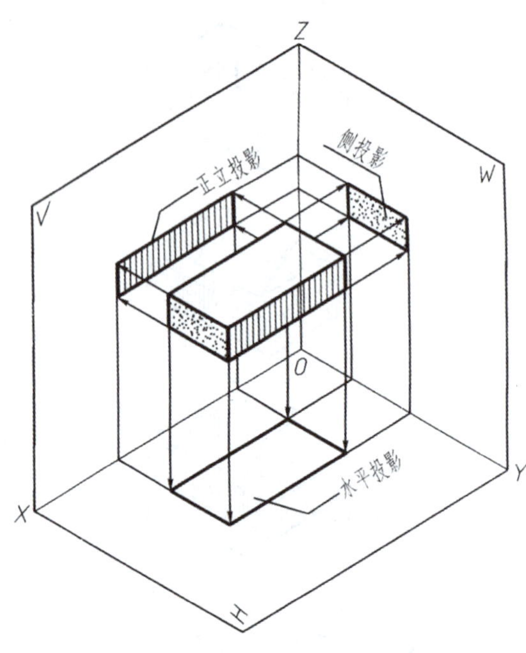


图2—31　三面投影体系

## 2. 三面投影体系的展开

为方便作图和阅读图样，实际作图时需将互相垂直的三个投影面展开在同一平面上，以把物体表现在同一平面上。展开方法是：*V* 面不动，将*H*面绕*OX*轴向下旋转90°，将*W*面绕*OZ*轴向右旋转90°即可（见图2—32）。这样，三个投影图就能画在同一平面的图纸上了。

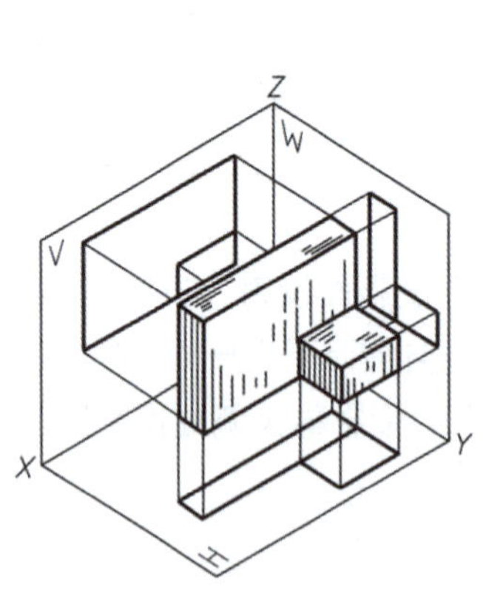


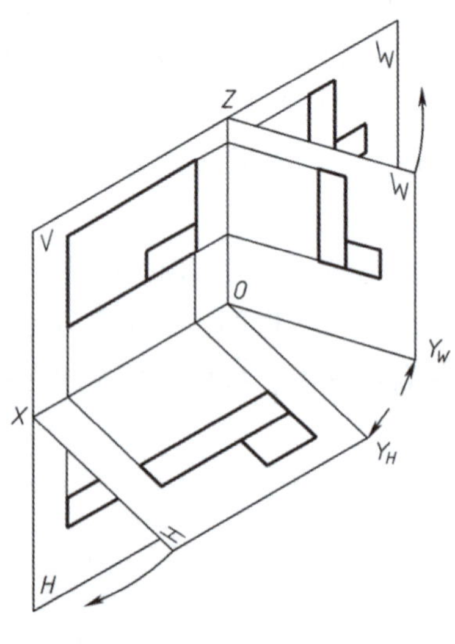


a）　　b）

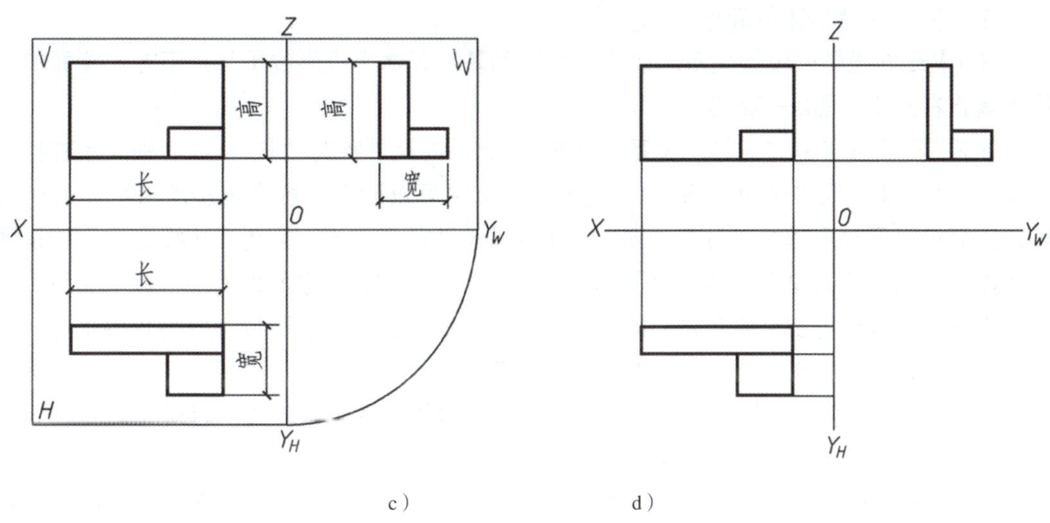


图2—32　三个投影面的展开

三个投影面展开后，三条投影轴成为两条垂直相交的直线；原$OX$、$OZ$轴位置不变，原$OY$轴则被一分为二，分别用$OY_H$（在$H$面上）和$OY_W$（在$W$面上）表示。

用两个以上（一般是三个）的正投影图，共同表达一个实物是工程制图的基本图示方法，这种方法称为正投影分面图法。建筑设计图样就是按此方法绘制的（见图2—33）。应指出的是，投影面是假想的，在工程图样中，投影面的外框和投影轴均不必画出，这种图称为无轴投影图。因为它仍能确定物体的形状、大小和各几何要素间的相关位置，因此工程图一般均采用无轴投影图。

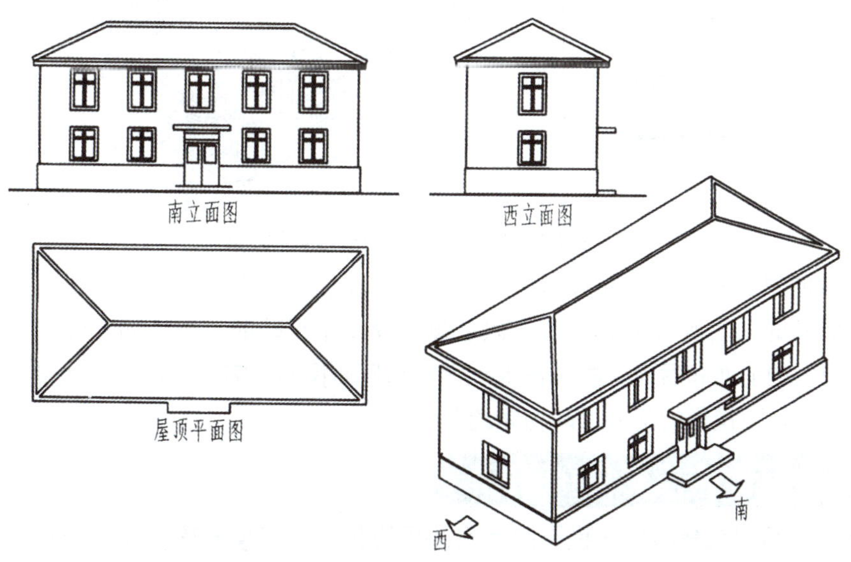


图2—33　建筑物的三面投影图（右下为轴测图）

### 3. 三个投影图之间的对应关系

（1）三面投影的位置关系。以正面投影为基准，水平投影位于其正下方，侧面投影位于其正右方（见图2—32c）。

（2）三面投影的“三等”关系。通常把*OX*轴向尺寸称为“长”，*OY*轴向尺寸称为“宽”，*OZ*轴向尺寸称为“高”。从图2—32c中可以看出，水平投影反映形体的长与宽，正面投影反映形体的长与高，侧面投影反映形体的宽与高。因为三个投影表示的是同一形体，所以无论是整个形体还是形体的某一部分，它们之间必然保持“三等”关系：水平投影与正面投影等长且要对正，即“长对正”；正面投影与侧面投影等高且要平齐，即“高平齐”；水平投影与侧面投影等宽，即“宽相等”。

（3）三个投影图与物体的方位关系。物体对投影面的相对位置一经确定后，物体的前后、左右和上下的方位关系就反映在三个投影图上。

如图2—34所示，正面投影反映物体的上、下和左、右；水平投影反映物体的左、右和前、后；侧面投影反映物体的上、下和前、后。

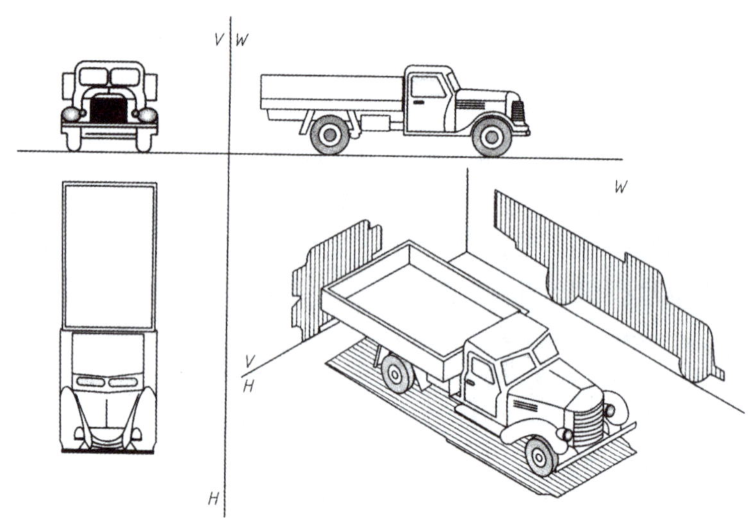


**图2—34　物体与其三个投影的关系**

应注意的是，物体的前面和后面在水平投影和侧面投影中较容易弄错，这是由于侧立投影在展开时向后旋转了90°，所以在侧立面图中反映的是物体的左面和右面，不要误认为是物体的前面和后面。同时在水平投影和侧面投影中靠近正面投影的部分反映物体的后面，远离正面投影的部分反映物体的前面。

## 三、组合体投影图的识读

识读正投影图就是根据各投影图之间的投影关系，想象出该物体的形状。通常采用形体分析和线面分析的方法识读投影图。

### 1. 形体分析法

形体分析法是识图的主要方法，它是根据基本体的投影特征，分析投影图所表示形体各组成部分的结构形状和相对位置，然后综合确定形体的整体结构形状。整个过程可归纳为：从反映形状特征的投影图出发，联系其他投影图，分形体、对投影；明形体、定位置；综合想、得整体。

为了正确地进行形体分析，必须掌握以下几点：

（1）运用长对正、高平齐、宽相等的“三等”投影关系，正确进行投影分析。

（2）根据基本体的投影特征，正确分离、判断组成组合体的基本体或不完整的基本体。

（3）结合形体的组合形式和两相邻表面过渡关系的投影分析，正确确定基本体间的相对位置关系，想象出组合体的整体形状。

（4）抓住特征投影图，联系几个投影图，根据投影规律进行分析、构思，想象出形体的形状。

例如，图2—35a中三个形体的正立面图和平面图均相同，而左侧立面图为特征投影图。图2—35b中三个形体的正立面图和左侧立面图均相同，而平面图为特征投影图。

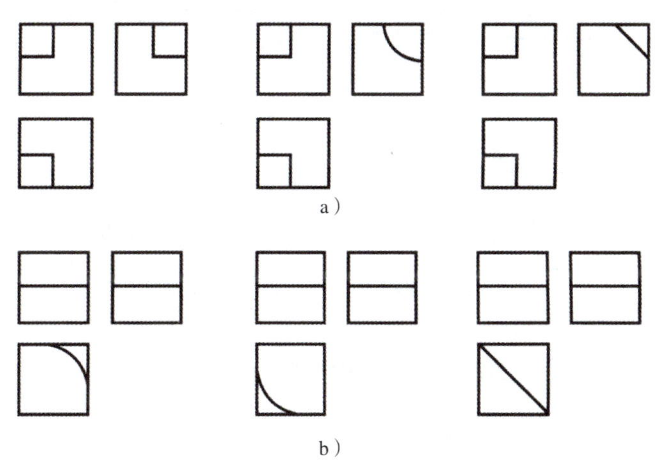


**图2—35　抓住特征投影图对应识图**

运用形体分析法识读投影图的具体方法如下：

1）分形体、对投影。一般从反映形体特征的投影图出发分离基本体，找出每一简单形体在各投影图中的投影。如图2—36a所示，将台阶分离为四种五个基本体，其中表示台阶栏板的两投影图相同，即两形体的形状一致。

2）明形体、定位置。根据投影图，将各基本体的形状逐一分析清楚，然后根据投影图表示的组合形式和两表面过渡处的投影分析，弄清楚各基本体的相对位置关系。图2—36b中，台阶的栏板是一块被切去一个三棱柱的四棱柱，而其他三阶踏步的形状（见图

2—36c、d、e）均为四棱柱。几个基本体的组合形式是叠加式，其中Ⅱ、Ⅲ、Ⅳ三个简单形体间的后表面和左、右表面均对应靠齐，它们被夹在两侧栏板中间，且后表面与两侧栏板后表面靠齐。

3）综合想、得整体。根据上述对各组成部分的结构形状和相对位置的分析，综合归纳即可想象出该形体的整体形状。图2—36 f 所示为台阶的立体图。

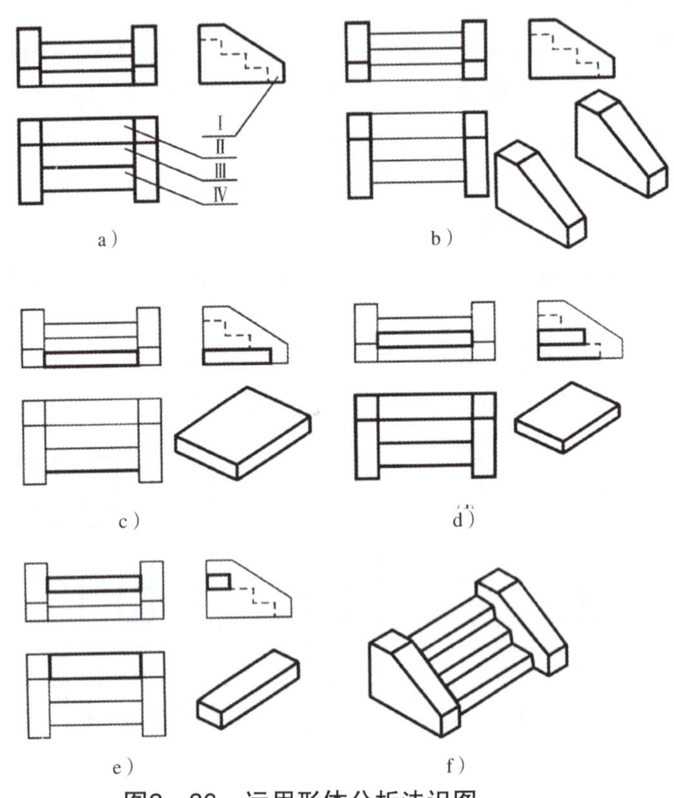


图2—36　运用形体分析法识图

## 2. 线面分析法

线面分析法是根据线、面的投影特性，分析投影图中每条图线和每一线框的含义，这是因为图上的每一条图线（直线、曲线、虚线），都可能是物体上两表面的交线投影、曲面转向轮廓线的投影、具有积聚性表面的投影。而图上的每一个线框都代表着物体上某一平面或曲面的投影。相邻两线框表示形体上两相交的表面或前、后不平齐表面的投影。所以可根据投影图中的线和线框的投影关系，分析、判断出它所表示的物体形状。

看图时，要以形体分析为主，线面分析为辅。有些简单图形，用形体分析就可以看懂物体的形状。即便是较复杂的图形，也要在形体分析的基础上，对某些不易搞清楚的局部再进行线面分析。

【例】识读2—37a所示组合体的三面投影图。

图2—37a为组合体的三面投影图，由于各图形的基本轮廓都是长方形（只缺几个角和一个方口），可以想象它的原始形状是一个长方体（见图2—37b）。图2—37a中侧面投影的缺口，按照投影关系，找正面投影和水平投影中的对应投影，可知它被从左至右切去了一个四棱柱体（见图2—37c）。

图2—37a中正面投影的缺角，按投影关系，找水平投影和侧面投影中的对应投影，可知长方体被一平面切去了左上角（见图2—37d）。

图2—37a中水平投影左端前、后缺两角，按投影关系，找正面投影和侧面投影中的对应投影可知长方体的左端被平面切去了两个角（见图2—37e）。

在上述形体分析的基础上，再进行线面分析，以验证是否正确。图2—37f中水平投影的八边形线框 $p$，按投影关系，在正面投影中找不到与它对应的类似形（八边形），而与它对应的只能是斜线 $p'$，在侧面投影中与它对应的投影是八边形线框 $p''$。根据平面的投影特性可知$p$是一个正垂面，长方体的左上角就是被这样一个正垂面切去的。

图2—37g中正面投影的梯形线框 $q'$，在侧面投影中对应的投影是线框 $q''$，在水平投影中与它相对应的没有类似的梯形，而是斜线 $q$，因此 $q$是一个铅垂面，长方体左端的前、后两个角就是被这样两个前后对称的铅垂面切去的。

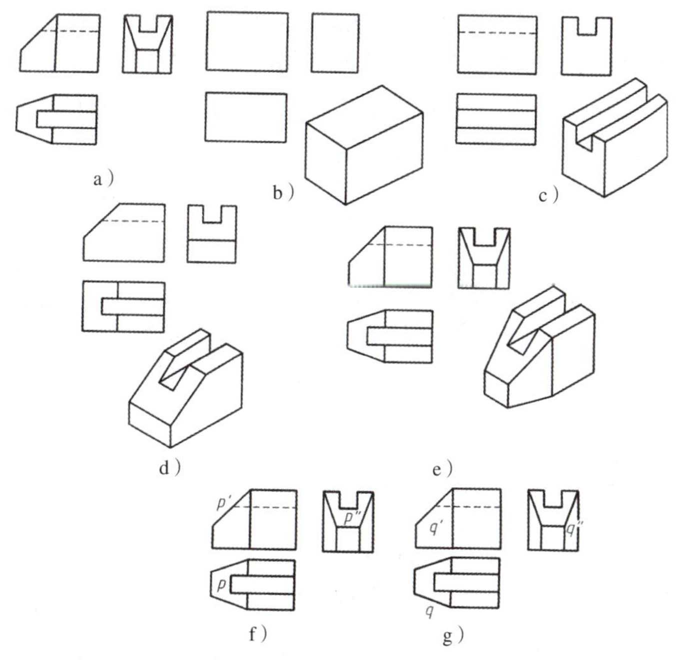


图2—37　组合体投影图识读

## 四、第三投影图

由已知两投影图补画第三投影图是培养识图能力的常用方法。其过程是先分析形体

的两投影图，确定该形体的形状，然后按绘图方法补绘第三投影图。

【例】图2—38a所示为一形体的正立面图和侧立面图，试补绘其平面图。

### 1. 形体分析

根据形体正立面图和侧立面图的轮廓线分析，先将形体分离为三块两种简单形体，即两块如图2—38b中Ⅰ所示的梯形棱柱，一块为Ⅱ所示的形体，其余局部投影还待分析，但可先概括分析该形体为一个三棱柱。

### 2. 线面分析

在图2—38c的Ⅱ形体中，还有局部投影需进行线面分析后才能确定。图2—38c的正面投影中有两个形状大小相同，且处于三棱柱投影图左右对称位置的三角形面*p*。侧面投影也有一个三角形面*q*。这两个投影表示的应是一个怎样的形体呢？先分析图示*p*平面，*p*面的正面投影为三角形，而侧面投影为一竖直线段。据此可知*p*面为正平面，是一个三角形平面。其水平投影也应积聚为一水平直线段；再看*q*面，*q*面的正面投影是一个三角形，侧面投影也是一个三角形，故*q*为一般位置平面，也是一个三角形面。其水平投影为类似形，即应为三角形。由此可知，该两形体的底面*p*和侧棱面*q*均为三角形面，也就是说，这两个形体是三棱锥体，其水平投影是三角形。

综上所述，可以想象出整个形体应该是由两个梯形棱柱左右对称叠加于一个三棱柱上，且两个梯形棱柱的后表面与左、右侧面分别与三棱柱的后表面与左、右侧表面对应靠齐；而三棱柱前半部的左右侧又各被挖切去一个三棱锥。三棱锥的底面与梯形棱柱前表面靠齐。因此，可得图2—38d所示的形体形状。

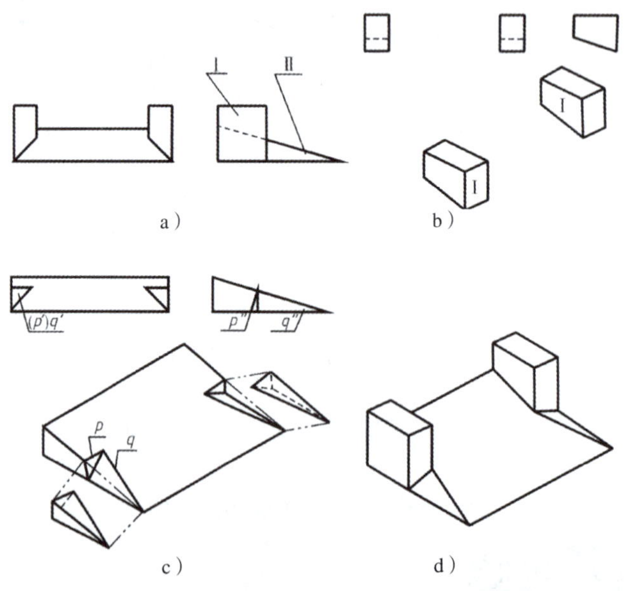


图2—38 运用线面分析帮助识图

### 3. 补绘投影图

（1）根据形体的长和宽补绘水平投影的线框和三棱柱外形轮廓线，如图2—39a所示。

（2）补绘两个梯形棱柱的水平投影，如图2—39b所示。

（3）补绘两个切去三棱锥的水平投影，并完成平面图，如图2—39c所示。

（4）图2—39d所示为形体的三面投影图。

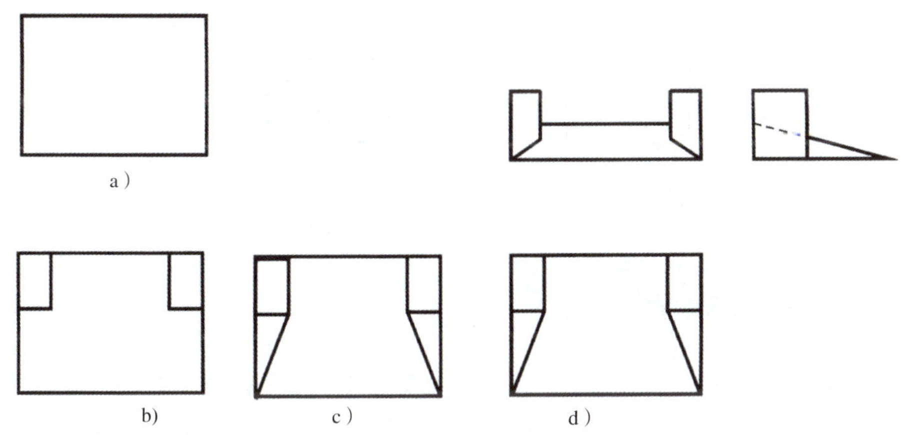


**图2—39　已知形体的两面投影求第三面投影**

【例】在图2—40a中，已知形体的正立面图和侧立面图，试补画其平面图。

分析：由于已知形体的两面投影图基本上是长方体，正面投影左侧的斜线，对应侧面投影是一个凸形平面，说明该平面是正垂面；那么长方体的左侧是被正垂面所切割，因此斜线所对应的水平投影也应是凸形平面。已知条件中侧面投影前、后各有一直角缺口，缺口的垂直边对应正面投影为一梯形，说明是正平面，那么它的水平投影应是一水平直线段。缺口的水平边及凸台顶面，对应正面投影均是一水平线段，说明它们都是水平面，水平投影应是反映平面实形的线框。

作图方法：

①补画长方体的水平投影，如图2—40b所示。

②补画左侧凸形正垂面的水平投影，如图2—40c所示。

③补画右侧平台的水平投影，完成平面图，如图2—40d所示。

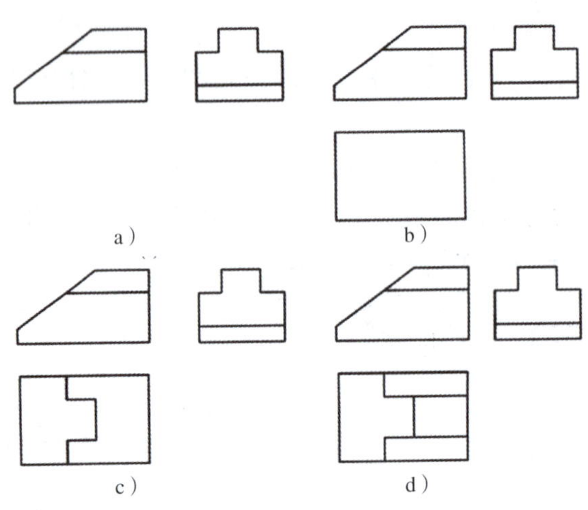


图2—40　补画投影图

## 五、剖面图和断面图

### 1. 概述

（1）剖面图与断面图的形成。投影图中实线表示可见轮廓，虚线表示不可见轮廓。对于内部形状复杂的物体，其投影图将会出现很多虚线，易造成虚、实线交错，难以识读，也不便标注尺寸，如图2—41a所示的侧立面图。为了更清楚地表达物体内部形状，假想用一个剖切面（一般用平面），在适当部位将物体剖开，并将观察者与剖切平面之间的部分移去（见图2—41b），将剩余部分向投影面投影，这样所画出的投影图称为剖面图（见图2—41c）。如果移去前部分后，只画出被剖切面剖切到部分的图形，即为断面图（见图2—41d）。

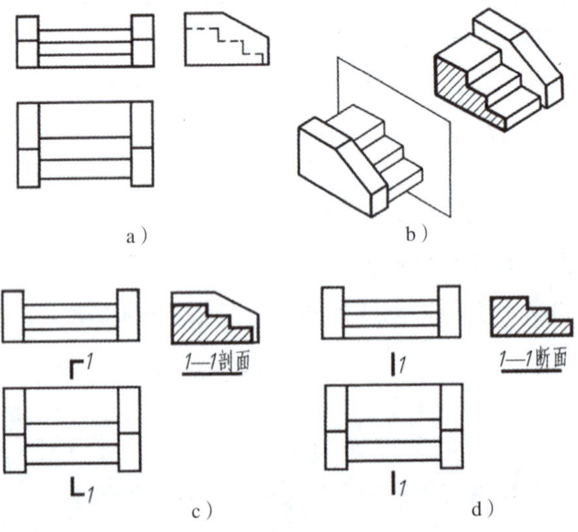


图2—41　台阶的剖面图和断面图

（2）剖切符号

1）剖面剖切符号（见图2—42）。

①剖面剖切符号。由剖切位置线及剖视方向线组成，均应以粗实线绘制。剖切位置线的长度宜为6～10 mm；投射方向线垂直于剖切位置线，长度应短于剖切位置线，一般取4～6 mm为宜。绘图时，剖面剖切符号不宜与图面上的图线接触。

②剖面剖切符号的编号，一般采用阿拉伯数字，按顺序由左向右、自下而上连续编排，并应注写在剖视方向线的端部。

③需要转折的剖切位置线，在转折处如与其他图线发生混淆，应在转角的外侧加注与该符号相同的编号。

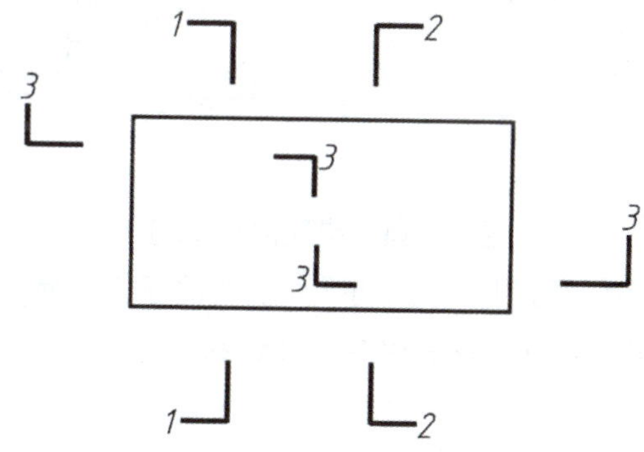


图2—42 剖面图的剖切符号

2）断面剖切符号（见图2—43）。

①断面剖切符号只用剖切位置线表示，并应以粗实线绘制，长度宜为6～10 mm。

②断面剖切符号的编号宜采用阿拉伯数字，按顺序连续编排，并应注写在剖切位置线的一侧。编号所在的一侧应为该断面的剖视方向。

（3）剖切平面的设置。所设置的剖切平面，需根据物体的具体形状，使剖（断）面图能充分表示出物体内部特征，且数量最少，并应平行于某一投影面，以便能反映剖（断）面的实形。例如，图2—44中的1—1剖面，是采用侧平面过前、后花窗处剖切的，

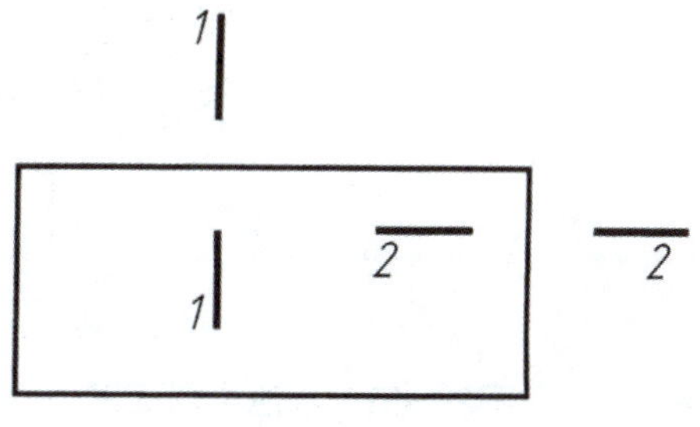


图2—43 断面图的剖切符号

它可反映出房屋内部的高度、分隔、墙体厚度和门窗位置等。

应注意的是，所设剖切平面不得与图形轮廓线重合。

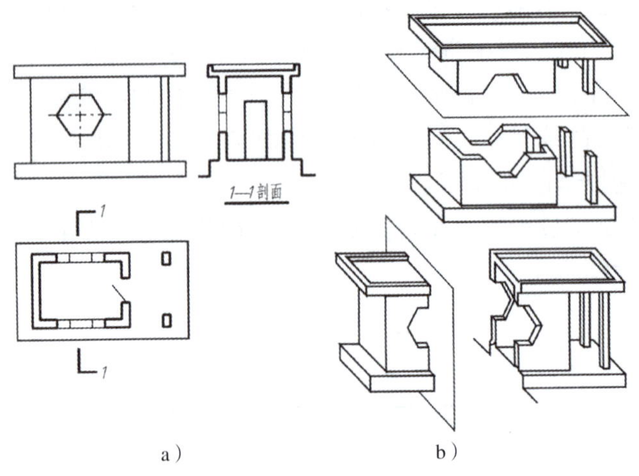


a）　　b）

**图2—44　房屋的剖面图**

（4）线型。在剖（断）面图中，剖切平面切着的断面轮廓，为明显起见，要用粗实线绘制，剖面图中没剖切到的可见轮廓用中实线绘制（见图2—41c、d）。

（5）有关问题

1）剖切是假想的，除剖面图、断面图外，其余投影图均按物体的完整轮廓画出（见图2—44、图2—45）。

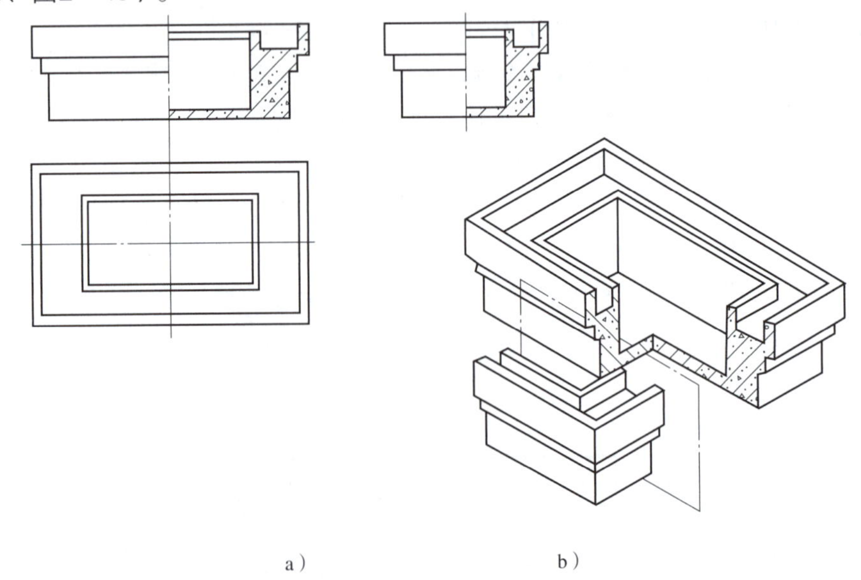

a）　　b）

**图2—45　水池半剖面图**

2）在剖面图中已表达清楚的内部形状，在其他投影图中可省略虚线。

3）对于较大面积的剖面，剖面符号可以简化（见图2—46）。

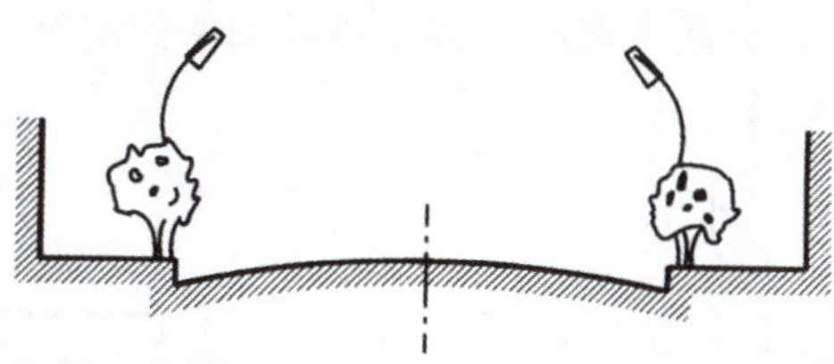

图2—46 道路的横断面图，只在轮廓线的边缘画一部分剖面线

4）对于一些薄板及柱状构件，凡剖切平面通过对称平面或轴线时，均不画剖面线，如图2—47所示的柱和支撑板。

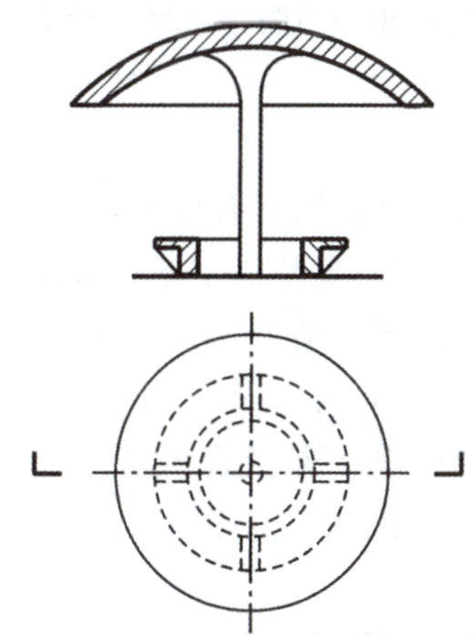

图2—47 柱和支撑板

对于房屋建筑图中的剖面图（详图除外）一般不画材料图例，而且水平剖面图，习惯上是沿门窗洞位置剖切的，可不标注剖切位置线（见图2—44）。

5）表示不同材料的构件时，应在剖（断）面上画出材料分界线（见图2—48）。

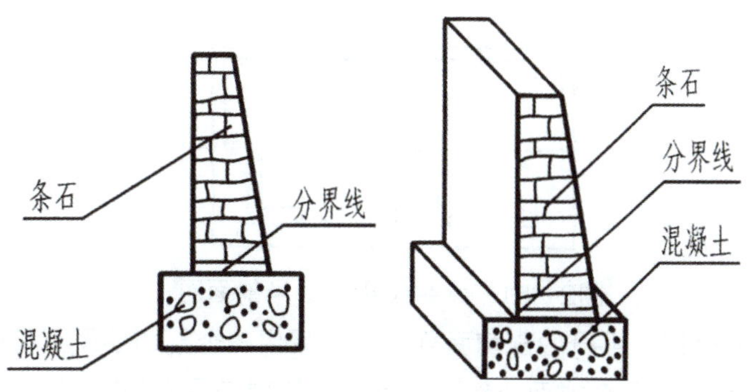


图2—48 材料分界线

6）当剖（断）面图中有部分轮廓线为45° 倾斜线时，剖面线可画成30° 或60° ，以便区别（见图2—49）。对相邻两个或两个以上不同构件的剖面，剖面线应画成不同倾斜方向或不同间隔（见图2—50）。

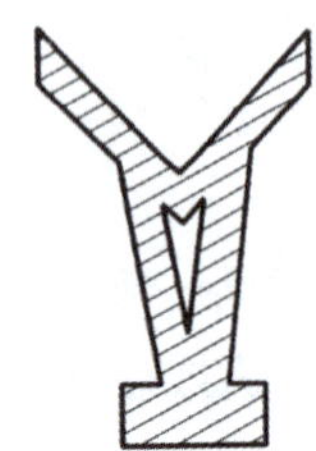

图2—49 轮廓线为45° 时剖面线画法

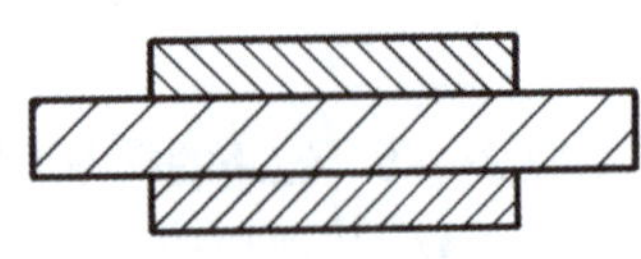

图2—50 相邻构件剖面线画法

## 2. 剖面图与断面图的类型

（1）剖面图的类型

1）用一个剖切面剖切。采用一个剖切平面将物体全部剖开画出的剖面图（见图2—44中的水平剖面和1—1剖面），一般都要标注剖切位置线并编号（房屋建筑水平剖面图除外）。对称形体也可以以中心线为界，剖开一半，画出一半外形图，一半剖面图，这样可同时反映物体内、外形状（见图2—45）。外形图与半剖面图的分界线应画成单点长画线，正面投影、侧面投影中的半剖面图一般画在单点长画线右方（见图2—45a）；水平投影中的半剖面图一般画在单点长画线的下方（见图2—51）。半剖面图如按投影关系配置时，习惯上不予以标注。

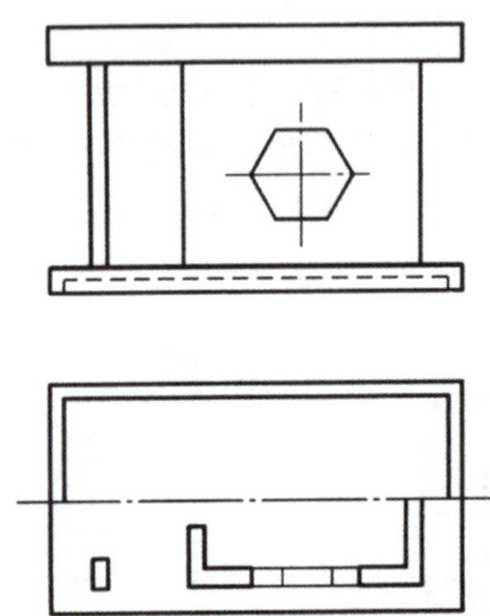

图2—51 水平投影中的半剖面图

2）用两个或两个以上平行的剖切面剖切。当采用一个剖切平面不能把物体内部形状全部表示清楚时，可采用两个或两个以上相互平行的剖切平面来剖切。例如，图2—52所示就是采用两个平行于正面的剖切平面，其中一平面剖开左侧花台和中间花台的左侧，然

后转折到另一个平面，剖开中间花台的右侧花台，剖开后向正面投影，画出其剖面图。由于剖切平面是假想的，不应画出剖切平面转折处交线的投影。

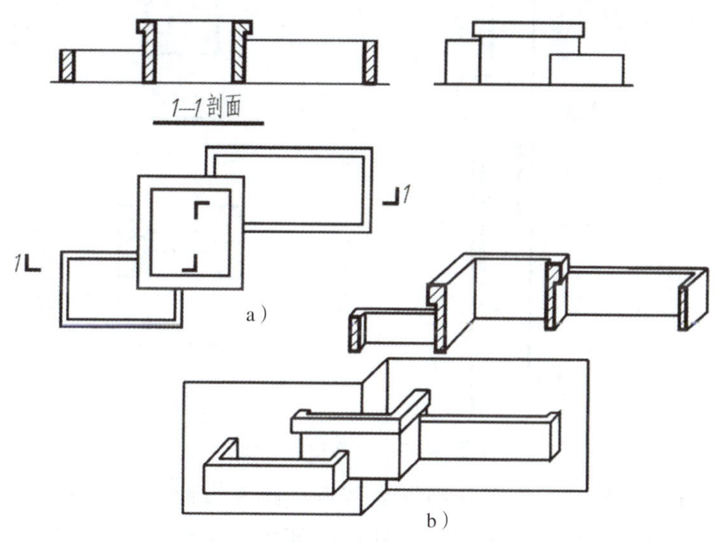


图2—52 组合花坛剖面图

3）分层剖切。在没有必要作全部剖切的情况下，可采用分层剖切，以表示物体局部内形。分层剖切是一种比较灵活的表现方法，其剖切位置和范围可由需要确定，剖切范围用徒手按层次以波浪线将各层隔开，波浪线不应与任何图线重合。例如，图2—53所示为道路路面分层局部剖面图，它表示路面各层材料及其做法。分层剖切的剖面图一般不予以标注。

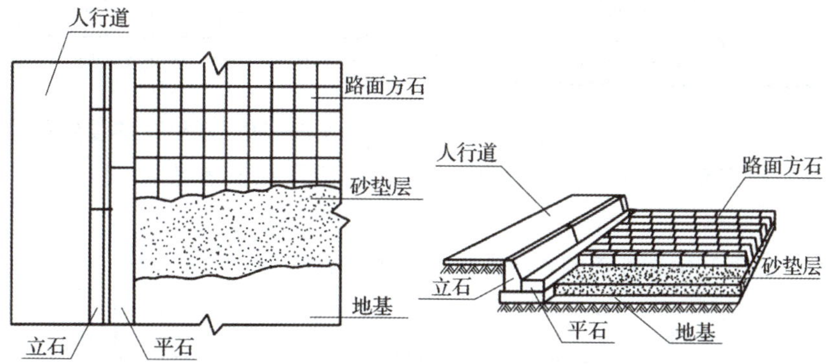


图2—53 路面分层局部剖面图

（2）断面图的类型。断面图根据布置位置的不同，分为移出断面图、重合断面图和中断断面图。

1）移出断面图。移出断面图是将断面图画在投影图之外，如有多个移出断面图时，宜按顺序依次排列（见图2—54）。

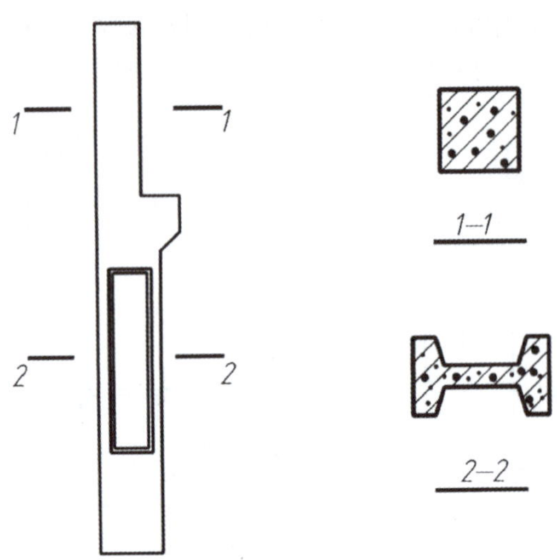


图2—54　移出断面图

2）重合断面图。重合断面图是将断面图直接画在投影图轮廓内（见图2—55）。重合断面的轮廓线不闭合时，应在断面轮廓线的内侧边缘加画剖面线（见图2—56）。

图2—55　挡土墙重合断面图

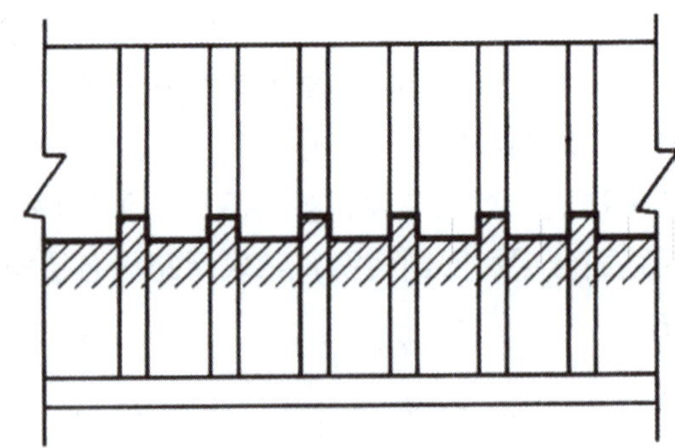

图2—56　墙壁装饰重合断面图

3）中断断面图。对于较长的构件，断面图可以画在投影图的中断处（见图2—57）。

重合断面图和中断断面图不标注剖切位置及编号。

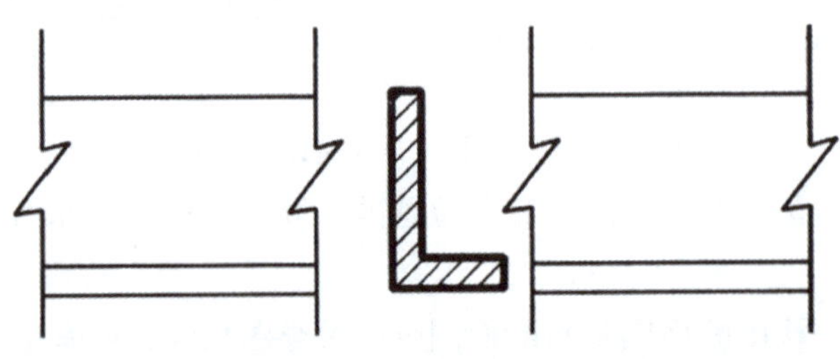

图2—57　角钢中断断面图

# 第五节　园林要素的表现方法

## 一、园林植物的表现方法

### 1. 园林植物的平面画法

（1）园林乔木的平面表示方法。园林植物是园林设计中应用最多，也是最重要的造园要素。园林植物的分类方法较多，这里根据各自特征，将其分为乔木、灌木、攀缘植物、竹类、花卉、绿篱和草地七大类。这些园林植物由于它们的种类不同，形态各异，因此画法也不同。但一般都是根据不同的植物特征，抽象其木质，形成“约定俗成”的图例来表现的。

园林植物的平面图是指园林植物的水平投影图（见图2—58）。乔木一般都采用图例概括地表示，其方法为用圆圈表示树冠的形状和大小，用黑点表示树干的位置及树干粗细。

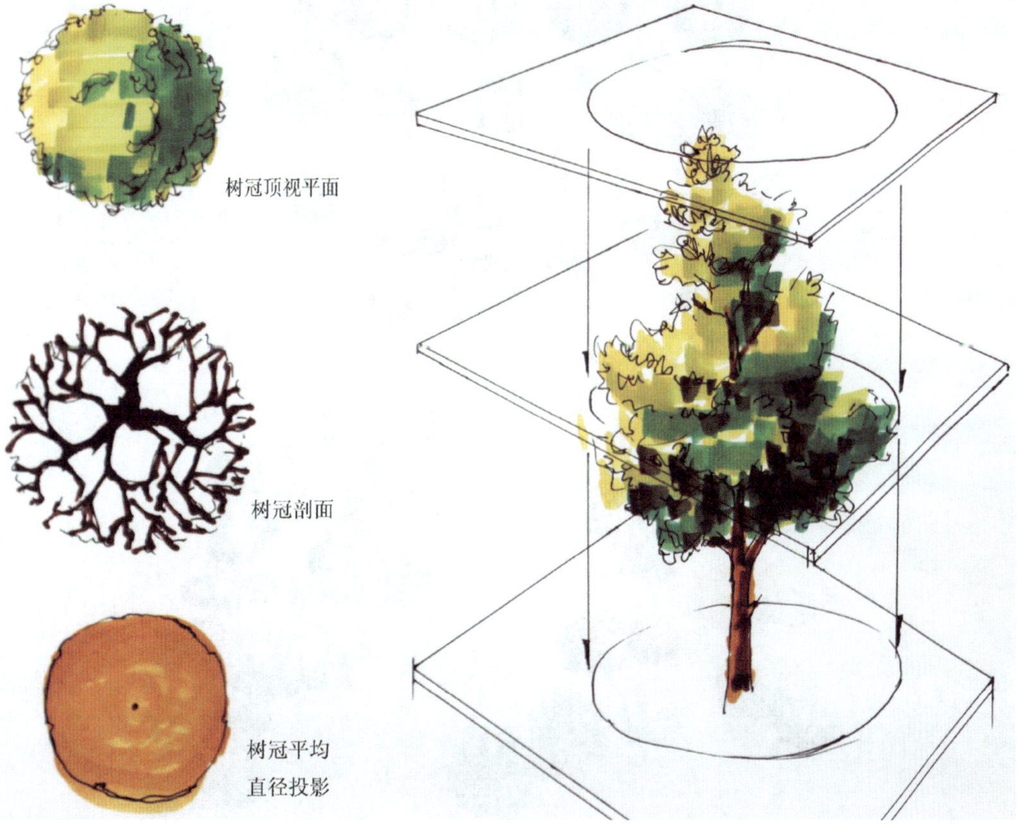

树冠顶视平面

树冠剖面

树冠平均
直径投影

图2—58　树木平面表示类型的说明

树冠的大小应根据树龄按比例画出，成龄树的树冠冠径见表2—7。

表2—7 成龄树的树冠冠径 m

| 树种 | 孤植树 | 高大乔木 | 中小乔木 | 常绿乔木 | 花灌木 | 绿篱 |
|---|---|---|---|---|---|---|
| 冠径 | 10～15 | 5～10 | 3～7 | 4～8 | 1～3 | 单行宽度：0.5～1.0<br>双行宽度：1.0～1.5 |

为了能够更形象地区分不同的植物种类，常以不同的树冠线型来表示：

1）针叶树常以带有针刺状的树冠来表示，若为常绿的针叶树，则在树冠线内加画平行的斜线。

2）阔叶树的树冠线一般为圆弧线或波浪线，且常绿的阔叶树多表现为浓密的叶子，或在树冠内加画平行斜线，落叶的阔叶树多用枯枝表现。

3）当表示几株相连的相同树木的平面时，应互相避让，使图面形成整体；当表示成群树木的平面时可连成一片；当表示成林树木的平面时可只勾勒林缘线（见图2—59）。

a）针叶树、阔叶树平面图画法

b）相同相连树木的平面画法　　c）大片树木的平面表示法

图2—59 树冠的表示法

树木平面画法并无严格的规范，实际工作中根据构图需要，设计师可以创作出许多画法。

（2）灌木和地被植物的表示方法。灌木没有明显的主干，平面形状有曲有直。自然式栽植灌木丛的平面形状多不规则，修剪的灌木和绿篱的平面形状多为规则的或不规则但平滑的。灌木的平面表示方法与乔木类似，通常修剪的规模灌木可用轮廓、分枝或枝叶型表示，不规则形状的灌木平面宜用轮廓型和质感型表示，表示时以栽植范围为准。由于灌木通常丛生、没有明显的主干，因此灌木平面很少会与乔木平面混淆（见图2—60）。

地被植物宜采用轮廓勾勒和质感表现的形式。作图时应以地被植物栽植的范围线为依据，用不规则的细线勾勒出地被植物的范围轮廓。

（3）草坪和草地的表示方法。草坪和草地的表示方法很多，下面介绍一些主要的表示方法（见图2—61）。

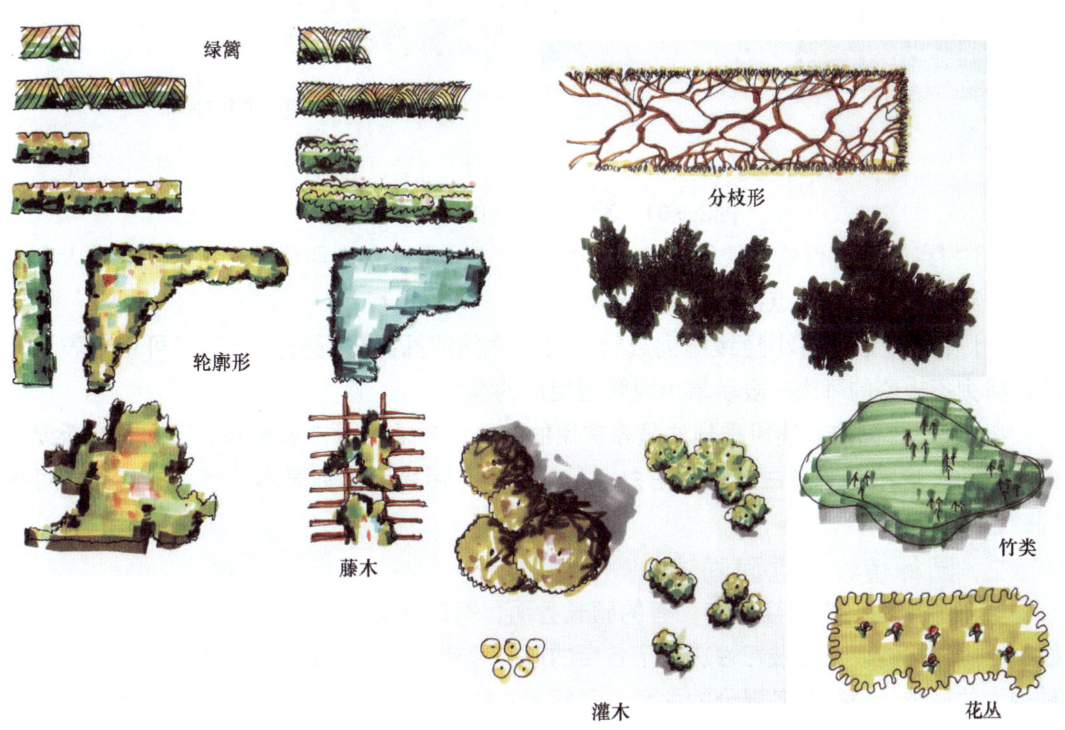


图2—60　灌木和地被植物的平面画法

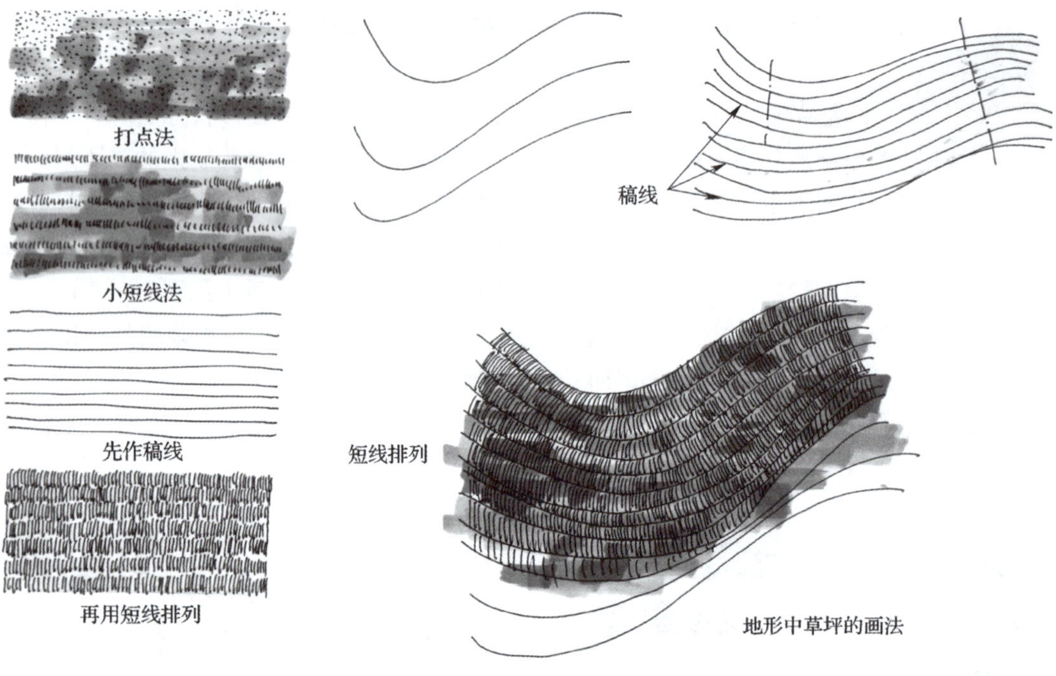


图2—61　草坪和草地的平面表示法

1）打点法。打点法是较简单的一种表示方法。用打点法画草坪时所打的点的大小应基本一致，无论疏密，点都要打得相对均匀。

2）小短线法。将小短线排列成行，每行之间的间距相近排列整齐，可用来表示草坪，排列不规整的可用来表示草地或管理粗放的草坪。

3）线段排列法。线段排列法是最常用的方法，要求线段排列整齐，行间有断断续续的重叠，也可稍留些空白或行间留白。另外，也可用斜线排列表示草坪，排列方式可规则，也可随意。

### 2. 园林植物的立面画法

自然界中的树木千姿百态，有的颀长秀丽，有的伟岸挺拔，各具特色。各种树木的枝、干、冠构成以及分枝习性决定了各自的形态和特征。因此学画时，首先应学会观察各种树木的形态、特征及各部分的关系，了解树木的外轮廓形状，整株树木的高宽比和干冠比、树冠的形状、疏密和质感，掌握冬态落叶树的枝干结构，这对树木的绘制是很有帮助的。初学者画树可从临摹各种形态的树木图例开始，在临摹过程中要做到手到、眼到、心到，学习和揣摩专业人员在树形概括、质感表现和光线处理等方面的方法和技巧，并将已学得的手法应用到临摹树木图片、照片或写生中去，通过反复实践学会自己进行合理的取舍、概括和处理。临摹或写生树木的一般步骤如下（见图2—62）：

图2—62　树木写生法

（1）确定树木的高宽比，画出四边形外框，若外出写生则可伸直手臂，用笔目测出大约的高宽比和干冠比。

（2）略去所有细节，只将整株树木作为一个整体，抓住主要特征修改轮廓，明确树木的枝干结构。

（3）分析树木的受光情况。

（4）选用合适的线条去体现树冠的质感和体积感，主干的质感和明暗，并用不同的笔法表现远、中、近景中的树木。

树木的表现有写实的、图案式的和抽象变形的三种形式。写实的表现形式较尊重树木的自然态和枝干结构，冠叶的质感刻画得也较细致，显得较逼真，即使只用小枝表示树木也应力求其自然错落。图案式的表现形式较重视树木的某些特征，如树形、分枝等，并加以概括以突出图案的效果，有时并不需要参照自然树木的形态而可以很大程度地自由发挥，而且每种画法的线条组织常常都很程式化。抽象变形的表现形式虽然也较程式化，但它加进了大量抽象、扭曲和变形的手法，使画面别具一格。

画树应先画枝干，枝干是构成整株树木的框架。画枝干以冬季落叶乔木为佳，因为其结构和形态较明了，故较容易画。画枝干应注重枝和干的分枝习性。枝的分枝应讲究粗枝的安排、细枝的疏密以及整体的均衡。主干应讲究主次干和粗枝的布局安排，力求重心稳定、开合曲直得当，添加小枝后可使树木的形态栩栩如生（见图2—63）。

图2—63　树干的表现

树木的分枝性和叶的多少决定了树冠的形状和质感。当小枝稀疏、叶较小时，树冠整体感差。当小枝密集、叶繁茂时，树冠的团块体积感强，小枝通常不易见到。树冠的质感可用短线排列、叶形组合或乱线组合法表现。其中，短线法常用于表现像松柏类的针叶树，也可表现近景树木的叶形相对规整的树木；叶形和乱线组合法常用于表现阔叶树，其适用范围较广，且近景中叶形不规则的树木多用乱线组合法表现。因此应根据树木的种类、远近、叶的特征等选择树木的表现方法（见图2—64～图2—66）。

图2—64　树木平立面的统一　　　图2—65　不同树种的表现方法

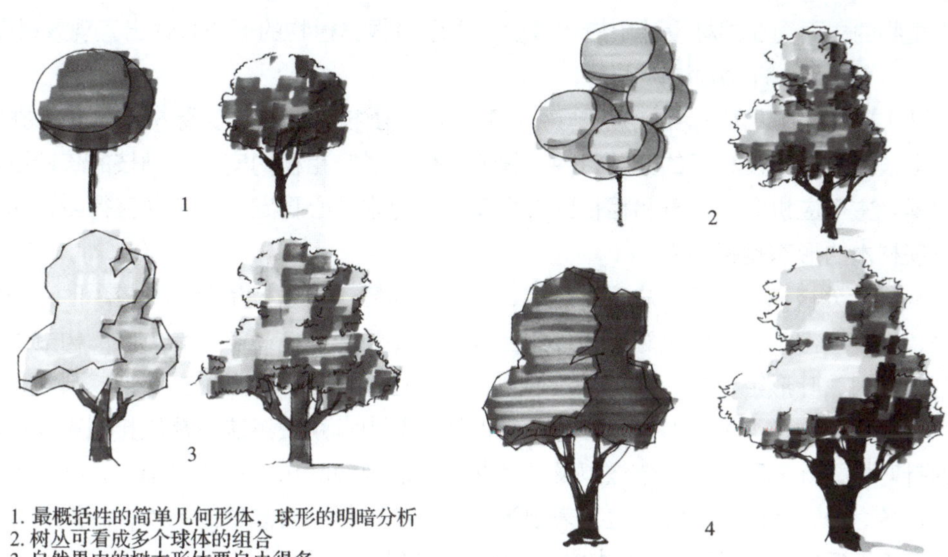


1. 最概括性的简单几何形体，球形的明暗分析
2. 树丛可看成多个球体的组合
3. 自然界中的树木形体要自由得多
4. 自然界中的树木明暗也要丰富得多，在建筑绘画中，树木只为配景，明暗不宜变化过多，不然喧宾夺主

5　6

树干的明暗表现：5. 全暗；
6. 全亮(以上用于装饰性的效果)

7　8

7. 前亮后暗；8. 阴影处暗，受光部亮

9　10　11

树林在配景中的明暗表现：9. 全亮；10. 全暗，两者都有剪影的效果；11. 根据背景变化采用明暗对比的手法

图2—66　常见树木不同形态立面的表示方法

此外，灌木的立面表示方法与乔木立面图的表示方法一致，具体形式参见图例。花草的立面画法以形象为主，讲究直观效果。而草坪的立面图则用小线点来表示。藤本植物和

水生植物的立面图在园林设计中应用较少，表示时根据植物的形态表达出直观效果即可。

### 3. 各类型植物的效果图

（1）乔木效果图表示方法。画乔木时，应先画枝干，枝干实际构成了整株乔木的框架。画枝干应注意枝和干的分枝习性。枝的分枝应讲究粗枝的安排、细枝的疏密以及整体的均衡。主干应讲究主次干和粗枝的布局安排，力求重心稳定、开合曲直得当，添加小枝后可使树木的形态栩栩如生。

树木的分枝和叶的多少决定了树冠的形状和质感。当小枝稀疏、叶较小时，树冠整体感差；当小枝密集、叶繁茂时，树冠的团块体积感强，小枝通常不易见到。树冠的质感可用短线排列、叶形组合或乱线组合法表现，而树冠也可分为球形、椭圆形、圆锥形、圆柱形、匍匐形、伞形、垂枝形、塔形等几何形体。其中，用短线法或线段排列来表现像松柏类的针叶树，叶形和乱线组合法以及自然曲线来表现阔叶树。在效果图中，树木也有近、中、远景之分，因此，短线法也可表现近景树木的叶形相对规整的树木，叶形和乱线组合法也可表现近景中叶形不规则的树木（见图2—67）。

图2—67　乔木效果图表示方法

树木的层次感可以用明暗关系来表达，在同一幅图中，也应该用明、暗、灰三种光影关系来表达不同层次的远、中、近景。在表达时，不同树木在叶形上也应该有所区别（见图2—68～图2—70）。

图2—68 表达不同层次的远、中、近景

图2—69 不同明暗调子变化的树木

图2—70 近树与远树不同的表示方法

同时还应注意的是树木的平面、立面、效果图应该相互联系，在尺度上也应该相互呼应，以达到和谐统一（见图2—71）。

树木平面

树木立面

树木效果

**图2—71　树木的平面、立面、效果图**

（2）灌木效果图表示方法。在画灌木的效果图时，应先从形态形象着手，画法与乔木类似，常用线描法画出轮廓后在轮廓线内用点、圈、三角、曲线表示花叶，通过明暗关系将立体感反映出来（见图2—72）。

图2—72　灌木效果图表示方法

（3）藤本植物效果图表示方法。藤本植物属于攀缘植物，作为墙、廊、架的绿化，具有遮光美化的效果，可用自由活泼的线条来表现（见图2—73）。

图2—73　藤本植物效果图表示方法

（4）花草的效果图表示方法。花草是景观中的点睛之笔，表现时常用勾勒轮廓和质感表现的形式来描绘，应以其栽植的范围为依据用不规则的细线勾勒出其轮廓。而草坪则用小短线、小曲线，按照近大远小的透视原理，近实远虚的空间变化，用疏密的线条进行排列，行间既可断断续续地重叠，也可留些空白、渐变，还可采用乱线画法。

（5）水生植物效果图表示方法。水生植物作为水体景观的一部分，在表达时也应该从不同水生植物的形态形象着手进行刻画，表现出立体透视效果即可。

## 二、山石、水体、道路、建筑小品的表示方法

### 1. 山石的表现方法

平、立面图中的石块通常只用线条勾勒轮廓，很少采用光线、质感的表现方法，以免失之零乱。用线条勾勒时，外形轮廓线要粗些，石块面、纹理可用较细较浅的线条稍加勾绘，以体现石块的体积感。不同的石块，其纹理不同，有的浑圆，有的棱角分明，在表现时应采用不同的笔触和线条绘制。剖面上的石块，轮廓应用剖断线，石块剖面上还可加上斜纹线（见图2—74）。

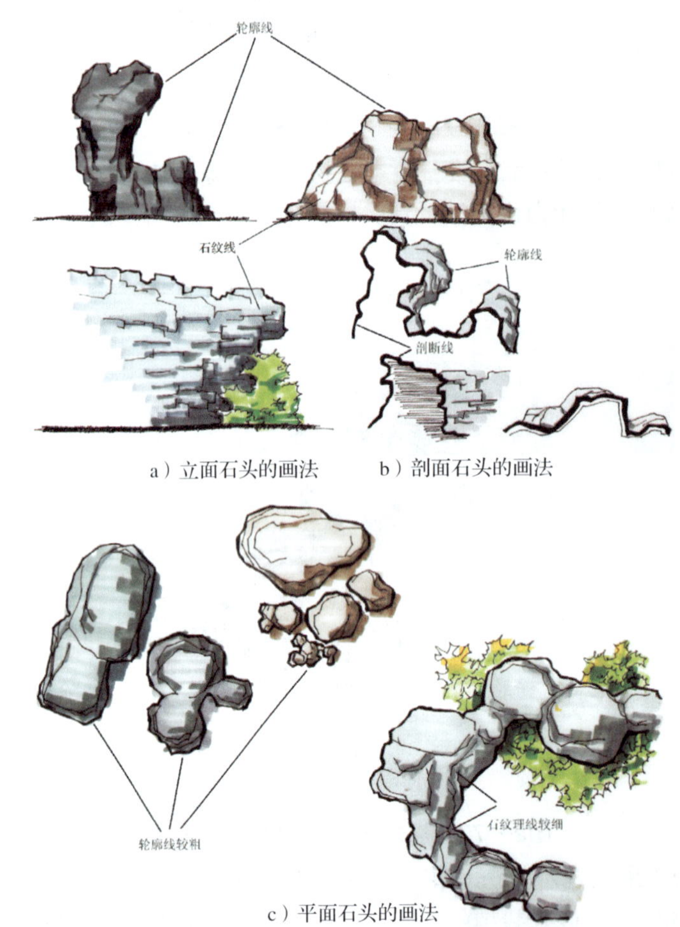


a）立面石头的画法　　b）剖面石头的画法

c）平面石头的画法

图2—74　石头的平立剖面展示法

假山和置石中常用的石材有湖石、黄石、青石、石笋、卵石等。由于山石材料的质地、纹理等不同，其表现方法也不同。

湖石即太湖石，为石灰岩风化溶蚀而成，太湖石面上多有沟、缝、洞、穴等，因而

形态玲珑剔透。画湖石时多用曲线表现出其外形的自然曲折，并刻画其内部纹理的起伏变化及洞穴。

黄石为细砂岩受气候风化逐渐分裂而成，故其体形敦厚、棱角分明、纹理平直，因此画黄石时多用直线和折线表现其外轮廓，内部纹理应以平直为主。

青石是青灰色片状的细砂岩，其纹理多为相互交叉的斜纹，画时多用直线和折线表现。

石笋为外形修长如竹笋的一类山石。画时应以表现其垂直纹理为主，可用直线，也可用曲线。

卵石体态圆润，表面光滑。画时多以曲线表现其外轮廓，再在其内部用少量曲线稍加修饰即可。

### 2. 水体的表示方法

（1）水面的表示法。在平面上，水面表示可采用线条法、等深线法、平涂法和添景物法绘制，前三种为直接的水面表示法，最后一种为间接表示法。

1）线条法。用工具或徒手排列的平行线条表示水面的方法称为线条法。作图时，既可以将整个水面全部用线条均匀地布满，也可以局部留有空白，或者只局部画些线条。线条可采用波纹线、水纹线、直线或曲线。组织良好的曲线还能表现出水面的波动感。

水面可用平面图和透视图表现。平面图和透视图中水面的画法相似，只是为了表示透视图中深远的空间感，对于较近的则表现得浓密，越远则越稀疏。水面的状态有静、动之分，它的画法如下：

①静水面。是指宁静或有微波的水面，能反映出倒影，如宁静时的海、湖泊、池潭等。静水面多用水平直线或小波纹线表示（见图2—75a）。

②动水面。是指湍急的河流、喷涌的喷泉或瀑布等，给人以欢快、流动的感觉。其画法多用大波纹线、鱼鳞纹线等活泼动态的线型表现（见图2—75b）。

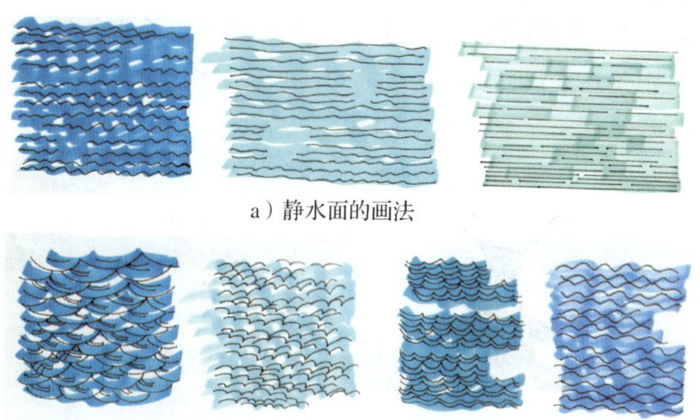

a）静水面的画法

b）动水面的画法

图2—75　水面的画法

2）等深线法。在靠近岸线的水面中，依岸线的曲折作2~3根曲线，这种类似等高线的闭合曲线称为等深线。通常形状不规则的水面用等深线表示（见图2—76）。

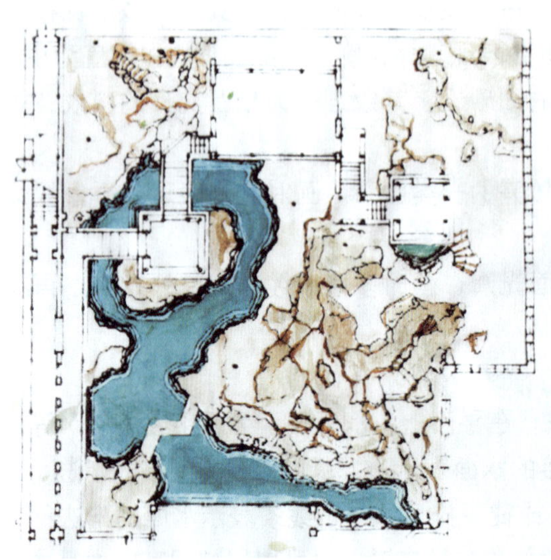

图2—76　等深线法表示水面

3）平涂法。用水彩或墨水平涂表示水面的方法称为平涂法。用水彩平涂时，可将水面渲染成类似等深线的效果。先用淡铅作等深线稿线，等深线之间的间距应比等深线法大些，然后再一层层地渲染，使离岸较远的水面颜色较深。也可以不考虑深浅，均匀涂黑。

4）添景物法。添景物法是利用与水面有关的一些内容表示水面的一种方法。与水面有关的内容包括一些水生植物（如荷花、睡莲等）、水上活动工具（如船只、游艇等）、码头驳岸、露出水面的石块及其周围的水纹线、石块落入湖中产生的水圈等。

（2）水体的立面表示法。在立面上，水体可采用线条法、留白法、光影法等表示。

1）线条法。线条法是用细实线或虚线勾画出水体的立面表示法。线条法在工程设计图中使用得最多。用线条法作图应注意：线条方向与水体流动的方向保持一致，水体造型清晰，但要避免外轮廓线过于呆板生硬（见图2—77）。

图2—77　线条法表示水体

跌水、叠泉、瀑布等水体的表现方法一般也用线条法，尤其在立面图上更是常见，

它简洁而准确地表达了水体与山石、水池等硬质景观之间的相互关系。用线条法还能表示水体的剖（立）面图（见图2—78）。

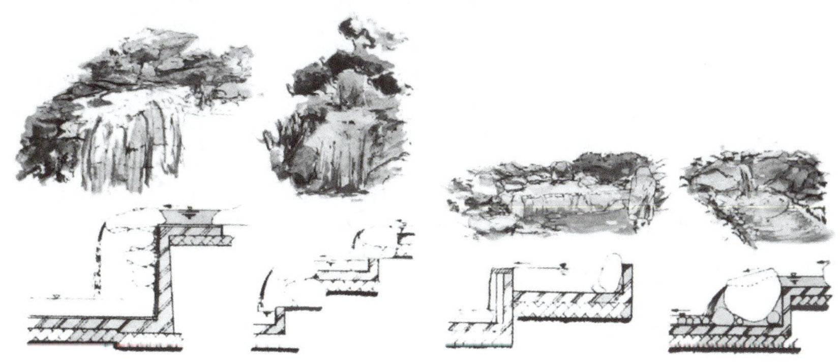

跌水、叠泉、瀑布

银河茶室景点立面图

**图2—78　跌水、叠泉、瀑布及景点立面图**

2）留白法。留白法就是将水体的背景或配景画暗，从而衬托出水体造型的表示手法。留白法常用于表现所处环境复杂的水体，也可用于表现水体的洁白与光亮。

3）光影法。用线条和色块(黑色和深蓝色)综合表现出水体的轮廓和阴影的方法称为水体的光影法。留白法与光影法主要用于效果图中。

## 3. 园路的表示方法

（1）园路的平面表示法。园林道路平面表示的重点在于道路的线型、路宽、形式及路面式样。根据设计深度的不同，可将园路平面表示法分为两类，即规划设计阶段的园路平面表示法和施工设计阶段的园路平面表示法。

1）规划设计阶段的园路平面表示法。在规划设计阶段，园路设计的主要任务是与地形、水体、植物、建筑物、铺装场地及其他设施合理结合，形成完整的风景构图，连续展示园林景观的空间或欣赏前方景物的透视线，并使路的转折、连接通顺，符合游人的行为规律。因此，规划设计阶段的园路平面表示以图形表示为主，基本不涉及数据的标注（见图2—79）。

绘制园路平面图的基本步骤如下：

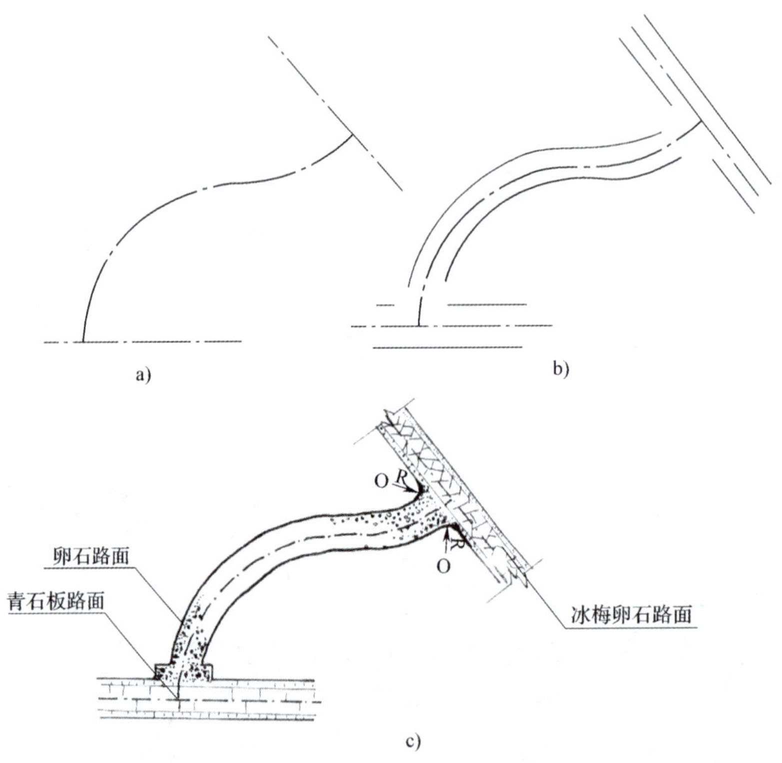


图2—79　园路的平面表示方法

①确立道路中线（见图2—79a）。

②根据设计路宽确定道路边线（见图2—79b）。

③确定转角处的转弯半径或其他连接方式，并可表示路面材料（见图2—79c）。

2）施工设计阶段的园路平面表示法。园路施工设计的平面图通常还需要大样图，以表示一些细节上的设计内容，如路面的纹样设计（见图2—80）。

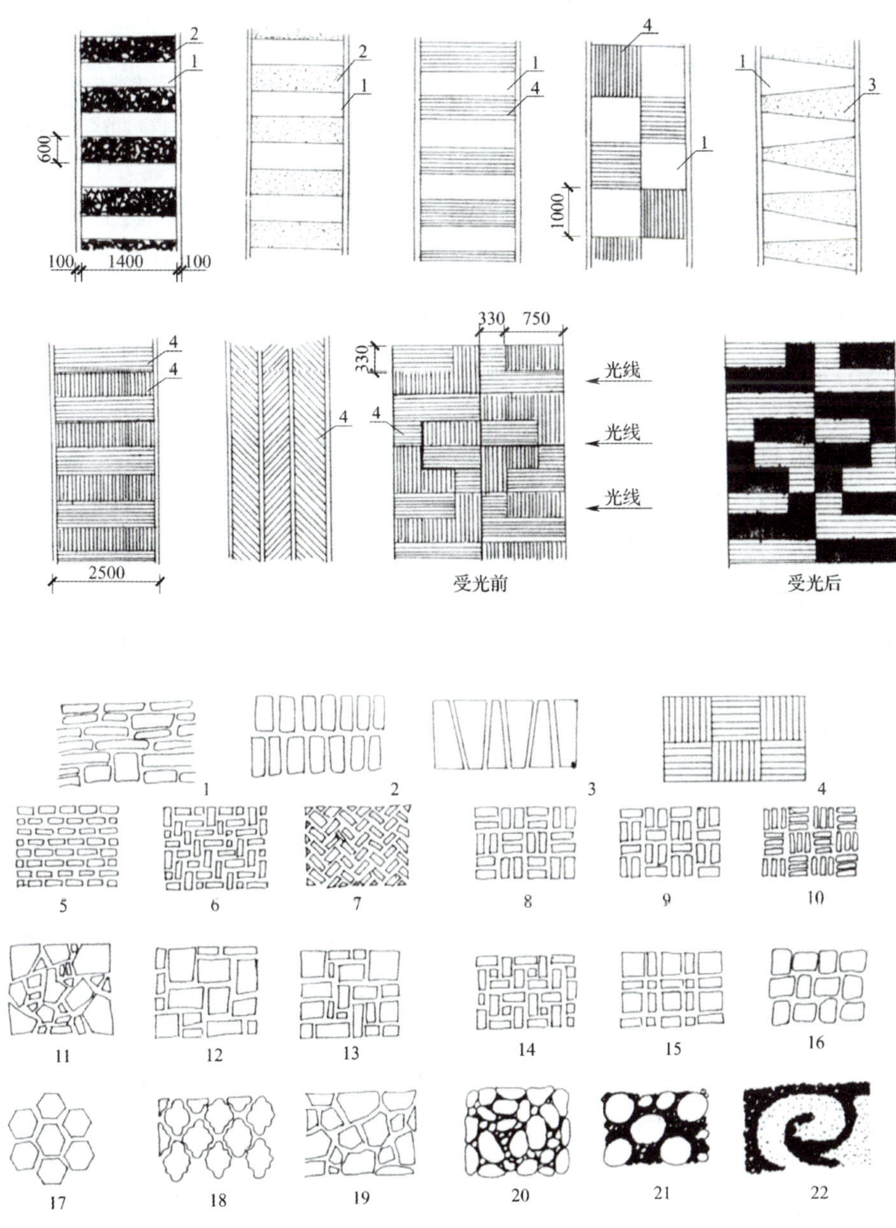


**图2—80　园林铺地式样**

1—横纹式　2—移位式　3—镶嵌式　4—横竖纹式　5—错缝式　6—之字式　7—人字式　8—并列式　9—错位式　10—席纹式　11—碎拼纹式　12—大拼式　13—小拼式　14—转接式　15—帧幅式　16—连锁式　17—六角蜂巢式　18—菱花式　19—冰裂纹式　20—密卵式　21—团粒式　22—图案式

在路面纹样设计中，不同的路面材料和铺地式样有不同的表示方法（见图2—81）。

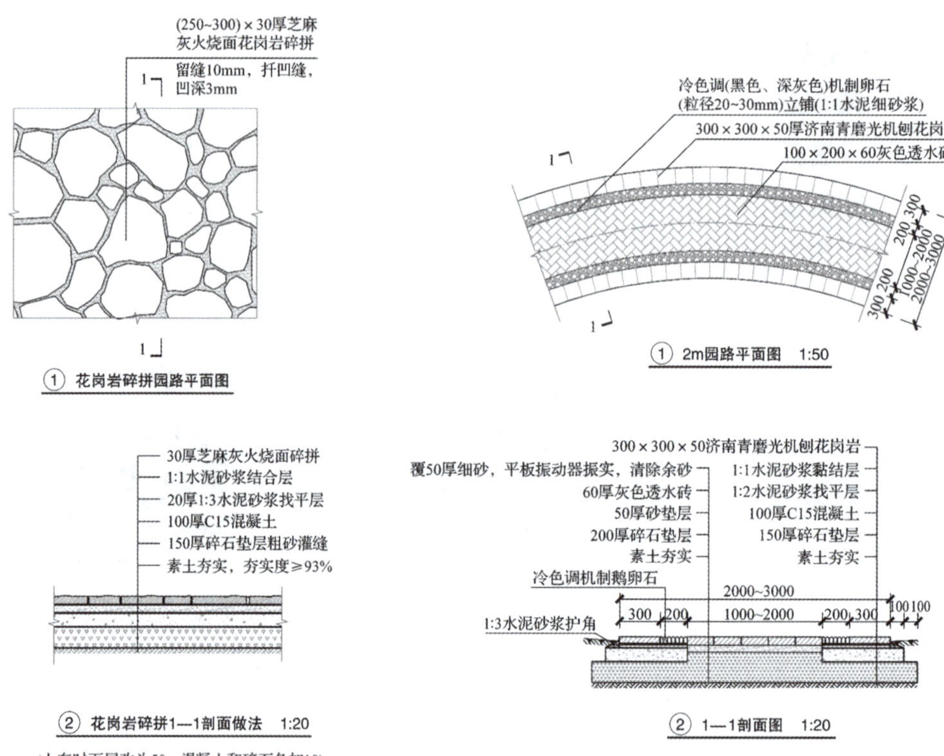


图2—81 两种不同材料路面的平面图和剖面图

（2）园路的断面表示法。园路的断面表示主要用于施工设计阶段，又可分为纵断面图和横断面图。

1）纵断面图表示法。园路的纵断面图主要表现道路的竖曲线设计纵坡以及设计标高与原标高的关系等。

①绘定设计线的具体步骤

a.标出高程控制点。路线起止点地面标高，相交道路中心标高，相交铁路轨顶标高，桥梁桥面标高，特殊路段的路基标高，填挖合理标高点等。

b.拟订设计线。由行车及有关道路技术准则要求，先行拟订设计线，即进行道路纵向“拉坡”。可用大头针插在转坡点上，并用细棉线代表设计线，在原地面线上下移动。结合道路平面和横断面斟酌填挖工程量的大小，决定转坡点的恰当位置。定好后，可沿细棉线把各段的设计线用笔画定。定设计线时，除注意在纵断面上的填挖平衡，还应结合沿途小区、街坊的竖向规划设计考虑。

c.确定设计线。在拟订设计线后，还要进行各项设计指标的调整查验，如道路的最小纵坡、坡度、坡度折减、桥头线型、纵断面和横断面及平面线型的配合协调等。

②设计竖曲线。根据设计纵坡折角的大小，选用竖曲线半径，并进行有关计算。当外距小于5 cm时，可不设竖曲线。有时也可插入一组不同坡的竖折线来代替竖曲线，以免填挖方过多。

③标出桥、涵、驳岸、闸门、挡土墙等具体位置与标高，以及桥顶标高和桥下净空及等级。

④绘制纵断面设计全图。

2）横断面表示法。园路的横断面图主要表现园路的横断面形式及横坡设计（见图2—82）。

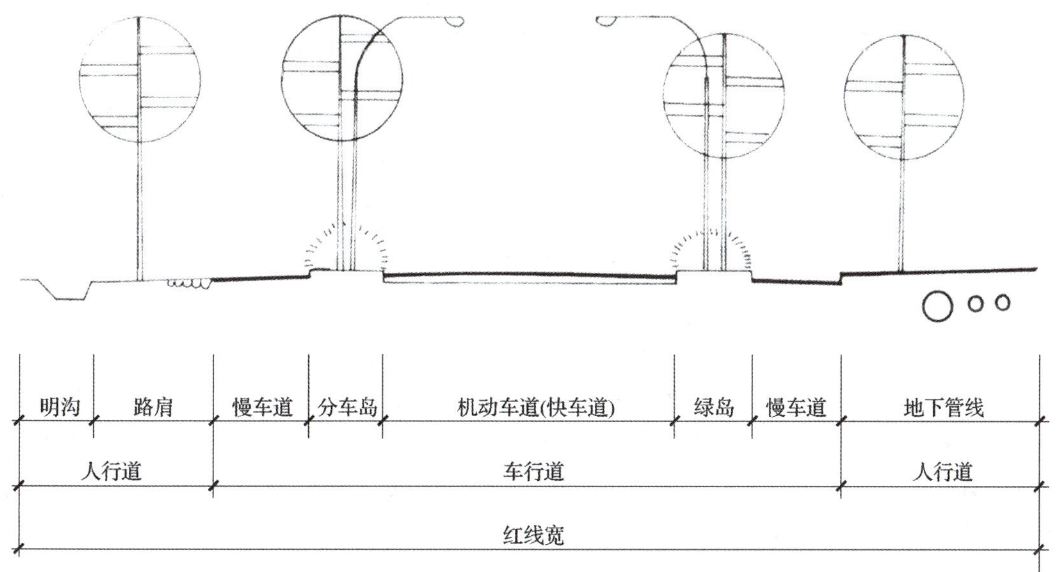


**图2—82 园路的横断面图**

道路横断面设计，在风景园林总体规划中所确定的园路路幅应在道路红线范围内进行。它由车行道、人行道或路肩、绿带、地上和地下管线(如给水、电力、电信等)共同敷设带（简称共同沟）、排水（雨水、中水、污水）沟道、电力电信照明电杆、分车导向岛、交通组织标志、信号和人行横道等各部分组成。

3）园路结构断面表示法。园路的结构断面图主要表现园路各构造层的厚度与材料，通过图例和文字标注两部分表示清楚（见图2—83）。

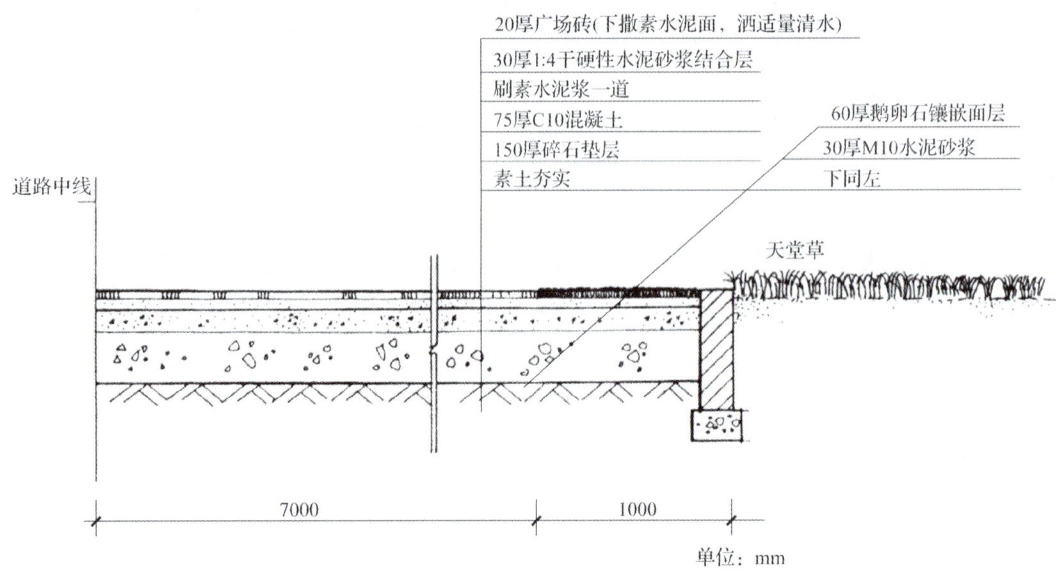


图2—83　园路各构造层的厚度与材料

## 4. 园林建筑与小品的表示方法

园林建筑与小品是园林的重要组成部分，在园林中起到画龙点睛的作用。园林建筑在布局中首先应注意满足使用功能的要求，其次应当满足造景的需要，同时还应使建筑室内外相互渗透，与周围自然环境有机融合。园林建筑与小品的形式和种类是非常丰富的，常见的有亭、廊、水榭、花架、园门、景墙、景窗、园桌、园椅、雕塑等。下面介绍几类常见园林建筑与小品的表示方法：

（1）亭。“亭者，停也，所以停游憩行也”，在园林中是一种眺览、遮阳、避雨的景点和观景建筑。在造型上形态多样、轻巧活泼，易于与各种园林环境结合，并因其造型而增加了园林景致的诗情画意。

1）亭的分类。以平面形状可以分为三角亭、四角亭、五角亭、六角亭、八角亭、圆亭、扇面亭以及组合亭等。以屋顶形式可分为单檐亭、重檐亭、三重檐亭、攒尖亭、平亭、硬山亭、悬山亭、歇山亭、单坡亭、卷棚亭、褶板亭等。近年来由于钢筋混凝土等新材料、新结构和新工艺的运用，出现了折板体、拉膜体以及壳体等多种形式的亭（见图2—84）。

图2—84 扬州瘦西湖——香雪亭

2）亭的平面、立面表现方法。作为供人休憩，又有观赏价值的亭子，现在所提倡的是简洁大方。下面是亭的平面、立面及效果图（见图2—85、图2—86、图2—87）。

图2—85 单檐四角亭效果图

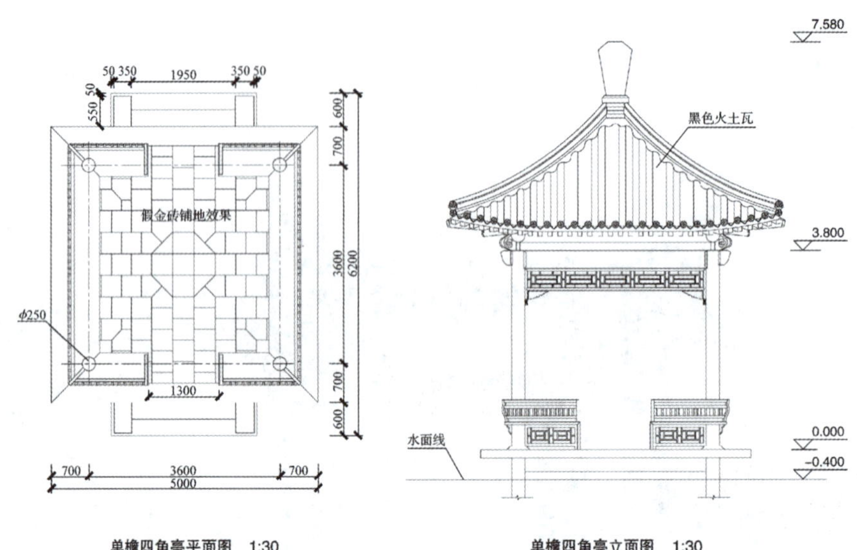


图2—86 单檐四角亭平面图和立面图

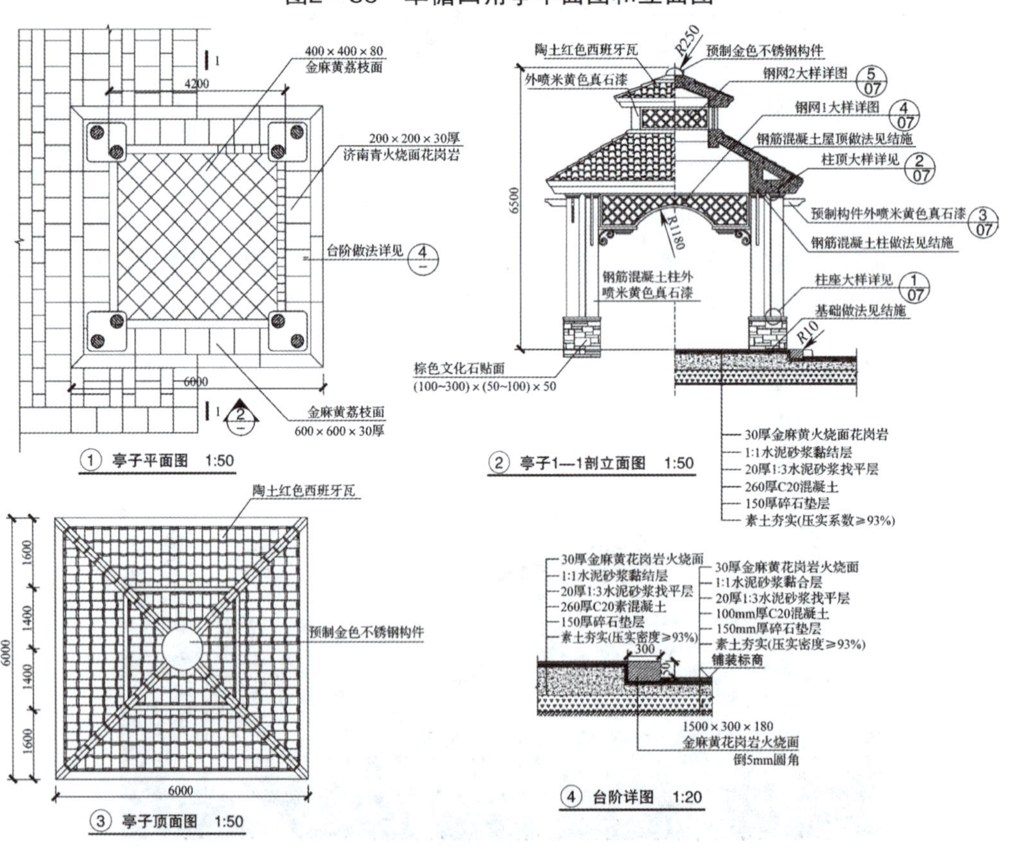


图2—87 平面图、亭子顶面图、剖立面图及台阶详图

（2）廊。廊本来是为了适应中国木结构需要而附于建筑的周围，作为防雨防晒的室外过渡空间，后来发展成为建筑与建筑之间的连接通道。廊作为空间联系和划分的一个重要手段，更加广泛地应用于中国园林。同时具有遮风避雨、交通联系的实用功能。廊一般有统一的模式，以间为单元组合而成，并结合园林环境布置平面，使园林平面与空间形式更富于变化。

1）廊的类型。按照位置分为爬山廊、水走廊、平地廊。依据结构形式分为空廊、半廊、复廊。依据平面形式分为直廊、曲廊、回廊等（见图2—88）。

**图2—88　北京颐和园长廊**

2）廊的平面、立面表现方法。廊平面画法的开间不宜过大，宜在3 m左右，柱距3 m上下，而一般横向净宽在1.2～1.5 m。现在一些廊常在2.5～3.0 m，以适应游人客流量增长后的需要。

廊的立面为了开阔视野、四面观景，多选用开敞式的造型，以轻巧玲珑为主。在功能上需要私密的部分，常常借加大檐口出挑以形成阴影，当然也可以用花格或漏明墙遮挡（见图2—89、图2—90）。

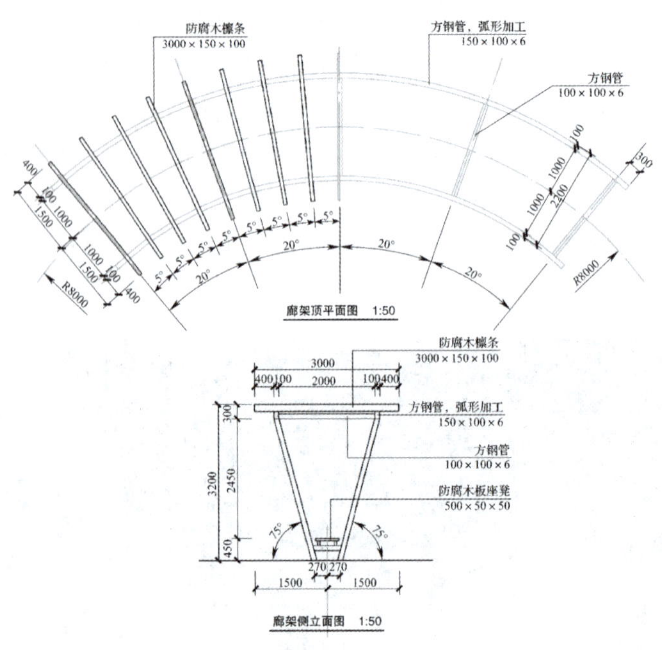


图2—89　廊架的平面图和立面图

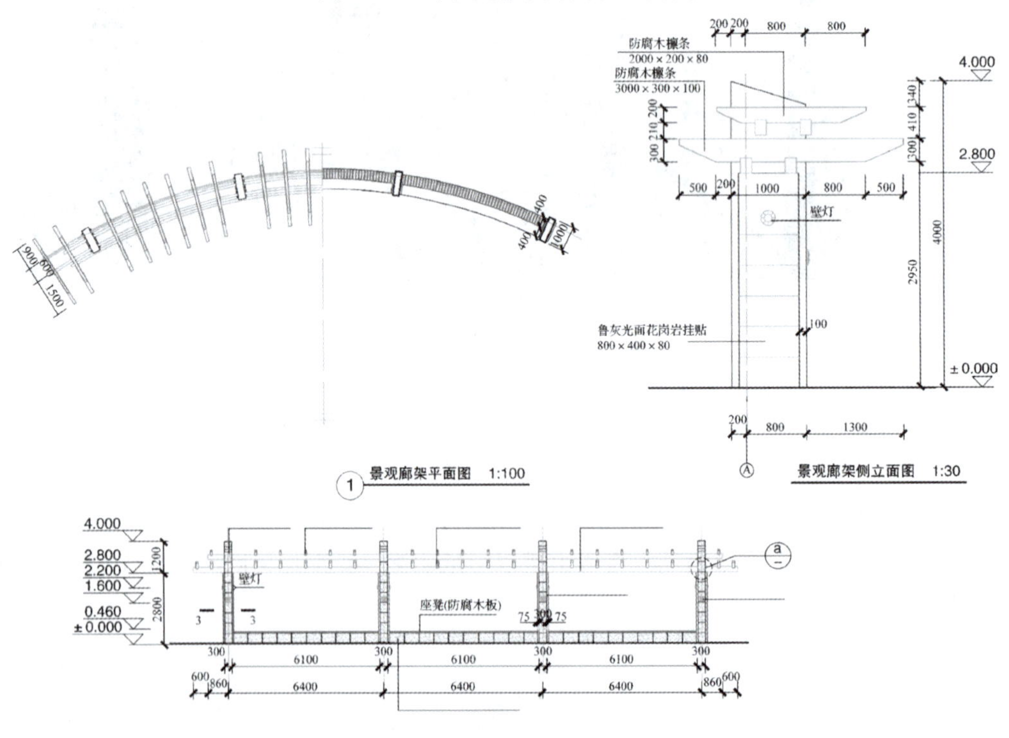


图2—90　廊架平面图和立面图

（3）榭。《园冶》中有“榭者，籍也。籍景而成也。或水边，或花畔，制也随态”。在造景运用中，以水榭为多，其基本形式是在水边建一个平台，平台一半伸入水中，一半架立于岸边。平台四周以低栏杆围绕，在湖岸通向水面处做敞口，在平台上建一单体建筑，建筑平面多为长方形，四面开敞通透，或四面是落地长窗。

水榭与水体的结合方式有多种。平面上看，有一面临水、两面临水、三面临水以及四面临水等形式，四面临水用桥与岸边相通。从剖面上看，有的是实心土台，水流只在平台四周环绕；有的平台下部是以石梁柱结构支撑，水流可流入部分建筑底部，甚至有的可让水流流入建筑的底部，形成驾临碧波之上的效果。近年来，由于钢筋混凝土结构的运用，常采用深入水面的悬挑平台，使建筑更加轻巧，低临水面（见图2—91、图2—92）。

图2—91　水榭

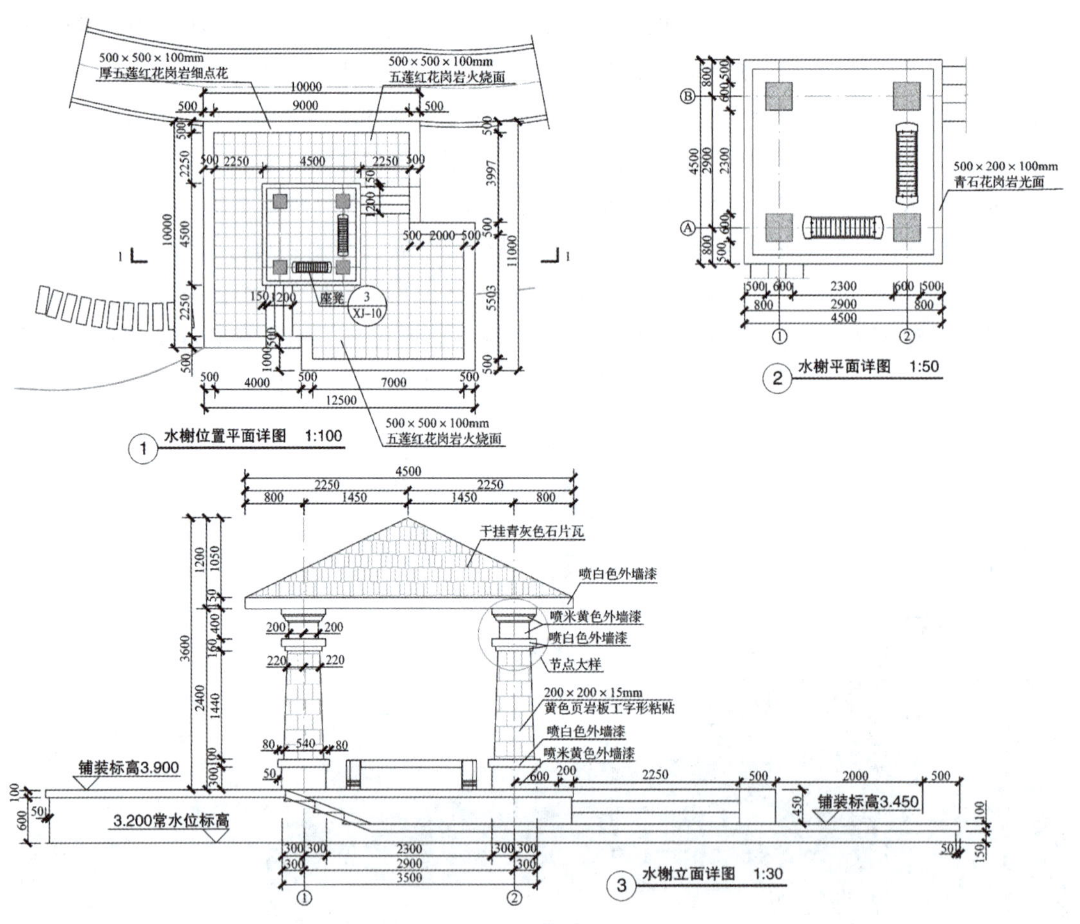


图2—92 水榭的平面图和立面图

（4）花架。花架是攀缘植物的棚架，是植物与建筑有机结合的产物。它可供游人遮阳休息、赏景之用，同时也可起到点景的作用。

花架在造园设计中往往具有亭廊的作用，做长线布置时，作用同游廊（见图2—93）；做点状布置时，其作用就像亭子。在结构构造上的差别主要在顶部，花架顶部漏空或者用檩条铺设。如图2—94、图2—95所示，此花架位于园路一侧，平面半圆形，构成内聚性休息空间，中部设实线与后面的杂乱环境隔断，形成较独立的休息空间。

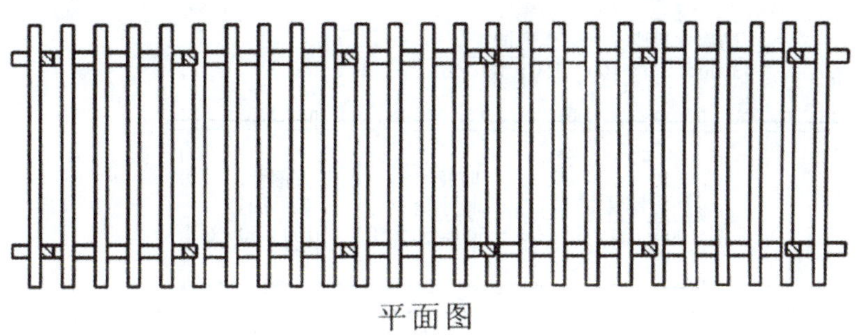

平面图

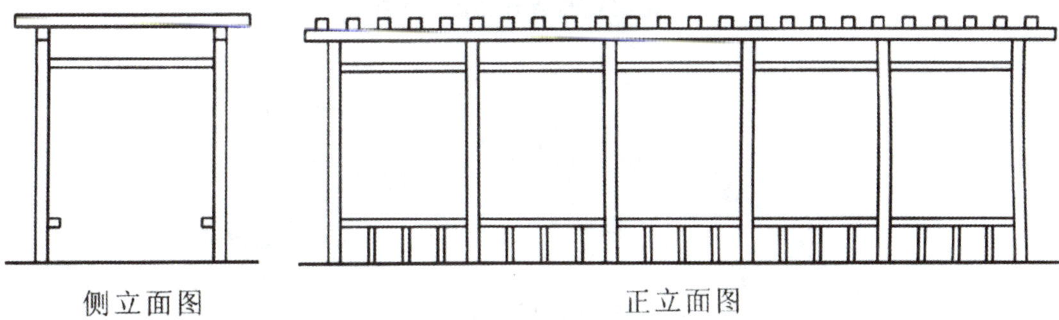

侧立面图　　正立面图

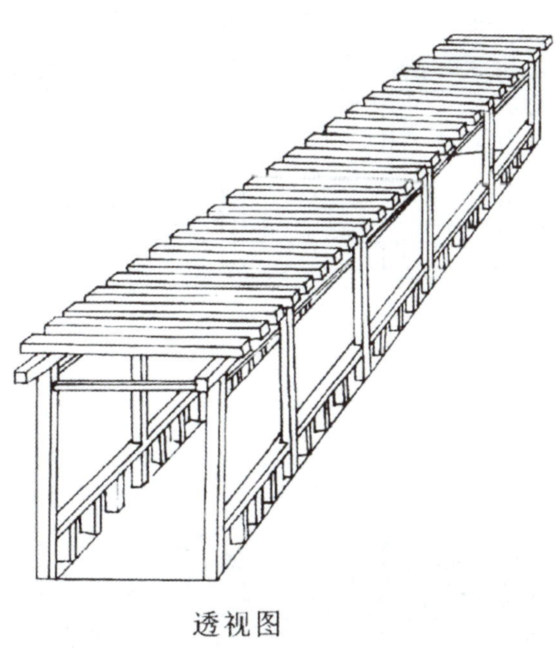

透视图

图2—93　直廊式花架的画法

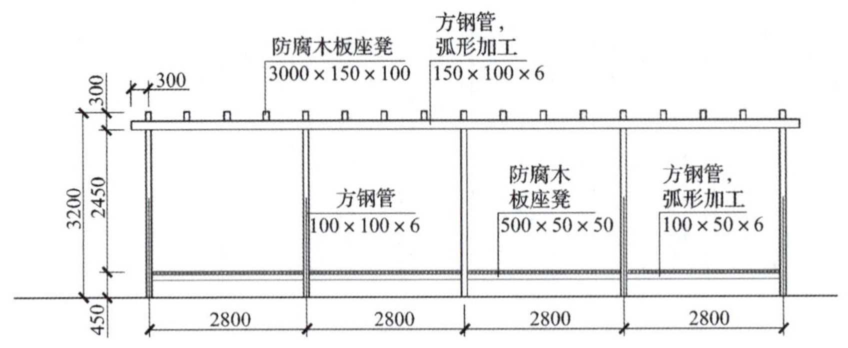


花架立面展开面图 1:50

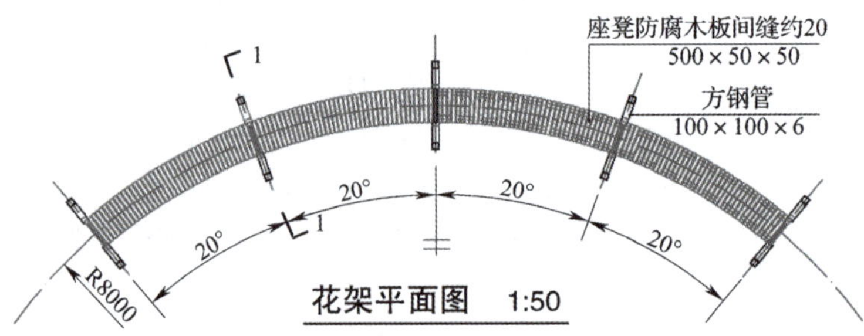


花架平面图 1:50

注：钢构架外饰红棕色氟碳漆。

图2—94 半圆形花架的平面图和立面图

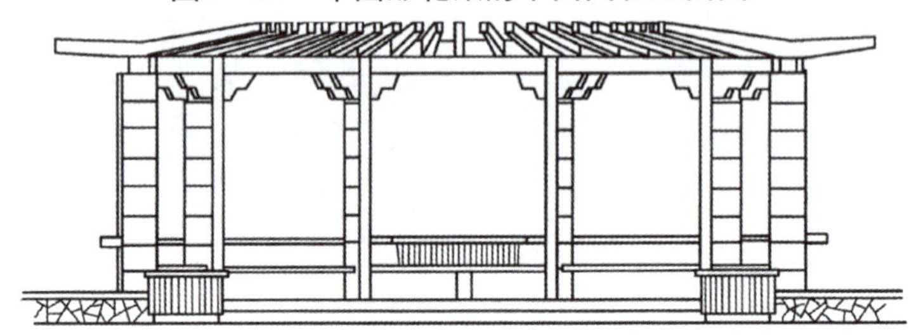

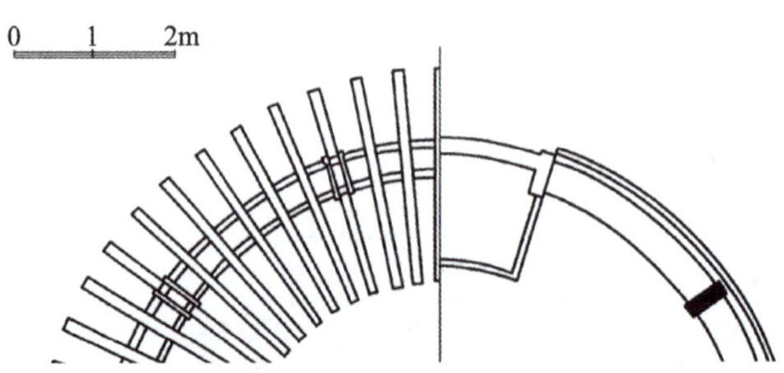


图2—95 半圆形花架的平面图和立面展开图

在花架设计时要注意以下几点：

1）格调要清新（或精巧或古朴）。

2）要注意与周围建筑及植物在风格上的统一。

3）要为攀缘植物提供良好的生长环境。

（5）园门、景窗、景墙

1）园门。园门有指示导游和点缀装饰的作用。一个好的园门往往给人以引人入胜、别有洞天的感觉。这里的园门主要是指小游园的入口标志性建筑或公园中园中园入口的标志性建筑。这类园门的造型轻巧别致、活泼多样，在空间体量、形体组合、细部构造、材料与色彩选用方面应与环境相协调（见图2—96、图2—97）。其门洞形式各异，一般有几何形和仿生形（见图2—98、图2—99、图2—100）。

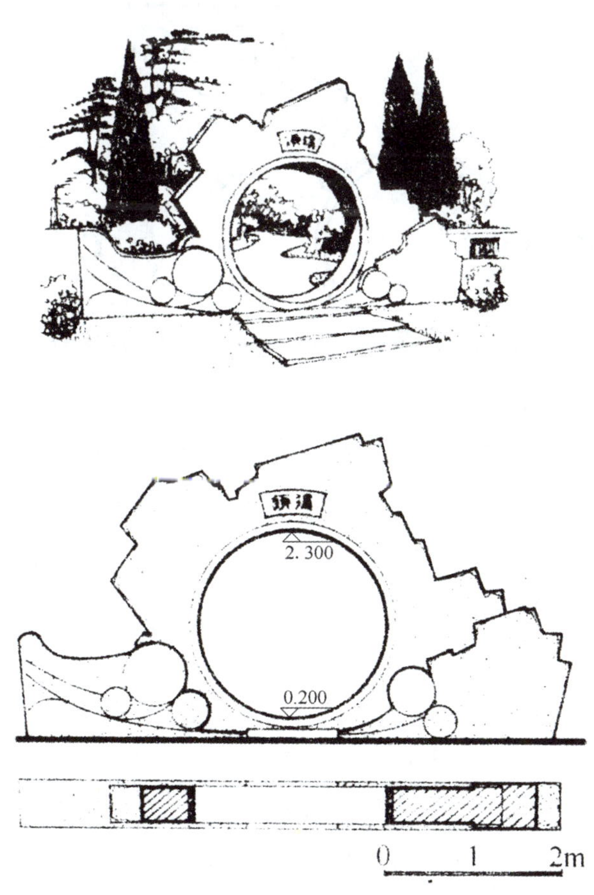


图2—96　“得趣园”园门

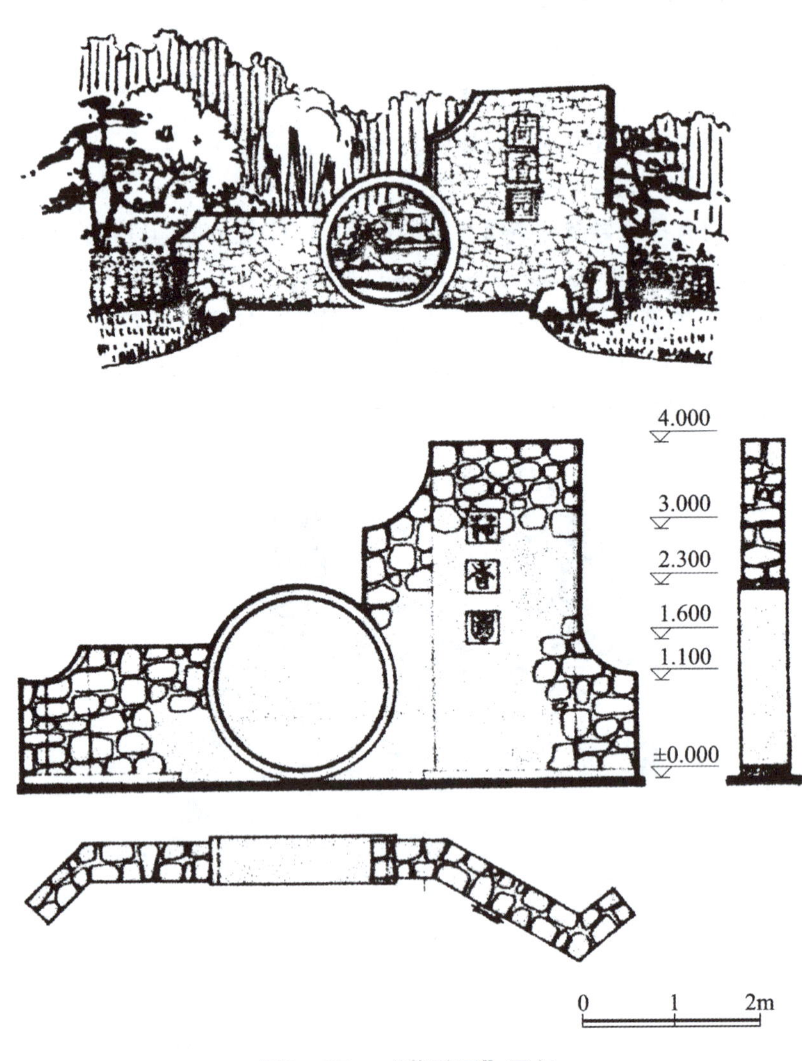


图2—97 “荷香园”园门

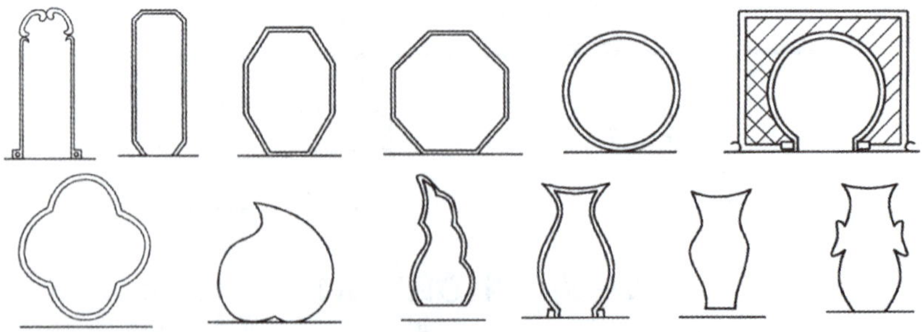

图2—98 门的各种形式

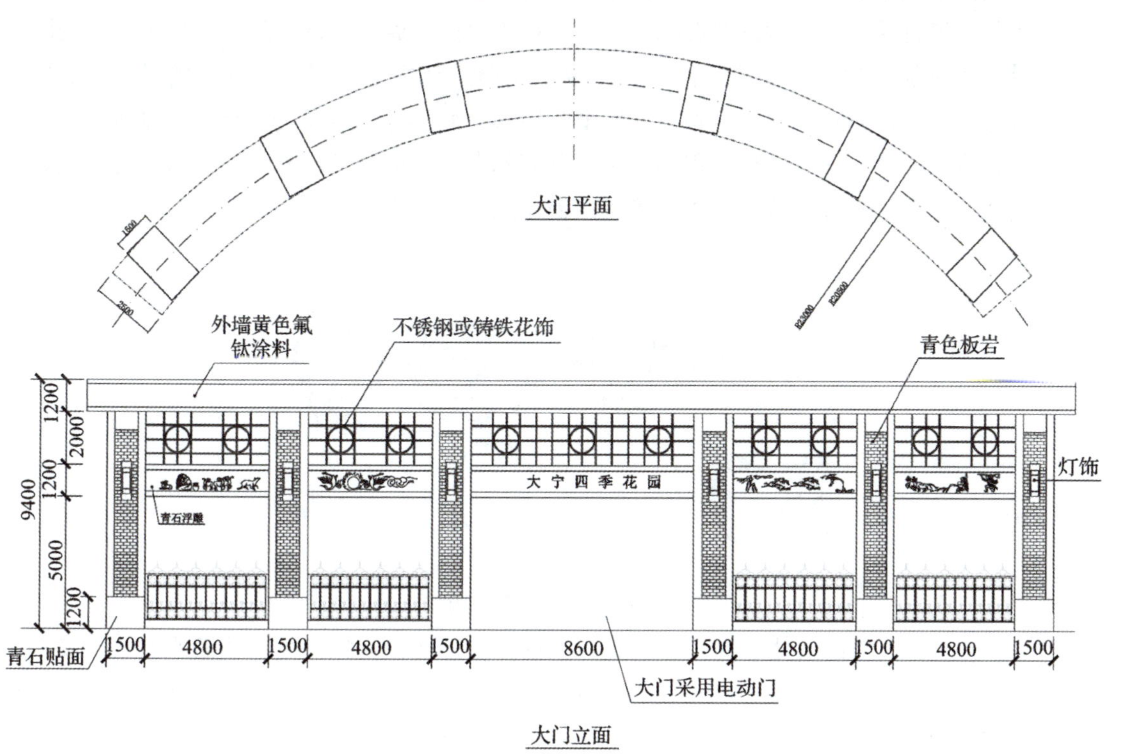


图2—99　门的平面图和立面图

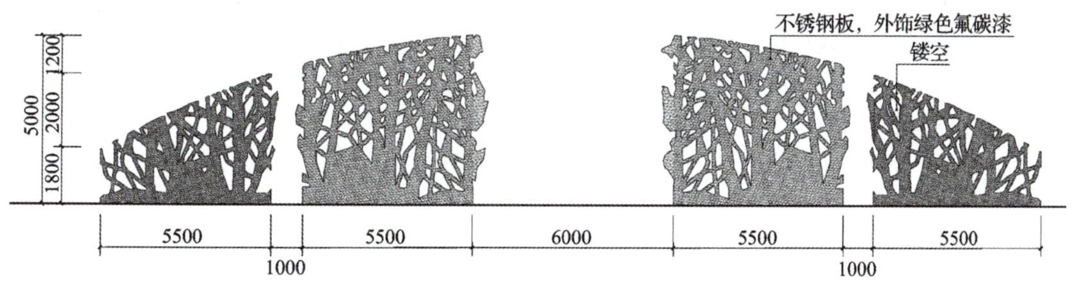


图2—100　树枝园门立面展开示意图

2）景窗。景窗一般有空窗和漏窗两种形式。空窗是指不装窗扇和漏花的窗洞，是为了采光和作景框用。其后常设置石峰、竹丛、芭蕉之类，通过空窗可形成一幅幅绝妙的图画，使游人在游赏中不断获得新的画面感受。空窗还有使空间相互渗透、增加景深的作用，其形式很多，如长方形、六角形、圆形、瓶形、扇形等。漏窗是在窗洞中设有半通透的花格，隔窗看景，具有若隐若现的效果。漏窗本身就可成景，形式多样的窗框与样式繁多的花格形成灵活多样、妙趣横生的各种景窗（见图2—101）。

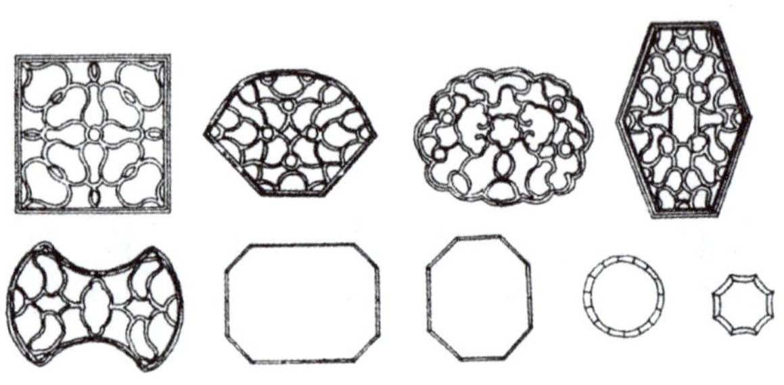

**图2—101　各种景窗**

3）景墙。景墙在园林中有分隔空间、组织游览路线、衬托景物、遮蔽视线、装饰美化的效果。常见形式有云墙、梯形墙、白粉墙、水花墙、漏明墙、虎皮墙、竹篱墙等。在江南古典园林中，构造园墙的材料多为白粉墙，它与灰黑色瓦顶、栗褐色门窗柱在色彩上形成对比，同时粉墙衬托着湖石、竹或花木，使之相映生辉。景墙常与漏窗、洞门、空窗等结合，形成各种明暗虚实的对比。在不宜开洞的墙上可设置盲门（如北京颐和园园中园——扬仁风的景墙）和盲窗（如苏州网师园的景墙）以打破其单调感。也可在墙上题诗作画，或在其前植大树，使树木光影上墙，以丰富墙面景观。在现代园林中景墙运用则少一些，所用材料比较轻便，造型也灵活轻巧、多样（见图2—102）。

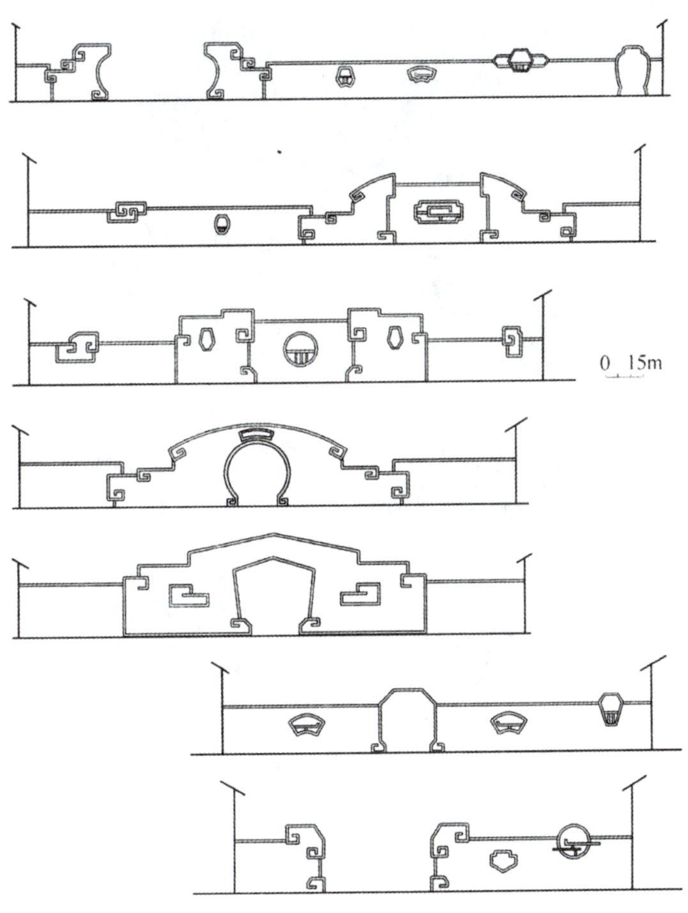


图2—102　各种景墙

（6）园桌、园椅、园凳。园桌、园椅、园凳是园林中必备的供游人休息、赏景的设施。一般将其布置在有景可赏、安静休息的地方或游人需要停留、休息的地方，如树荫下、水池旁、路旁、广场上、花坛边等。在设计上力求美观、舒适耐用、构造简单、易清洁、装饰简洁大方，色彩、风格与环境协调（材料多样），可单独布置，也可组合布置（见图2—103、图2—104）。

图2—103 园桌、园椅、园凳

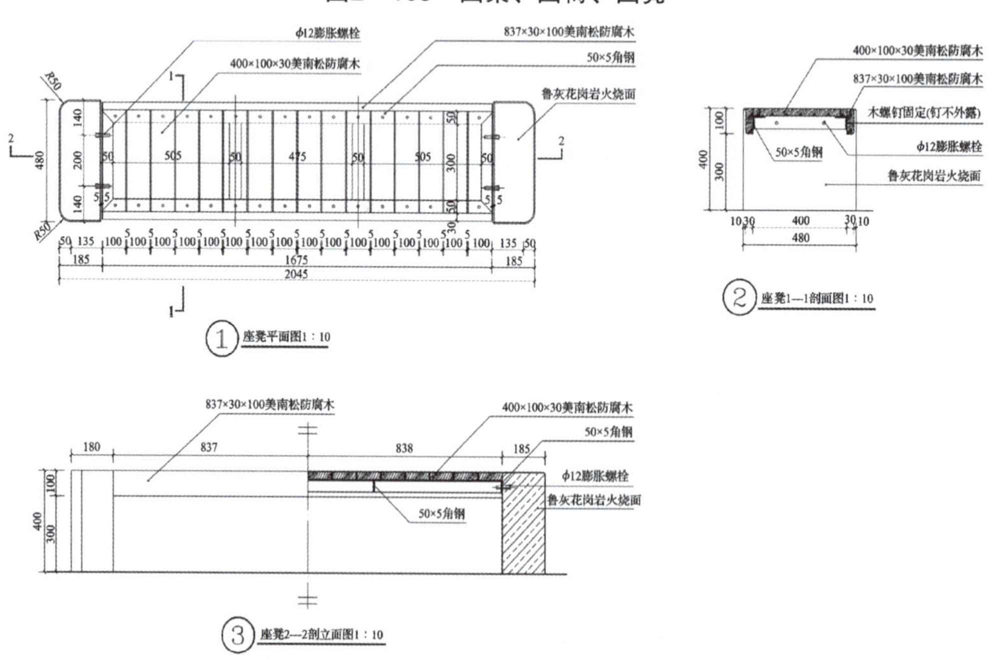


图2—104 园凳的平面图、剖面图和立面图

（7）雕塑。雕塑主要是指观赏性的小品雕塑。以功能分为纪念性、主题性和装饰性雕塑。以风格分有具象、抽象之别，取材于人物、动物、植物、器物等自然界有形之物（艺术来源于自然与生活）（见图2—105、图2—106）。

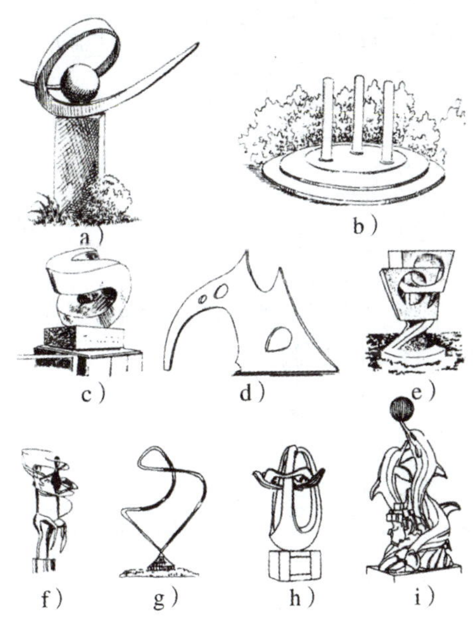


图2—105　雕塑小品举例

a）“生命运动”雕塑　b）“过去、现在、未来”雕塑柱　c）“永恒”雕塑

d）儿童乐园入口标志　e）“友谊”雕塑　f）“狂欢”雕塑

g）“时代的旋律”雕塑　h）济南燕子山小区标志雕塑　i）青岛海滨浴场雕塑

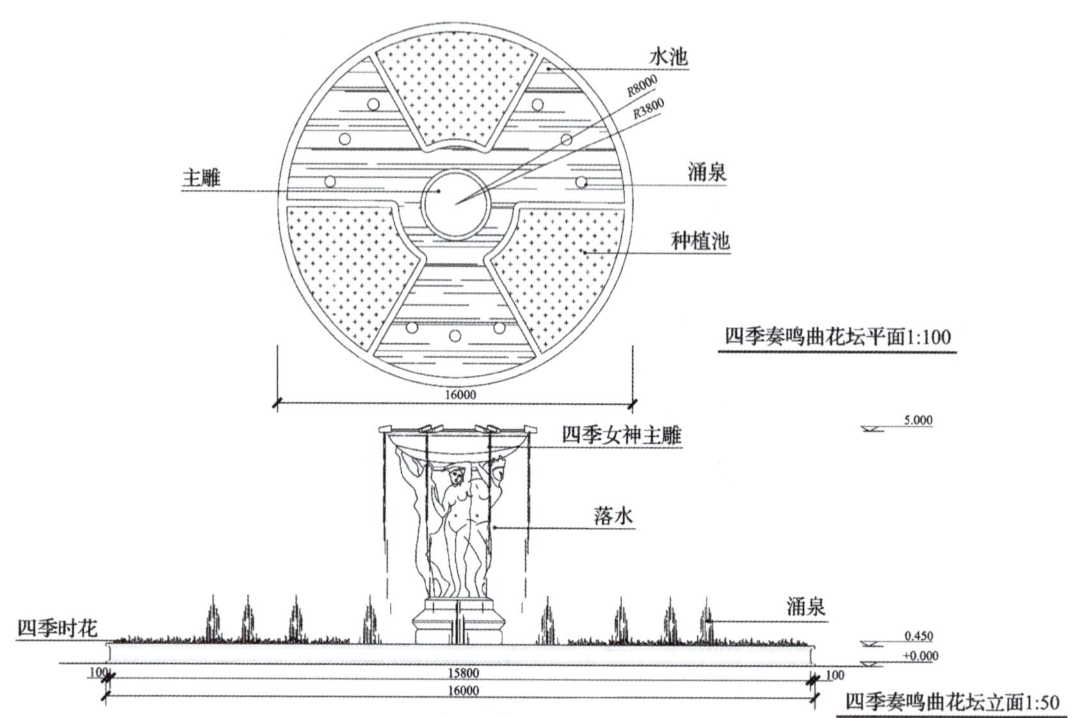


图2—106　四季奏鸣曲花坛雕塑平面图和立面图

## 思考与练习

1. 在绘制园林图样时，常用的绘图仪器与工具都有哪些?
2. 试述丁字尺、绘图板、比例尺及其他绘图工具的使用方法与注意事项。
3. 写好仿宋字的具体要求是什么?
4. 如何进行线段及其他图形的标注?
5. 什么是比例? 如何使用比例?
6. 绘图的一般步骤是什么?
7. 绘图过程中应该注意些什么问题?
8. 什么是投影? 投影有哪些基本类型?
9. 简述正投影的基本特性。
10. 简述三面投影的“三等”关系。
11. 用形体分析法进行形体分析，必须掌握哪几点?
12. 什么是剖面图? 什么是断面图? 两者之间的联系与区别是什么?

13. 在园林植物的平、立面图中，乔灌木、花卉、草坪的图例如何表示?

14. 在平面上，山石、水面、园路的表示方法有哪些? 用线条法表示水面的方法有哪些?

15. 园林建筑与小品是园林的重要组成部分，常见的有哪些?

# 第三章　园林绿地设计原理

### 学习目标

- ◆了解园林绿地规划的一般设计程序
- ◆了解园林地形的作用与设计原则，以及园林地形地貌的设计步骤
- ◆掌握园林植物种植设计的内容，理解园林植物空间的组合
- ◆掌握园林植物与其他要素的关系

园林绿地规划设计，首先要考虑该绿地的功能，既要符合使用者的期望与要求，也要明确该绿地在改善人们生活环境方面的价值。设计者要对该地块特性充分了解后做出恰当的规划设计，并通过各种图样及文字说明把想法表达出来，使大家知道这块绿地将建成什么样，施工人员根据这些图样和说明，再来把这块绿地建造出来。

## 第一节　园林绿地规划设计程序

园林绿地规划设计可分为以下几个阶段：接受任务阶段→调研分析阶段→方案规划设计阶段→初步设计阶段→施工图设计阶段→施工过程配合阶段→工程验收阶段。这样一系列的进行过程，也被称为园林绿地规划设计程序。本章将以重庆园林博览会——“青岛园”规划设计程序为例详细讲解。

### 一、接受任务阶段

为了有序而成功地达到规划目标，应形成一套包括访问、调查、沟通在内的综合性系统，这一系统应使甲方的最初需要成为至关重要的因素。甲方在园林开发初期的时候，脑海中就已经有了明确的目标，例如，在第一次和甲方接触时，甲方会提出自己对场地的景观要求，以及对某种景观风格的偏好、计划投资金额等，不管出于何种原因，设计者都应该满足甲方的这些要求，并在和甲方接触过程中深刻理解项目。

以重庆园林博览会——“青岛园”为例，设计之初，重点是用地的选址。由设计师与组委会成员共同踏勘现场，最终在园区岭南园林展区南端选择了一处有利于表现滨海特色的临水地块，面积约为2 550 m$^2$，作为青岛园的基址。该地块南侧濒水，西侧依山，东临园区次级道路，与大连园隔湖相望。

项目委托方对设计师提出以下要求：

（1）符合园博会主题——“园林，让城市更加美好”。

（2）体现青岛独特的自然风光，独有的文化内涵与城市底蕴。

（3）倡导节约型园林建设，设计创意新颖。

（4）工程投资控制在800万元以内。

## 二、调研分析阶段

根据设计任务书的要求，对场地进行深入的调研分析。包括调查该场地的地势、植物的生长情况、水文、气候、历史、土壤和野生动植物等。掌握该场地的自然条件、周围环境状况以及基地的历史沿革情况，收集地形图、需要保留的主要建筑物的平立面图、现状植物分布图、地下管线图等资料。在上述工作的基础上进行现场的多次勘查，一方面，可以核对、补充所收集的图样资料；另一方面，设计者到现场可根据周围环境条件进行艺术构思。

经过现场勘查，设计师发现青岛园所在的场地背山面水，坐北朝南，植被丰富，自然环境优美。周边邻近展区多为滨海城市，容易形成统一的城市风格。

通过搜集基地资料发现该场地为典型的丘陵谷地特点，地表土为黏性土，具有高压缩性，易产生不均匀沉降。根据规划设计条件，场地所处谷地需回填7～8 m不等的种植土，并参考其排水固结时间和土壤力学性能等多项指标。综上所述，该场地条件不宜进行建筑物的设置与施工。如何结合复杂的山水资源突显青岛“山海城” 的城市特色，如何将平整场地后产生的大量土方，合理地为设计所用是本次规划所要面临的挑战（见图3—1）。

图3—1　“青岛园”基址图

## 三、方案规划设计阶段

经过充分的调研分析，在明确该园林绿地在城市绿地系统中的地位和作用，确定了该设计的原则与目标以后，按照设计大纲，着手进行方案的规划设计。

将分析后的现状资料归纳整理，形成若干空间，用圆圈或抽象图形将其粗略地表示出来。使不同的空间反映出不同的功能，既要形成一个统一的整体，又要能反映各空间内部设计因素间的关系。如对四周道路、环境分析后，可划定出入口的范围，观景视线的主要方向。

在确定主要出入口、广场的位置和消防通道的同时，确定主、次干道等的位置、各级道路的宽度。分别画出园中各主要建筑物的布局、出入口的位置及立面效果图，以便检查建筑风格是否统一，和景区环境是否协调等。根据主题立意和设计构思的需要绘制出制高点、山峰、丘陵起伏、缓坡平原、小溪河湖等，同时要确定排水方向、水源以及雨水聚散地等。安排全园及各区的基调树种，确定不同地点的密林、疏林、林间空地、林缘等种植方式和树林、树丛、树群、孤立树以及花草栽植点等。还要确定最好的景观位置（即视线通透的位置），应突出视线集中点上的植物配置。

另外，还要做出方案规划的表现图，可采用3D效果图或手绘等多种表现手法。包括全园或重要地段的鸟瞰图，以及表现构图中心、景点、观景视线、竖向规划、土方平衡和全园的鸟瞰景观等（见图3—2）。

**图3—2 “青岛园”方案规划设计鸟瞰图**

设计说明书主要是用来全面介绍设计者的构思、设计要点等。主要包括主题立意、

功能分区、道路场地组织、绿化配置、竖向处理、小品创意，以及效益分析、投资估算等。附表包括经济技术指标表、投资估算表等。

青岛园的设计说明书主要包括以下内容：

### 1. 主题立意

青岛依山傍海，绿树成荫，山海一色的自然风光孕育了青岛所独有的文化内涵与城市底蕴。因此，在规划设计上秉承打造“魅力帆都——山海之城”的设计理念，结合现状，用凝练的手法，充分利用园区建设时产生的大量土石方，堆叠出特色的青岛丘陵地形地貌，并借取公共水面的造景以突出滨海城市的灵秀之美。设计充分利用“青岛号帆船”“五月的风”“啤酒女神”“琴女”等青岛标志性地方文化元素，展示青岛的城市发展，利用“海浪沙滩”“白鸥展翅”等滨海特色符号和具有特殊意义的青岛崂山花岗岩，市树、市花等特色植物，充分体现浓郁的滨海城市的自然风貌（见图3—3）。

### 2. 功能分区

整个青岛园景观结构规划为“一环、五区”：一环为主要游览路线，五区为核心景观区、特色景观区、主题绿化区、情景山林区、滨水休闲区。园内所有道路设计为无障碍坡道，为游人提供最便利、最舒适的游路（见图3—4）。

### 3. 细节设计

（1）铺装设计。园内主环路为一条会“唱歌”的音乐步道，在通向主观景平台的坡道上，铺装的是被放大的钢琴琴键，游人漫步在这些巨型的“钢琴琴键”上，海浪声、海鸟鸣叫声或悠扬的主题音乐就会通过红外线操控随之播放，展现出青岛“音乐之岛”的城市魅力。放置“五月的风”雕塑的观景平台极富特色，它的立面一半由青岛德式建筑常用的蘑菇石砌筑，另一半则由海边天然的礁石堆叠而成，体现了自然与人文的完美结合。

（2）竖向设计。利用坡道产生的高差，在坡道一侧设计跌水景观，在上行的过程中，啤酒桶流出的“酒水”伴随身旁，远眺“沙滩海浪”，仿佛置身青岛的怀抱。

（3）绿化设计。在入口区域，运用金叶女贞和千头柏修剪的灌木波纹，好似起伏的植物海浪，拍打着“礁石、沙滩”。园区内植物种植重点突出青岛的市树——雪松，市花——忍冬、月季，体现青岛的自然植被特色。

（4）小品设计。冲浪、赶海、拾贝壳、捉螃蟹，几乎是每个青岛市民儿时的美好记忆，在园内的沙滩上，设计了一组主题雕塑，表现出孩童撑帆、捉蟹的场景，烘托出天真烂漫的氛围，成为游人驻足留念的场所。

### 4. 附表（见表3—1、表3—2）

**图3—3　“青岛园”方案规划设计平面图**

1—主入口　2—次入口　3—波浪形修剪灌木　4—旋转坡道　5—帆形廊架　6—斜坡绿化

7—琴键铺装（音控踏板）　8—主题跌水景观　9—观景平台　10—主题雕塑　11—啤酒主题平台

12—波浪形铺装　13—青岛号大帆船　14—沙滩礁石　15—背景雪松

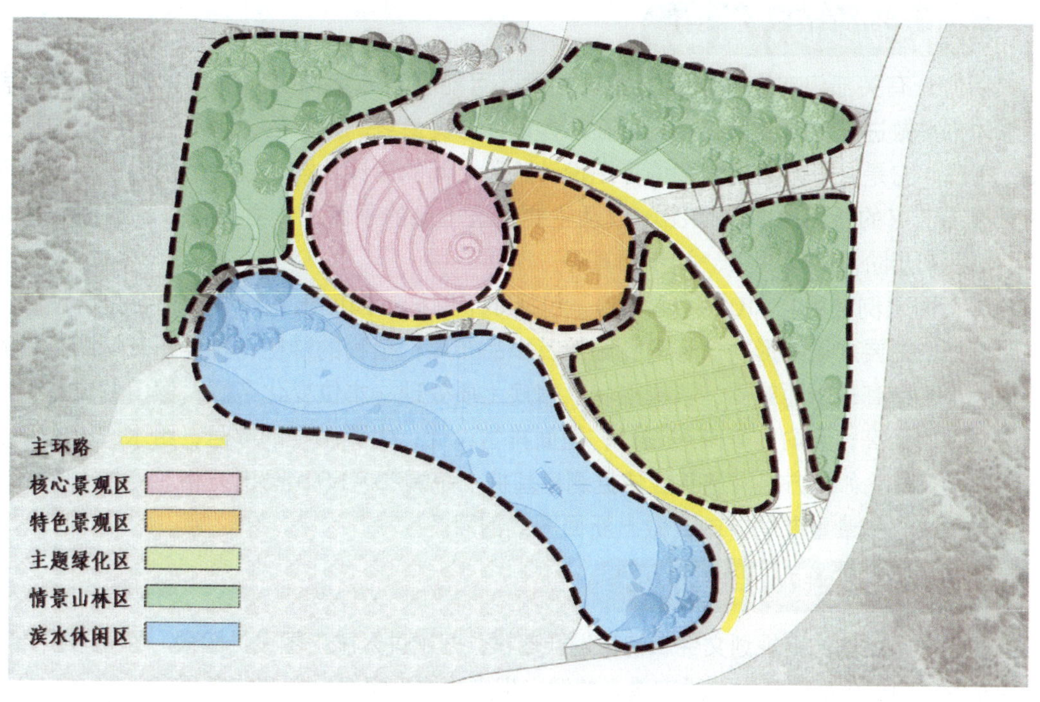


图3—4　“青岛园”功能分区图

表3—1　经济技术指标表

| 项目类型 | 面积（$m^2$） |
|---|---|
| 硬质铺装 | 820 |
| 木质铺装 | 121 |
| 新增水面 | 31 |
| 绿化种植 | 1 500 |

表3—2　投资估算表

| 类型 | 面积（$m^2$） | 投资（万元） |
|---|---|---|
| 铺装及主体工程 | 941 | 263.5 |
| 绿化工程 | 1 500 | 154 |
| 公共设施 | | 50 |
| 亮化工程 | | 100 |
| 公共艺术雕塑 | | 105 |
| 跌水工程 | 三级跌水 | 70 |
| 水电工程 | | 50 |
| 总计 | | 792.5 |

方案规划阶段完成后，设计方提交方案图样、设计说明书、投资估算表等，交付甲方审核批准。

## 四、初步设计阶段

甲方、有关部门在审核认定方案规划时，可能会对方案提出新的意见和要求，或者对总体方案做进一步的修改和补充。在总体设计方案最终确定以后，就要进行局部的初步设计工作。它是介于方案规划和施工图设计阶段之间的设计。初步设计的内容主要是平面图，重要节点的断面图或剖面图，以及主要建筑小品的平面图、立面图、剖面图和鸟瞰图，以及初步阶段的说明书、初步预算等。

平面图比例常用1：100～1：500。包括如下图样：园区出入口设计；各分区设计；主要道路、主要广场的形式、标高；建筑及小品布局；植物的种植、种类；花坛、花台的面积大小、标高；水池范围、驳岸形状、水底土质处理、水位变化范围；假山的位置、面积、造型、标高；竖向的等高线设计；地面排水设计；主要工程的序号；给水、排水、管线、电网尺寸。如用方格网施工应依据测量基桩，每隔20～50 m画出方格。另外，根据艺术布局的中心和最重要的方向，做出断面图或剖面图。

## 五、施工图设计阶段

根据已审批的方案规划文件和初步设计资料，开始进入施工图设计阶段。在初步设计阶段中未完成的部分都应在本阶段完成，并做出相应的施工组织计划和施工程序。

在施工设计阶段要做出施工总图、定位设计图、竖向设计、种植设计、土建设计、水系设计、园林建筑设计、管线设计、水电设计、雕塑设计、配套设施设计、苗木表、工程量统计表、工程预算表等。

施工总图中要标明建设场地的规划绿线轮廓、现状及规划中构（建）筑物位置和周围环境，在用地范围内标明道路、广场、水面、构（建）筑物、园林植物类型、出入口位置及地形竖向标高等，并应以详细尺寸或坐标标明各类园林植物的种植位置、构（建）筑物、地下管线位置、外轮廓。定位设计图中要以方格网为控制依据，方格网的规格为2 m×2 m～10 m×10 m，要注明坐标基点、基线。平面要注明尺寸、半径、弧度等关系（见图3—5、图3—6）。

竖向设计图用于表明各设计因素的高差关系。如山峰、丘陵、高地、缓坡、平地、溪流、河湖岸边、池底、各景区的排水方向、雨水的汇集点及建筑、广场的具体高程等。以必要的文字说明夯实程度、土质分析、微地形处理、客土处理，以及注意事项等。在现状与原地形标高基础上设计等高线，等高距一般为0.3～0.5 m（也可根据需要设定等高距）。绿地高程用等高线表示，用箭头画出排水方向、雨水口位置。注明设计标高，微地形最高点或最低点标高，地面标高，构（建）筑物标高等。水体设计标明常水位、最高水位、最低水位。在重点地区、坡度变化复杂地段增加剖面图，必要时增加土方调配图，各关键部位标高，注明剖面的起讫点、编号与平面图配套（见图3—7）。

种植设计图主要表现树木花草的种植位置、品种、种植方式、种植距离等。首先以文字说明与各市政设施、管线管理单位配合情况，选用苗木的要求（品种、养护措施），栽植地区客土层的处理，客土或栽植土的土质要求，施肥要求，苗木定植支撑要求，苗木供应规格发生变动的处理， 重点地区采用大规格苗木定植与现场定位的方法，非植树季节的施工要求等。

在种植平面图中按实际大小、距离尺寸标注各种植物品种、数量。同一品种植物用线相连。乔木、灌木、地被植物应分别出图。标明与周围固定构筑物和地上地下管线距离的尺寸。明确现场保留树种位置和施工图放线依据。自然式种植可以用方格网控制距离和位置，方格网用2 m×2 m～10 m×10 m，方格网尽量与测量图的方格线的方向一致。

在种植平立面、剖面图中标明施工时准备选用的园林植物的高度、体形，局部放大图，重点树丛、各树种关系，树木周围处理和景石搭配详细尺寸，与周围环境及地上地下管线设施之间的关系（见图3—8）。

苗木表中要表明苗木的种类或品种以及规格，规格中，胸径（cm）、冠径、高度（m）都要精确到小数点后一位。备注中根据需要标明花色、树形、产地等，并计算出准确的数量（见图3—9）。

设计工程预算书的编制包括土建部分（按项目估出单价，按市政工程预算定额中的园林附属工程定额计算出造价）和绿化部分（按基本建设材料预算价格制出苗木单价，按建筑安装工程预算定额的园林绿化工程定额计算出造价）。

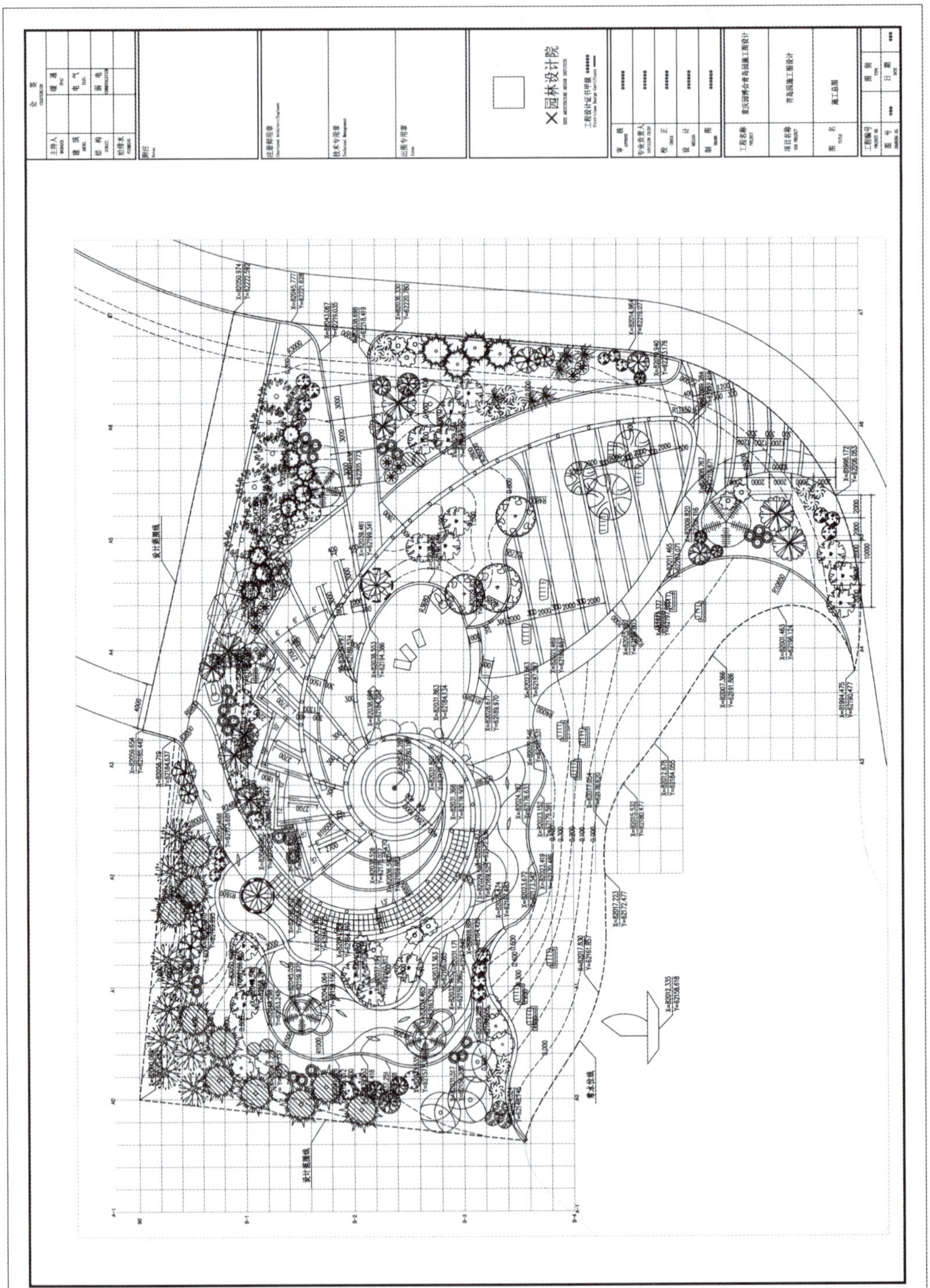

图3—5 “青岛园”施工总图

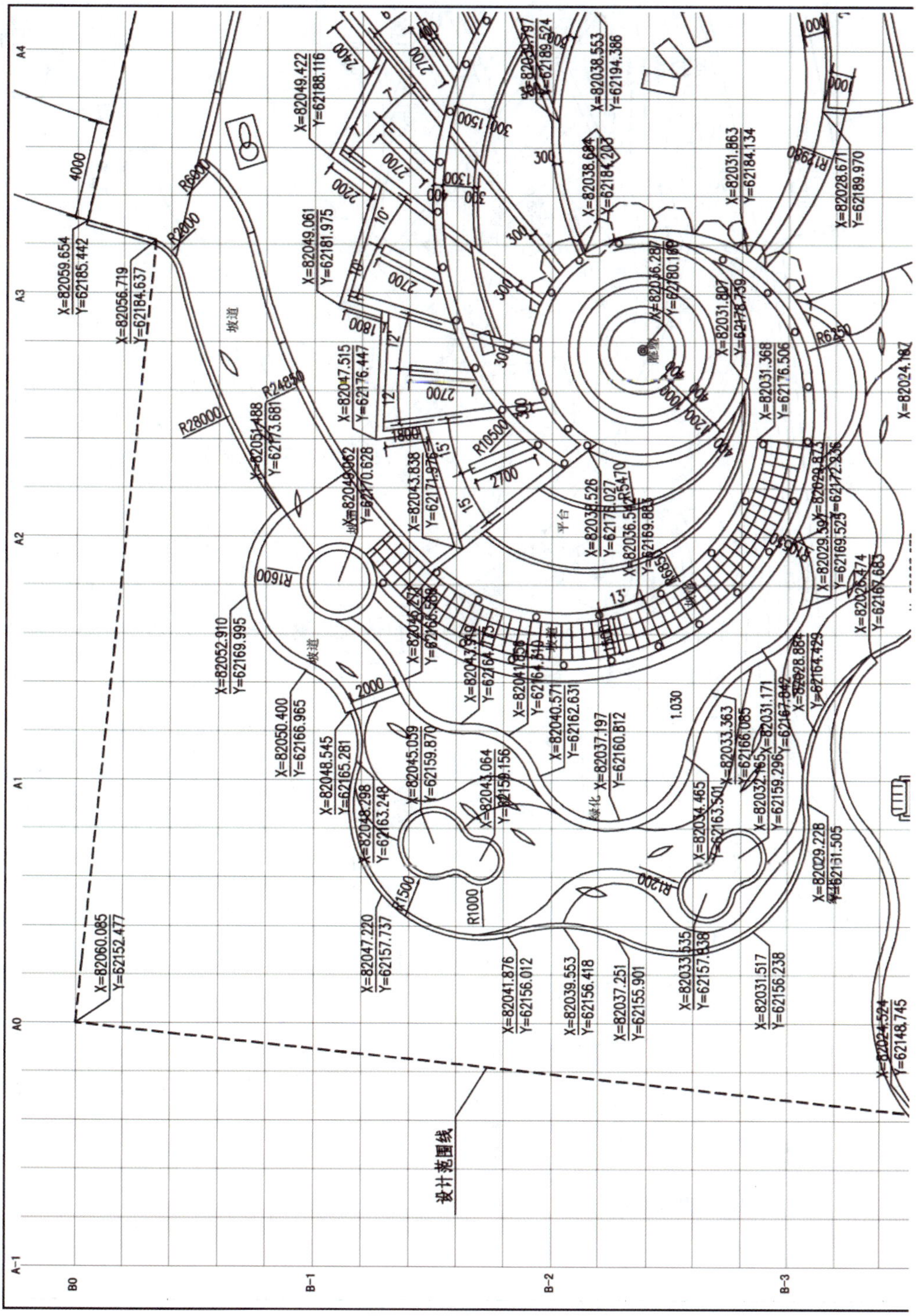

图3—6　“青岛园”定位设计图

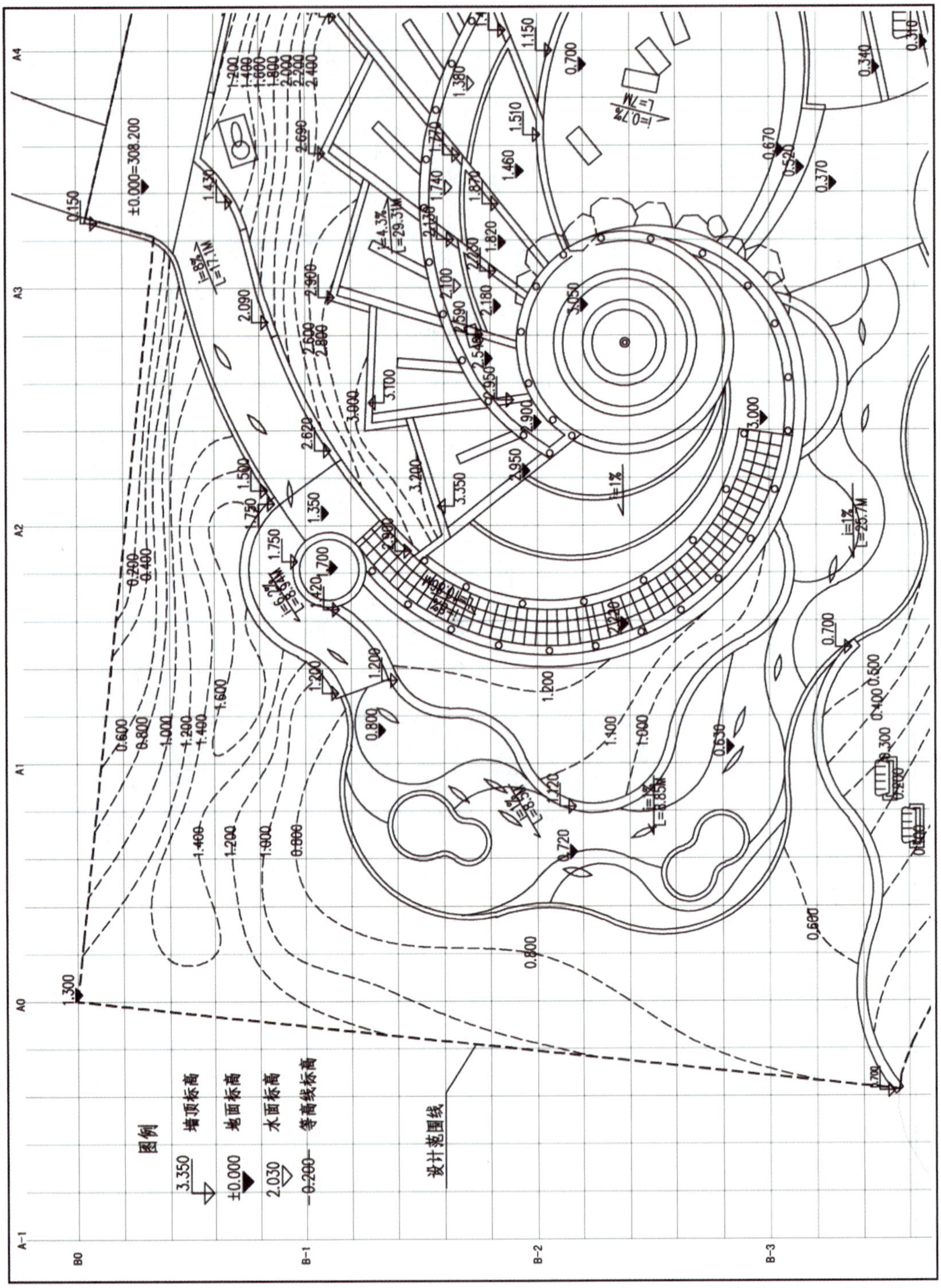

图3—7 “青岛园”竖向设计图

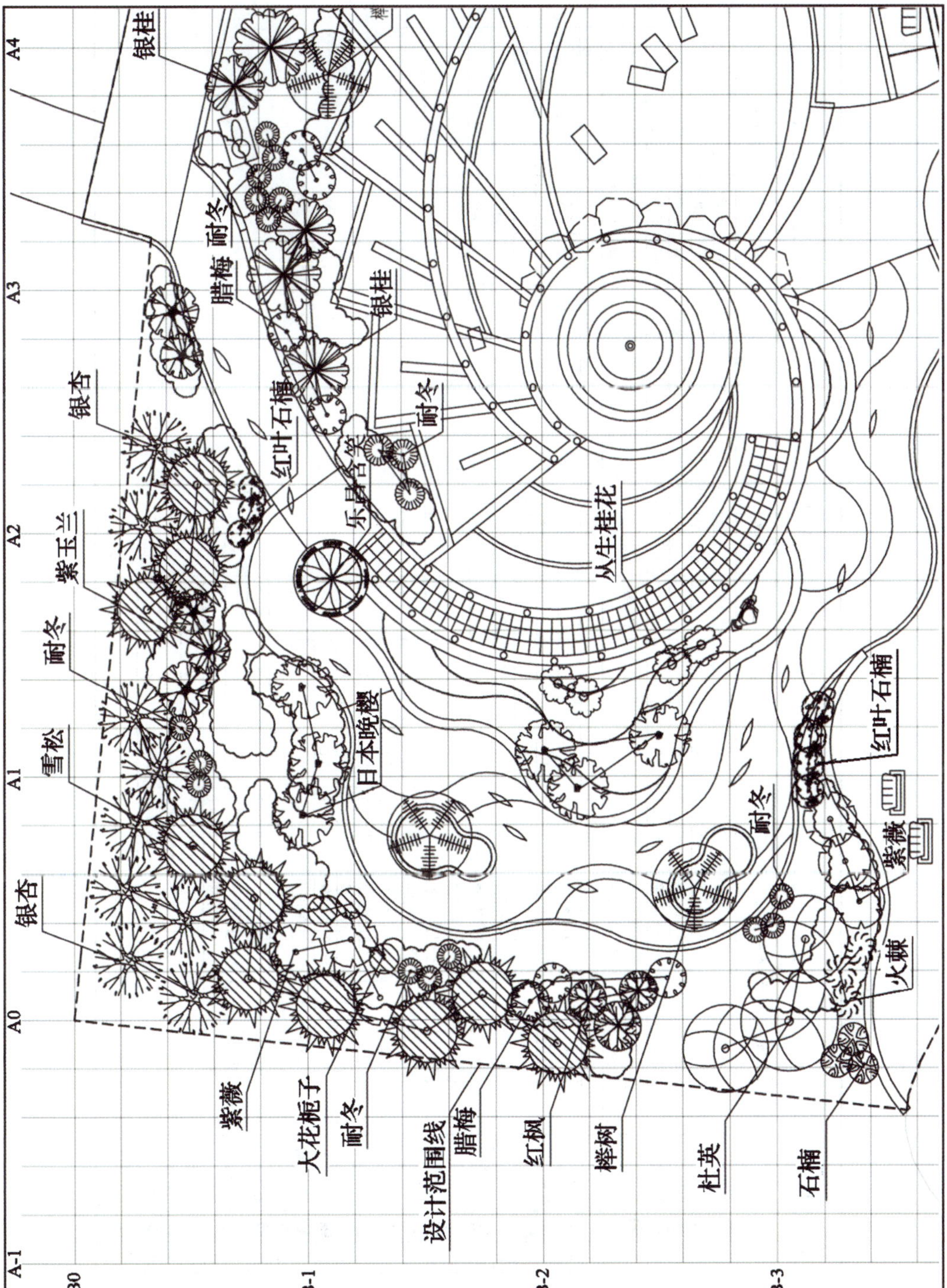

图3—8　“青岛园”乔灌木种植设计图

乔灌木苗木表

| 序号 | 图例 | 名称 | 规格 | | | | | | | 数量（株） | 备注 |
|---|---|---|---|---|---|---|---|---|---|---|---|
| | | | 树高(m) | 最小胸径(cm) | 最小冠幅(m) | 分枝点(m) | 树形 | 树穴大小 | 土球直径(m) | | |
| 1 | | 雪松 | 5.5-6.0 | | >5.0 | | 饱满不偏冠 | 1.6*1.6*1.6 | 1.5 | 10 | 青岛选苗 |
| 2 | | 马尾松 | 3-3.5 | 8-10 | >2.5 | 1.8-2.5 | 饱满不偏冠 | 0.9*0.9*0.9 | 0.8 | 12 | |
| 3 | | 银桂 | | 8-10 | >3.0 | 1.8-2.5 | 饱满不偏冠 | 0.9*0.9*0.9 | 0.8 | 9 | |
| 4 | | 鹅掌楸 | | 22-25 | >4.5 | 3.0-3.5 | 饱满不偏冠 | 2.1*2.1*2.1 | 2.0 | 3 | |
| 5 | | 银杏 | | 18-20 | >3.5 | 3.0-3.5 | 饱满不偏冠 | 1.7*1.7*1.7 | 1.6 | 9 | 山东选苗 |
| 6 | | 香樟 | | 18-20 | >4.5 | 2-2.5 | 饱满不偏冠 | 1.7*1.7*1.7 | 1.6 | 7 | |
| 7 | | 枫香 | | 18-20 | >5.0 | 2.5-3.0 | 饱满不偏冠 | 1.7*1.7*1.7 | 1.6 | 2 | |
| 8 | | 榉树 | | 22-25 | >5.0 | 2.5-3.0 | 饱满不偏冠 | 2.1*2.1*2.1 | 2.0 | 6 | |
| 9 | | 杜英 | | 15-17 | >4.5 | 2.0-2.5 | 饱满不偏冠 | 1.5*1.5*1.5 | 1.4 | 4 | |
| 10 | | 刺槐1 | | 25-30 | >6.0 | 2.5-3.0 | 树形优美 | 2.5*2.5*2.5 | 2.4 | 1 | 青岛选苗 |
| 11 | | 刺槐2 | | 18-20 | >4.5 | 2.0-2.5 | 树形优美 | 1.7*1.7*1.7 | 1.6 | 2 | 青岛选苗 |
| 12 | | 紫玉兰 | | 8-10 | >2.5 | 1.5-2.0 | 饱满不偏冠 | 0.9*0.9*0.9 | 0.8 | 7 | |
| 13 | | 紫薇 | | 7-8 | >2.5 | 1.0-1.2 | 饱满不偏冠 | 0.7*0.7*0.7 | 0.6 | 6 | |
| 14 | | 日本晚樱 | | 8-10 | >3.0 | 1.5-2.0 | 饱满不偏冠 | 0.9*0.9*0.9 | 0.8 | 16 | |
| 15 | | 碧桃 | | 7-8 | >3.0 | 0.5-0.8 | 饱满不偏冠 | 0.7*0.7*0.7 | 0.6 | 2 | |
| 16 | | 红枫1 | | 10-12 | >2.5 | 0.5-0.8 | 饱满不偏冠 | 1.1*1.1*1.1 | 1.0 | 3 | |
| 17 | | 红枫2 | | 7-8 | >1.5 | 0.5-0.8 | 饱满不偏冠 | 0.7*0.7*0.7 | 0.6 | 7 | |
| 18 | | 腊梅 | >1.2 | 7-8 | >1.2 | 20以上 | 饱满不偏冠 | | | 10 | |
| 19 | | 乐昌含笑 | | 7-8 | >2.0 | 2.5-3.0 | 饱满不偏冠 | 0.7*0.7*0.7 | 0.6 | 2 | |
| 20 | | 红叶石楠 | >1.2 | 地径8-10 | >1.0 | | 修剪球状 | 0.7*0.7*0.7 | 0.6 | 16 | |
| 21 | | 石楠 | >1.5 | 地径7-8 | >2.0 | | 修剪球状 | 0.7*0.7*0.7 | 0.6 | 6 | |
| 22 | | 耐冬 | >1.5 | 地径8-10 | >1.5 | | | 0.7*0.7*0.7 | 0.6 | 29 | 青岛选苗 |
| 23 | | 海桐 | >1.2 | 地径7-8 | >1.0 | | 修剪球状 | 0.7*0.7*0.7 | 0.6 | 8 | |
| 24 | | 火棘 | >1.2 | 地径7-8 | >1.0 | | 修剪球状 | 0.7*0.7*0.7 | 0.6 | 14 | |
| 25 | | 丛生桂花 | >1.2 | | >1.0 | | | 0.7*0.7*0.7 | 0.6 | 12 | |
| 26 | | 大花栀子 | >1.2 | | >1.0 | | | 0.7*0.7*0.7 | 0.6 | 5 | |
| 27 | | 迎春 | >0.8 | | >1.2 | 20以上 | | 0.7*0.7*0.7 | 0.6 | 6 | |
| 28 | 注：其余没注明青岛选苗的树种，均从重庆及周边选苗。 | | | | | | | | | | |

地被苗木表

| 序号 | 图例 | 名称 | 规格 | | | | | 数量（M2） | 备注 |
|---|---|---|---|---|---|---|---|---|---|
| | | | 高度(m) | 地径(cm) | 冠幅(m) | 分枝数 | 备注 | | |
| 1 | 01 | 千头柏 | 0.4-0.8 | | 0.4-0.5 | 10以上 | 16 株/M2 | 120 | |
| 2 | 02 | 金森女贞 | 0.4-0.8 | | 0.4-0.5 | 10以上 | 16 株/M2 | 112 | |
| 3 | 03 | 瓜子黄杨 | 0.5 | | 0.3-0.4 | 10以上 | 20 株/M2 | 37 | |
| 4 | 04 | 夏鹃 | 0.4 | | 0.3-0.4 | 10以上 | 20 株/M2 | 42 | |
| 5 | 05 | 西洋鹃 | 0.4 | | 0.3-0.4 | 10以上 | 20 株/M2 | 40 | |
| 6 | 06 | 变叶木 | 0.4 | | 0.3-0.4 | 10以上 | 20 株/M2 | 83 | |
| 7 | 07 | 美丽胡枝子 | 0.5-0.6 | | 0.4-0.5 | 15以上 | 16 株/M2 | 43 | 青岛选苗 |
| 8 | 08 | 从生紫薇 | 0.4-0.5 | | 0.4-0.5 | 15以上 | 15 株/M2 | 70 | |
| 9 | 09 | 八角金盘 | | | 0.4-0.5 | 15以上 | 15 株/M2 | 52 | |
| 10 | 10 | 崂山百合 | | | | | 36 株/M2 | 26 | 青岛选苗 |
| 11 | 11 | 大花月季 | | | | | 满种 | 21 | |
| 12 | 12 | 时令花卉 | | | | | 满种 | 23 | |
| 13 | 13 | 观赏草 | | | | | | 48 | |
| 14 | | 常绿草 | | | | | | 700 | |

图3—9 “青岛园”苗木表

## 六、施工过程配合阶段

根据现场实际情况对各专业进行检查、协调、调整，协助工程决算工作，具体包括施工图交底、现场解决问题、验线、隐蔽工程验收、图样变更等。

## 七、工程验收阶段

工程完工后，与甲方、施工方、监理方等相关职能部门对工程进行验收，提出整改意见或建议，并签署相关工程文件（见图3—10）。

图3—10　“青岛园”建成后的景观效果

## 第二节　园林地形设计（竖向设计）

### 一、园林地形的作用与设计原则

#### 1. 园林地形的作用

在测量学中，把地表面呈现着的各种起伏状态称为地貌，如山地、丘陵、高原、平原、盆地等。在地面上分布的所有固体物称为地物，如江河、森林、道路、居民点等。地貌和地物统称为地形。

在地形设计中，首先必须考虑对原地形的利用。结合基地调查和分析的结果，合理安排各种坡度要求的内容，使之与基地地形条件相吻合。地形设计的另一个任务是进行地形改造，使改造后的基地地形条件满足造景的需要，满足各种活动和使用的需要，并形成良好的地表自然排水类型，避免过大的地表径流。

地形在园林中有以下作用：

（1）满足园林功能要求。园林中要具有丰富的活动内容和优美的山水景观，如供游人进行体育活动与集散用的平坦场地，登山远眺的山冈，划船、游泳、养鱼、植荷用的湖河，以及增加景观层次、分隔空间用的起伏地形等。

（2）改善种植和建筑物条件。利用地形的起伏，改善小气候以利于植物生长。如旱生植物要求排水良好的岗丘，泽生植物要求积水的池沼。建筑物应设在平整良好的地块上，道路弯曲起伏能增添游人的兴趣。

（3）解决排水。园林中经常利用地形排除雨水和各种人为的污水、淤积水等。使园林内的广场、道路能使用，并节省为排水安装设施的经费。

#### 2. 园林地形设计的原则

园林地形利用与改造，应体现充分利用原地形的原则，以求情趣自然和谐，并达到节约建设时间和经济投入的效果。

（1）利用为主，改造为辅。城市园林绿地，由于其性质和功能有差异，故对原地形的利用程度不同。如风景区、森林公园、植物园等因其园林建筑的设施较少，在很大程度上利用原地形。而公园、动物园等由于建筑物、设施等供游人娱乐、观赏、休息等的处所较多，除利用一部分原地形外，还要改造一些原地形，才能适应需要，但改造必须在注意节约的前提下考虑设计。

（2）因地制宜，顺其自然。指在确定园林绿地使用性质和功能的前提下，就原地形状况，采用何种园林造园形式而言的。如原地形并不复杂，就无须强调采取“自然山水园”的形式，以避免挪动大量土方来挖湖堆山。相反，若原地形起伏较大而且有天然池沼

或离水源较近的，最适宜建造“自然山水园”。进行少量的改造，就形成“自称天然之趣，不烦人事之工”的特色。

（3）节省开支，讲究艺术效果。土方不可轻动，不能大规模地挖湖推山，消耗大量的人力、物力。要全面分析，多做方案进行比较，使土方工程尽量减到最少。必须挖湖推山创造地形时，要使土方在最短距离达到平衡，才能节省经费。在挖湖推山及利用其他地段土方平衡建造山水景观时，应有自然山水情趣，使园中峰峦峡谷、平岗小阜、飞瀑涌泉和湖池溪流等山水景色达到“虽由人作，宛自天开”的境界。

## 二、园林地形的设计步骤

### 1. 准备工作

（1）收集园林用地及其附近的地形图。地形设计的质量在很大程度上取决于地形图的准确性。如果发现城市测绘图与现状出入较大，需要补测，要求图样与原地形完全一致，并要到现场核实现有地物，踏勘时注意要保留和利用的地形、水体、文化、古迹、植被等以便地形设计时参考和推敲。

（2）收集城市市政建设部门的道路、排水、地上地下管线，以及附近主要建筑物的关系等资料。这是为了合理解决地形设计与市政建设及其他设施可能发生的矛盾。

（3）收集城市、园林用地和附近的水文、地质土壤、气象等现状和历史有关资料，供地形设计确定标高、坡高及形状等参考。

### 2. 设计阶段

地形改造是园林总体规划设计的重要组成部分，应与总体规划设计同时进行，要完成以下工作：

（1）施工地区等高线设计图（或用标高点进行设计）。图样平面比例采用1∶200～1∶500。设计等高线高差为0.25～1 m，且在图样上标明各项工程平面位置的详细标高，如建筑物、绿地、水体、园路、广场等地标高，并要标明其排水方向。

（2）土方工程施工图。要明确进行土方工程施工地段内的原标高，做出挖方和填方与土方调配表。

（3）园路、广场、挖湖、堆山等土方施工项目的施工断面图。

（4）土方量估算表，可用求体积公式估算，或用方格网法估算。

（5）工程预算表。

（6）说明书。

## 第三节　园林植物种植设计

### 一、各类园林植物的设计形式

园林的平面布局有规则式、自然式、混合式，从而决定了植物种植设计基本形式也是如此。园林植物种植设计的基本形式主要有规则式种植、自然式种植、混合式种植。具体见表3—3。

表3—3　　园林植物种植设计的基本形式

| 基本形式 | 平面布局 | 具体应用 |
| --- | --- | --- |
| 规则式种植 | 平面布局以规则为主的行列式、对称式；树木以整形修剪为主的绿篱、绿柱和模纹景观；花卉以图案为主的花坛、花带；草坪以平整为主并具有规则的几何形体 | 一般用于气氛较严肃的纪念性园林或有对称轴线的广场、建筑庭园中 |
| 自然式种植 | 平面布局没有明显的对称轴线，植物不能成行成列栽植，种植形式比较活泼自然。树木不做任何修剪，以自然生长为主，追求自然界的植物群落之美，植物种植以孤植、丛植、群植、林植为主要形式 | 一般用于有山、有水、有地形起伏的自然式园林环境中 |
| 混合式种植 | 平面布局以自然式和规则式相互交错组合 | 一般在地形较复杂的丘陵、山谷、洼地处采用自然式种植，在建筑附近、入口两侧采用规则式种植 |

规则式种植给人以庄严、雄伟、整齐之感（见图3—11）；自然式种植给人以清幽、雅致、含蓄之感（见图3—12）；混合式种植集规则式种植、自然式种植优点于一身，既有自然美，又有人工美（见图3—13）。

图3—11　规则式种植

图3—12　自然式种植

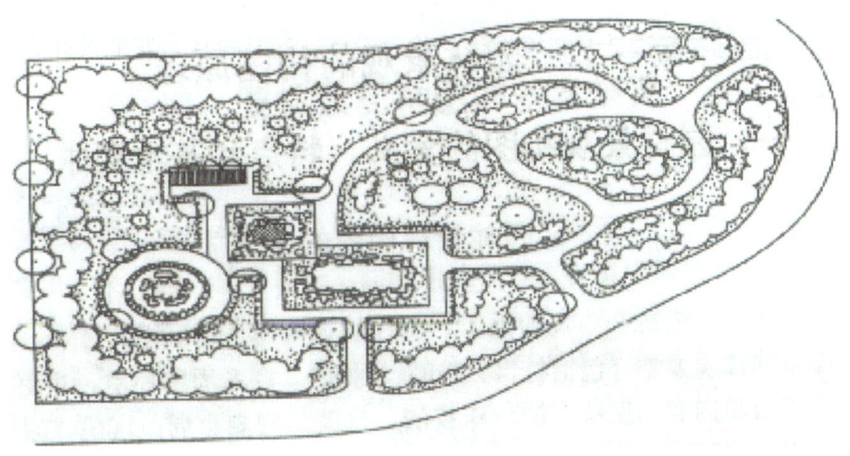

图3—13　混合式种植

### 1. 园林植物种植设计类型

（1）按园林植物应用类型分类

1）乔灌木的种植设计。在园林植物的种植设计中，乔木、灌木是园林绿化的骨干植物，所占的比重较大。在植物造景方面，乔木往往成为园林中的主景，用于界定空间、提供绿荫、调节气候等；灌木是供人观花、观果、观叶、观形等，它与乔木有机配置，使植物景观有层次感（见图3—14）。

图3—14　富有层次感的乔灌木种植

2）花卉的种植设计。花卉的种植设计是指利用姿态优美、花色艳丽、具有观赏价值的草本和木本植物进行植物造景，以表现花卉的群体色彩美、图案装饰美，起到烘托气氛的作用。主要包括花坛设计、花境设计、花台设计、花丛设计、花池设计等（见图3—15、图3—16）。

图3—15　花坛设计

图3—16　花境设计

3）草坪的种植设计。草坪是指用多年生矮小草本植物密植，并经人工修剪成平整的人工草地。草坪好比是绿地的底色，对于绿地中的植物、山石、建筑物、道路广场等起着衬托的作用，能把一组一组的园林景观统一协调起来，使园林具有优美的艺术效果，此外

还具有提供游憩场地、使空气清洁、降温增湿的作用（见图3—17）。

图3—17　给人以宁静和谐感的草坪设计

（2）按植物生境分类

1）陆地种植设计。大多数园林植物都是在陆地生境中生存的，种类繁多。园林陆地生境的地形有山地、坡地和平地三种。山地多用山野味比较浓的乔木、灌木；坡地利用地形的起伏变化，植以灌木丛、树木地被和缓坡草地；平地宜做花坛、草坪、花境、树丛、树林等。

2）水体种植设计。水体种植设计主要是指湖、水池、溪涧、泉、河、堤、岛等处的植物造景。水体植物不仅增添了水面空间的层次，丰富了水面空间的色彩，而且水中、水边植物的姿态、色彩所形成的倒影，均加强了水体的美感，丰富了园林水体景观内容，给人以幽静含蓄、色彩柔和之感（见图3—18、图3—19）。

图3—18　增添了水面空间的层次

图3—19　丰富了水面空间的色彩

（3）按植物应用空间环境分类

1）建筑室外环境的种植设计。建筑室外环境的植物种类多、面积大，并直接受阳光、土壤、水分的影响，设计时不但要考虑植物本身的自然生态环境因素，而且还要考虑它与建筑的协调，做到使园林建筑主题更加突出。

2）建筑室内的种植设计。室内植物造景是将自然界的植物引入居室、客厅、书房、办公室等建筑空间的一种手段。室内的植物造景必须选择耐阴植物，并给予特殊的养护与管理，要合理设计与布局，并考虑采光、通风、水分、土壤等环境因素对植物的影响，做到既有利于植物的正常生长，又能起到绿化作用（见图3—20）。

图3—20　室内小天井绿化

3）屋顶种植设计。屋顶的生态环境与地面相比有很大差别，无论是风力上、温度上，还是土壤条件上均对植物的生长产生了一定影响，因此在植物的选择上，应该仔细考虑以上因素，要选择那些耐干旱、适应性强、抗风力强的树种。在屋顶的种植设计中，人们根据不同植物生存所必需的土层厚度，尽可能满足植物生长基本需要，一般植物的最小土层厚度是：草本（主要是草坪、草花等）为15 cm；小灌木为25～35 cm；大灌木为40～45 cm；小乔木为55～60 cm；大乔木浅根系为90～100 cm；深根系为125～150 cm。

## 二、各类植物景观种植设计

在园林中，乔、灌木通常是搭配应用、互为补充的，它们的组合首先必须满足生态条件。第一层的乔木应是阳性树种；第二层的亚乔木可以是半阴性的，分布在外缘的灌木可以是阳性的，而在乔木遮蔽下的灌木则应是半阴性的，乔木为骨架，亚乔木、灌木等紧密结合构成复层、混交相对稳定的植物群落。

在艺术构图上，应该是反映自然植物群落典型的天然之美，要具有生动的节奏变化，由于要考虑园林各项功能的需要，所以乔、灌木的组合形式从少到多、从简单到复杂，也就多种多样了。

同时，应充分认识到乔、灌木因其生长速度快、体量大、寿命长而对园林构图起到"举足轻重"的影响，因此在进行植物配置、选择种植方式时应慎重考虑。下面就详细介绍植物景观设计中主要的植物配置类型。

### 1. 孤植树的设计

孤植树也称孤景树，一般是指乔木或灌木的单株种植类型，是一种自然式种植形式，主要表现树木的个体美。有时为了构图需要，为增强其雄伟的感觉，常用两株或三株同种树紧密地种在一起（一般以成年树为准，种植距离在1.5 m左右为宜），以形成一个单元，远看和单株植物效果相同。

（1）孤植树的作用。孤植树的作用有观赏性、纪念性、标志性。首先，是园林构图艺术上的需要，或给人以雄伟挺拔、繁茂深厚的艺术感染，或给人以绚丽缤纷、暗香浮动的美感。其次，孤植树可以起到遮阴之用。

（2）树种的选择。孤植树应选择那些枝条开展、姿态优美、轮廓富于变化、生长旺盛、成荫效果好、花繁叶茂的树种，常用的有雪松、油松、五针松、白皮松、云杉、白桦、白玉兰、七叶树、红枫、元宝枫、枫香、悬铃木、银杏、麻栎、乌桕、垂柳、鹅掌楸、榕树、朴树等。

（3）孤植树的位置。孤植树是园林植物造景中较为常见的一种形式，其位置的选择主要考虑以下几方面：

1）最好布置在开阔的大草坪中，一般不宜种植在草坪几何构图中心，应偏于一端，安置在构图的自然重心上，四周要空旷，留有一定观赏视距（见图3—21）。

图3—21 空旷草坪中的孤植树

2）布置在眺望远景的山岗上，既可供游人纳凉、赏景，又能丰富山冈的天际线（见

图3—22）。

3）布置在开朗的水边、河畔等，以清澈的水色作为背景，游人可以遮阴、观赏远景（见图3—23）。

图3—22　山冈上的孤植树

图3—23　水边的孤植树

## 2. 对植设计

对植是指用两株或两丛相同或相似的树木，按一定的轴线关系左右对称或均衡种植的方式。主要用于强调公园、建筑、道路、广场的入口，同时可以遮阴、供人休息，在空间构图上是作为配置用的。

（1）对植的形式。对植的形式通常有对称式和均衡式两种。对称式是指采用同种同龄的树木，按对称轴线作对称布置，给人以端庄、严肃之感，常用于规则式植物种植中。

均衡式是指种植在中轴线的两侧，采取同一树种（但大小、树姿稍有不同）或不同树种（树姿相似），树木的动势趋向中轴线，其中稍大的树木离中轴线的距离近些，较小的树木离中轴线要远些，且两树种植点的连线与中轴线不成直角，也可在数量上有所变化，比如左侧是一株大树，右侧是同种两株小树，给人以生动活泼之感，常用于自然式植物种植中（见图3—24）。

图3—24 给人以端庄、严肃的对称式对植

（2）树种的选择。对植树种的选择要求不太严格，无论是乔木还是灌木，只要树形整齐美观均可采用，对植的树木要在体形、大小、高矮、姿态、色彩等方面与主景和周围环境协调一致。

（3）树种的应用。在园林景观中，对植始终作为配景或夹景，起陪衬和烘托主景的作用，并兼有遮阴和装饰美化的作用。在规则式种植中，利用同一树种、同一规格的树木依主体景物的中轴线作对称布置，两树的连线与轴线垂直并被轴线等分。规则式种植一般采用树冠整齐的树种。在自然式种植中，对植是不对称的，但左右是均衡的。自然式园林的进口两旁、桥头、蹬道石阶的两旁、河道的进口两边、闭锁空间的进口、建筑物的门口，都需要有自然式的进口栽植和诱导栽植。自然式对植是以主体景物中轴线为支点取得均衡关系，分布在构图中轴线的两侧，可以是同一树种，但大小和姿态必须不同，动势要向中轴线集中，与中轴线的垂直距离，大树要近，小树要远，两树栽植点连成直线，不得与中轴线成直角相交。

一般乔木距建筑物墙面要在5 m以上，小乔木和灌木可适当减少（距离至少2 m以上）。通常用于广场出入口两侧、台阶两侧、建筑物前、桥头、道路两侧以及规则式绿地等。

### 3. 行列栽植设计

行列栽植是指乔灌木按一定的株行距成排种植，或在行内株距有变化的种植。行列栽植形成的景观比较整齐、单纯、气势大。

（1）行列栽植的形式。行列栽植的形式有两种：等行等距、等行不等距。行列栽植是规则式园林绿地中应用最多的基本栽植形式。在自然式绿地中也可布置比较整齐的局部结构。行列栽植具有施工、管理方便的优点。行列栽植多用于建筑、道路、地下管线较多的地段。行列栽植与道路配合，可起夹景效果。

（2）树种的选择。行列栽植宜选用树冠体形比较整齐、耐修剪、树干高、抗病虫害的树种，如圆形、卵圆形、倒卵形、塔形、圆柱形等，而不选枝叶稀疏、树冠不整齐的树种。行距取决于树种的特点、苗木规格和园林主要用途，如景观、活动场所等。一般乔木采用3～8 m，灌木为1～5 m（见图3—25）。

图3—25　行列栽植

（3）树种的应用。行列栽植可用于自然式园林的局部或规则式园林，如广场、道路两边、分车绿带、滨河绿带、办公楼前绿化等，行道树是常见的行列栽植景观之一。

### 4. 丛植设计

丛植通常是由两株到十几株同种或不同种的乔木或乔灌木组合种植而成的种植类型，主要体现树木的群体美，彼此之间既有统一的联系，又有各自的变化。配植树丛的地面，可以是自然植被、草坪、草花地，也可以是山石或台地。

（1）丛植设计的形式。丛植设计的形式有两株树丛的配植、三株树丛的配植、四株树丛的配植、五株树丛的配植。

1）两株树丛的配植。两株树丛的配植既要协调，又要有对比，如果两株植物的大小、树姿等一致，则显得呆板；如果两株植物差异过大，对比过于强烈，又难以均衡。最好是同一树种，或外观相似的不同树种，并且在大小、树姿、动势等方面有一定程度的差异，这样配植在一起，显得生动活泼，正如明朝画家龚贤所言："两株一丛，必一俯一仰、一欹一直、一向左一向右，一有根一无根，一平头一锐头，两根一高一下。”两株植物的栽植间距应小于两树冠的一半，可以比小的一株的树冠还要小，这样才能成为一个整体（见图3—26）。

图3—26　树姿、动势有差异的两株配植

2）三株树丛的配植。三株树丛的配植最好同为一个树种。如果是两个不同树种，宜同为常绿或落叶，同为乔木或灌木。树种差异不宜过大，一般很少采用三株异种的树丛配植，除非它们的外观极为相似。三株丛植，立面上大小、树姿等要有对比；平面上忌在同一直线上，也不要按等边三角形栽植，最大的一株和最小的一株靠近组成一组，中等大小的一株稍远为另一组，这两小组在动势上要有呼应，顾盼有情，形成一个不可分割的整体。正如明朝画家龚贤之言：“三株一丛，第一株为主树，第二第三为客树”，“三树一丛，则二株宜近，一株宜远，以示别也。近者曲而俯，远者宜直而仰。三株一丛，二株枝相似，另一株宜变，二株以上，则一株宜横出，或下垂似柔非柔……”，“三株不宜结，亦不宜散，散则无情，结是病”（见图3—27）。

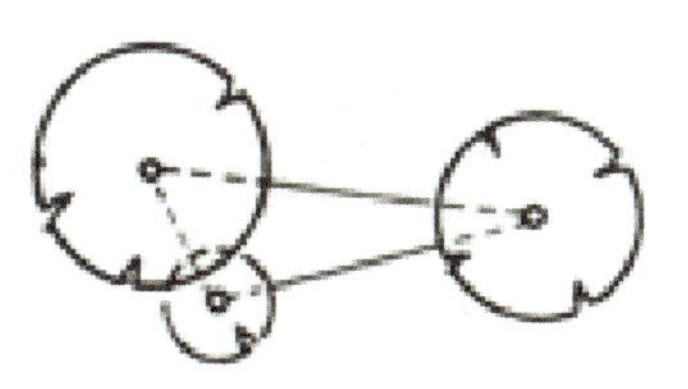
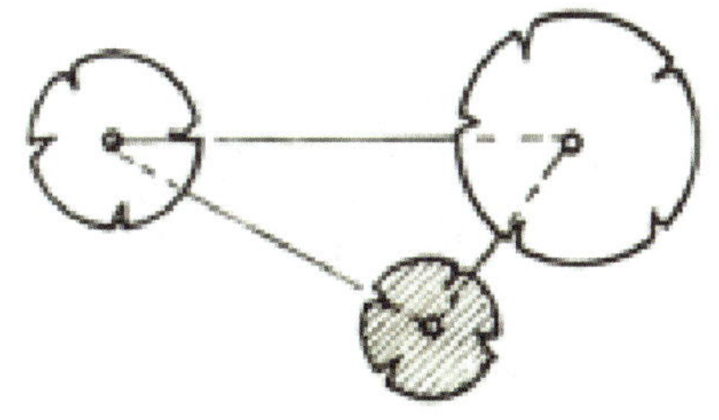

图3—27　三株植物配植

3）四株树丛的配植。四株树丛的配植在树种的选择上可以为相同的树种（在大小、距离、树姿等方面不同），也可以为两种不同的树种（但要同为乔木或同为灌木），如果三种以上的树种或大小悬殊的乔灌配置在一起，就不宜协调统一，原则上不宜采用。

四株树组合，不能种在一条直线上，要分组栽植，但不能两两组合，也不要任意三株成一直线，可分两组或三组，呈3∶1组合（三株较靠近，另一株远离）或2∶1∶1组合（两株一组，另外两株各为一组且相互距离均不等）。如果四株树种相同，应使最大的和最小的成一组，第二、第三位的两株各成一组（2∶1∶1）或者其中一株与最大、最小组合在一起，另一株分离（3∶1）；如果四株树种不同时，其中三株为一树种，一株为另一树种，这单独的一株大小应适中，且不能单成一组，而要和另一树种的两株形成一个三株混植的一组。在这一组中，这一株和另外一株靠近，在两小组中，居于中间，不宜靠边（见图3—28）。

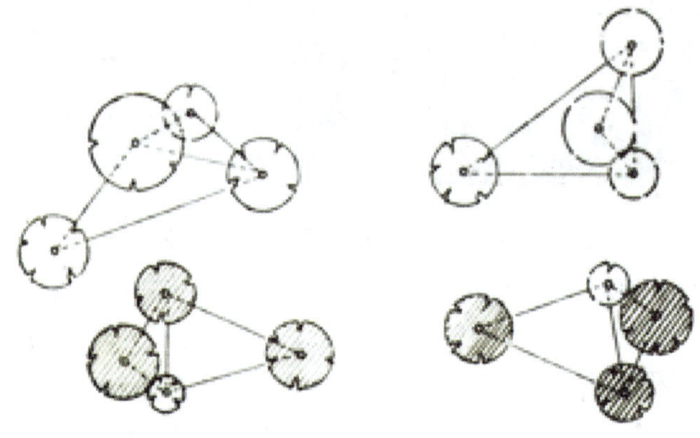

图3—28　四株植物配植

4）五株树丛的配植。五株树丛的配植可为相同树种（动势、树姿、间距等方面不同），最理想的组合方式为3∶2（最大一株要位于三株的小组中，三株的小组与三株树丛相同，两株的小组与两株树丛相同，两小组要有动势呼应），此外还有4∶1组合（单株的一组，大小最好是第二或第三，两小组要有动势）。如图3—29所示。

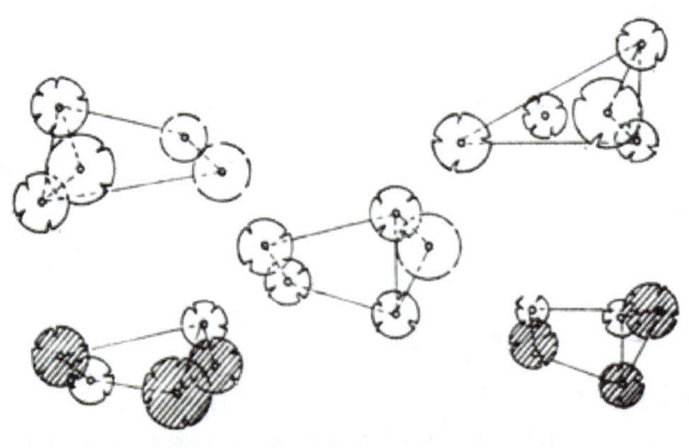

图3—29　五株植物配植

树木的配植，株数越多，则配置越复杂，但有一定的规律可循：孤植和两株丛植是基本方式，而三株是由一株和两株组成，四株则由一株和三株组成，五株可由一株和四株或两株和三株组成，六七株、八九株同样以此类推。

（2）丛植设计的树种选择。丛植是园林绿地中重点布置的一种种植类型。它以反映树木群体美的综合形象为主，但这种群体美的形象又是通过个体之间的组合来体现的，彼此之间有统一的联系又有各自的变化，互相对比、互相衬托。选择作为组成树丛的单株树木条件与孤植树相似，必须挑选在庇荫、树姿、色彩、芳香等方面有特殊价值的树木。

（3）丛植设计的应用。丛植的应用比较广泛，有做主景的，有做诱导的，有做庇荫的，有做配景的，见表3—4。

表3—4　从植设计的应用

| 作用 | 说明 |
|---|---|
| 做主景的树丛 | 可配植在大草坪的中央、水边、河旁、岛上或小山岗上等 |
| 做诱导的树丛 | 布置在出入口、道路交叉口和弯道上，诱导游人按设计路线欣赏景观 |
| 做庇荫的树丛 | 通常是高大的乔木 |
| 做配景的树丛 | 多为灌木 |

丛植可以分为单纯树丛和混交树丛两类。庇荫的树丛最好采用单纯树丛形式，一般不用灌木或少用灌木配植，通常以树冠开展的高大乔木为宜。而作为构图艺术上主景、诱导、配景用的树丛，则多采用乔灌木混交树丛。

树丛作为主景时，宜用针阔叶混植的树丛，观赏效果特别好，可配置在大草坪中央、水边、河旁、岛上或土丘山冈上，作为主景的焦点。在中国古典山水园林中，树丛与岩石组合常设置在粉墙的前方，走廊或房屋的角隅，组成一定画题的树石小景。作为诱导用的树丛多布置在进口、路叉和弯曲道路的部分，把风景游览道路固定成曲线，诱导游人按设计安排的路线欣赏丰富多彩的园林景色，另外也可以用作小路分歧的标志或遮蔽小路的前景，达到峰回路转又一景的效果。树丛设计必须以当地的自然条件和总的设计意图为依据，用的树种少但要选得准，充分掌握植株个体的生物学特性及个体之间的相互影响，使植株在生长空间、光照、通风、温度、湿度和根系生长发育方面都得到适合的条件，这样才能保持树丛的稳定，达到理想效果。

### 5. 群植设计

群植即组合栽植，数量在20～30株，主要是体现植物的群体美。

（1）树群设计的形式。树群可分为单纯树群和混交树群。单纯树群由同一种树木组成，特点是气势大，整体统一，突出量化的个性美。混交树群由不同品种的树木组成，特点是层次丰富，接近自然，通常由乔木层、亚乔木层、大灌木层、小灌木层、多年生草本5部分组成，分布原则是：乔木层在中央，四周是亚乔木层，灌木在最外缘，每一部分都

要显露出来，以突出观赏特征。

（2）树群的树种选择。混交树群设计应从群落的角度出发，乔木层选用姿态优美，林冠线富于变化的阳性树种；亚乔木层选用开花繁茂、叶色美丽的中性树种或稍能耐阴的树种；灌木应以花木为主，多为半阴性或阴性树种；草本植被以多年生花卉为主。树种一般不超过10种，否则会显得繁杂，最好选用1～2种作为基调树种，分布于树群各个部位，同时，还应注意树群的季相变化。

（3）树群的应用。树群在园林中应用广泛。通常布置在有足够距离的开敞场地上，如靠近林缘的草坪、宽广的林中空地、水中小岛屿、宽阔水面的水滨、小山的山坡等地方。树群主立面的前方，至少要在树群高的4倍、树群宽的一倍半距离上，要留出大片空地，以便游人欣赏景色。树群的配植要有疏有密，不能成行成列栽植（见图3—30）。

**图3—30　树群的配植要有疏有密**

群植规模不宜太大，在构图上要四面空旷，组成树群内的每株树木，在群体的外貌上都要起一定作用。树群的组合方式最好采用郁闭式，成层的结合。树群内通常不允许游人进入，游人也不便进入，因而不利于作蔽荫休息之用。

树群可以分为单纯树群和混交树群两类。单纯树群由一种树木组成，可以应用宿根性花卉作为地被植物。树群的主要形式是混交树群。混交树种群分为五个部分，即乔木层、亚乔木层、大灌木层、小灌木层及多年生草本植被。其中每一层都要显露出来，其显露的部分应该是该植物观赏特征突出的部分。乔木层选用的树种，树冠的姿态要特别丰富，使整个树群的天际线富于变化，亚乔木层选用的树种，最好开花繁茂，或是有美丽的叶色，灌木应以花木为主，草本覆盖植物应以多年生花卉为主，树群下的土面不能暴露。树群组合的基本原则：高度采光的乔木层应该分布在中央，亚乔木在四周，大灌木、小灌

木在外缘。

树群内植物的栽植距离要有疏密变化，要构成不等边三角形，切忌成行、成排、成带地栽植，常绿、落叶、观叶、观花的树木应用复层混交及小块混交与点状混交相结合的方式。

树群的外貌要高低起伏有变化，要注意四季的季相变化和美观。

### 6. 林植设计

凡成片、成块地大量栽植乔灌木，构成林地或森林景观的称为林植或树林。林植多用于大面积公园的安静休息区、风景游览区或休、疗养区卫生防护林带。形式可分为密林和疏林两种。

（1）密林。密林的郁闭度在0.7～1.0，一般不便于游人活动。密林有单纯密林和混交密林两种，见表3—5。

表3—5　　密林的种类、树种选择及应用

| 分类 | 树种选择 | 应用 |
|---|---|---|
| 单纯密林 | 单纯密林通常由一个树种组成，由于它在园林构图上相对单一，季相变化也不丰富，因此在树木的选择上，应选用那些生长健壮、适应性强、树姿优美且富于观赏特征的乡土树种，比如马尾松、枫香、毛竹、白皮松、金钱松、水杉等树种 | 在园林构图上，树木种植的间距应有疏有密且疏密自然，同时，随着地形的变化，林冠线也应随之富于变化，或配植同一树种的孤植树或树丛等，来丰富林缘线的曲折变化，使单纯密林具有雄伟的气氛，给人以波澜壮阔、简洁明快之美感 |
| 混交密林 | 混交密林是指一个具有多层结构的植物群落，季相变化颇为丰富，景观华丽多彩。在植物的选择上，要特别注重植物对生态因子的要求、乔灌木的比例以及常绿树和落叶树的混交形式 | 大面积混交密林的植物组合方式多采用片状或带状配置，如果面积较小，常用小块和点状配置，最好是常绿与落叶树穿插种植，种植间距疏密相宜，如冬天有充足的阳光洒落，夏天有足够的绿荫遮挡。在供游人观赏的林缘部分，其垂直的成层景观要十分突出，但也不宜全部种满，应留有一定的风景透视线，使游人可观赏到林地内的幽远之境，如有回归大自然之感，因此可设园路伸入林中 |

单纯密林为了使单纯树种景观丰富，常采用异龄树加林下草本植被的配置，如种植开花艳丽的耐阴或半耐阴的草本植物（见图3—31）。混交密林除了满足植物对生态因素的需求外，还要兼顾植物层次和季相变化（见图3—32）。

图3—31 单纯密林

图3—32 混交密林

（2）疏林设计。疏林常与草地结合，因此又称疏林草地，郁闭度在0.4～0.6，是园林中应用最多的一种形式。

疏林在树种的选择上，要选择树姿优美、生长健壮、树冠疏朗开展、具有较高观赏价值的树木，并以落叶树种为多，如合欢、白桦、银杏、枫香、玉兰、鹅掌楸、樱花、桂花、丁香等，林下草地应该选择耐践踏、绿叶期长的草种，以便于人们在上面开展活动。

疏林树木间距一般为10～20 m，以不小于成年树的树冠为准，林间需要留出较多的空地，形成草地或草坪，游人在草坪上可进行多种形式的游乐活动，如观赏景色、看书、摄影、野餐等（见图3—33）。

图3—33 结合地形起伏变化的疏林草地

### 7. 林带设计

林带是指数量众多的乔木林、灌木林，一般树种呈带状种植，是列植的扩展种植方式。

（1）设计形式。林带多采用规则式种植，也采用自然式种植。林带与列植的不同在

于，林带树木的种植不能成行、成列、等距离地栽植，天际线要起伏变化，多采用乔木、灌木树种结合，而且树种要富于变化，以形成不同的季相景观。

（2）树种的选择。在园林绿地中，一般选用1～2种树木，多为高大的乔木或树冠枝叶繁茂的树种，常用的有水杉、杨树、栾树、刺槐、火炬树、白桦、银杏、桧柏、山核桃、柳杉、池杉、落羽杉、女贞等。

（3）林带的应用。在园林绿地中，林带多应用于周边环境、路边、河滨等地，具有较好的遮阳、除噪、防风、分割空间等作用。

（4）林带的株距。在园林绿地中，林带的株距视树种特性而定，一般为1～6 m，窄冠幅的小乔木株距较小，树冠开展的高大乔木则株距较大，总之，以树木成年后树冠能交接为准。

## 8. 绿篱设计

凡是由灌木或小乔木以近距离的株行距密植，栽成单行或双行，按紧密结合的规则种植的形式，称为绿篱。园林绿地中，绿篱常用作边界、空间划分、屏障，或作为花坛、花境、喷泉、雕塑的背景与基础造景等（见图3—34）。

图3—34　以分隔园林空间进行种植的绿篱

（1）绿篱及绿墙的形式

1）根据高度可分为绿墙（160 cm以上）、高绿篱（120～160 cm）、中绿篱（50～120 cm）和矮绿篱（50 cm以下）。见表3—6。

表3—6　绿篱的形式及作用

| 种类 | 高度 | 作用 |
|---|---|---|
| 矮绿篱 | 绿篱高度在50 cm以下，人们可不费力地跨过，一般选择株体矮小或枝叶细小、生长缓慢、耐修剪的树种 | 矮绿篱具有象征性划分园林空间的作用 |
| 中绿篱 | 绿篱高度在50～120 cm，人们比较费事才能跨过，这是园林中最常用的绿篱类型，平时人们经常所说的绿篱就是指这种 | 中绿篱具有分隔园林空间、诱导游人赏景的作用 |
| 高绿篱 | 绿篱高度在120～160 cm，人们的视线可以通过，但不能跨过 | 高绿篱经常用作园林绿地的空间分隔与防护，或者组织交通 |
| 绿墙 | 绿篱高度在160 cm以上，人们的视线不能通过，如桧柏、珊瑚树等 | 绿墙具有分隔园林空间，阻挡游人视线，或背景的作用 |

2）根据功能要求与观赏要求可分为常绿篱、落叶篱、花篱、观果篱、刺篱、蔓篱与编篱等，见表3—7。

表3—7　绿篱的种类

| 种类 | 设计说明 |
|---|---|
| 常绿篱 | 由常绿树设计而成，是园林运用较多的一种绿篱，常用的有千头柏、大叶黄杨、瓜子黄杨、桧柏、侧柏、雀舌黄杨、蜀桧、椤木、石楠、茶树、香柏、海桐、中山柏、铅笔柏、罗汉松、云杉、珊瑚树、冬青等 |
| 落叶篱 | 由落叶树组成，东北、华北地区常用，主要有水蜡、榆树、丝棉木、紫穗槐、柽柳、雪柳、小叶女贞等 |
| 花篱 | 由观花树木组成，是园林中较为精美的绿篱。主要有桂花、栀子花、茉莉、六月雪、凌霄、迎春、木槿、麻叶绣球、日本绣线菊、金钟花、珍珠梅、月季、杜鹃、郁李、黄刺玫、棣棠等 |
| 观果篱 | 由观果树木组成，常用的树种有紫珠、小檗、枸骨、火棘、金银木等，为了不影响观赏效果，一般不做过重的修剪 |
| 刺篱 | 在园林中为了防范之用，常用带刺的植物作为绿篱，常用树种有枸骨、枸橘、花椒、胡颓子、酸枣、玫瑰、蔷薇、云实、柞木、马甲子、刺柏、红皮云杉、黄刺玫、小檗、火棘等 |
| 蔓篱 | 指设计一定形式的篱架，并用藤蔓植物攀缘其上所形成的绿色篱体景观，主要用来围护和创造特色篱景。常用的植物有常春藤、爬山虎、紫藤、凌霄、茑萝、三角花、木通、蔷薇、云实、扶芳藤、金银花、牵牛花、香豌豆、月光花、苦瓜等 |
| 编篱 | 为了增加绿篱的防范作用，避免游人或动物穿行，有时把绿篱的枝条编结起来，做成网状或格状，以此增加绿篱的牢固性。常用的植物有木槿、杞柳、紫薇等枝条柔软的树种 |

（2）绿篱的作用与功能

1）作为防范的边界物。在园林绿地中，用绿篱作为防范的边界物，比用构筑物要显得有生机而且美观，它可以组织游人的游览路线，常用的有刺篱、高绿篱、绿墙等。

2）作为规则式园林的区划线。规则式园林中常以中绿篱作为分界线，以矮绿篱作花境的镶边，或作模纹花坛、草坪图案等。

3）作为屏障和组织空间之用。为了减少互相干扰，常用绿篱或绿墙进行分区和屏障视线，以便分隔不同的空间，最好用常绿树组成高于视线的绿墙。如安静休息区和儿童活动区的分隔。

4）作为花境、喷泉、雕塑的背景。在园林景观设计中，经常用常绿树修剪成各种形式的绿墙，作为喷泉和雕塑的背景，其高度要与喷泉和雕塑的高度相称，色彩以选用没有反光的暗色树种为好，作为花境背景的绿篱一般为常绿的高绿篱、中绿篱。

5）美化挡土墙。在各种绿地中，为避免挡土墙立面的枯燥，常在挡土墙的前方栽植绿篱，以便把挡土墙的立面美化起来。

## 9. 花卉造景设计

花卉造景是指利用草本和木本植物组织景点，选择的花卉要开花鲜艳、姿态优美、花香浓郁，主要作用是有烘托气氛、丰富园林景观。

（1）花坛设计。花坛是指在具有一定几何轮廓的种植床内，种植各种不同色彩的花卉，从而构成一幅具有鲜艳色彩或华丽纹样的装饰图案以供观赏。主要是表现植物的群体美，而不是植物的个体美。花坛在园林构图中常作为主景或配景。

1）花坛设计形式

①独立花坛。独立花坛具有几何轮廓，作为园林构图的一部分而独立存在。根据花坛所表现的主题以及所用植物材料的不同，独立花坛可分为花丛花坛、模纹花坛、混合花坛三种形式。独立花坛的平面一般具有对称的几何形状，有单面对称的，也有多面对称的，其长短的差异不得大于3倍。独立花坛面积不宜太大，若是太大，必须与雕塑、喷泉或树丛等结合布置。

独立花坛常用作园林局部的主景，一般布置在建筑广场的中心、公园出入口的空旷地、大草坪的中央、道路的交叉口等处（见图3—35）。

a.花丛花坛。又称盛花花坛，以观花草本花卉盛开时，花卉本身华丽的群体美为表现主题。设计时以花卉的色彩为主，图案为辅，选用的花卉必须开花繁茂，在开花时，能够达到只见花、不见叶的景观效果（见图3—36）。

b.模纹花坛。又称毛毡花坛、嵌镶花坛、图案式花坛，采用不同色彩的花卉、观叶植物或花叶皆美的草本植物组成华丽的图案纹样来表现主题。形式有平面模纹和立体模纹。平面模纹可修剪成不同的图案纹样，注重平面及居高俯视效果；立体模纹可修剪成花篮、动物等，注重立面效果。模纹花坛选用的植物要求植株矮小、萌蘖性强、枝密叶细、耐修剪，常用五色苋等（见图3—37、图3—38）。

图3—35　规则对称的独立花坛

图3—36　以展现花卉色彩为主的花丛花坛

图3—37　时钟模纹花坛

图3—38　有一定含义的立体模纹花坛

c.混合花坛。这是花丛花坛和模纹花坛的混合，通常兼有华丽的色彩和精美的图案纹样，观赏价值较高。

②组合花坛。组合花坛是由多个个体花坛组成的一个不可分割的园林构图整体，有的呈轴对称，有的呈中心对称，在构图中心上可以设计一个花坛，也可以设计喷泉水池、雕塑、纪念碑或铺装场地等。多用于较大的规则式园林绿地空间、大型广场、公共建筑设施前。组合花坛的个体之间地面一般铺装，可以设置座凳、座椅或直接将花坛的植床壁设计成座凳，人们既可以休息，又可以观赏景色（见图3—39、图3—40）。

③带状花坛。带状花坛是设计宽度在1 m以上，长比宽大3倍以上的长方形花坛。在连续的园林景观构图中，常作为主体景观来运用，具有较好的环境装饰美化效果和视觉导向作用，如在道路两侧、规则式草坪、建筑广场边缘、建筑物墙基等处均可设计带状花坛（见图3—41）。

花坛的类型不止以上介绍的几种，还有连续花坛群、沉床花坛、浮水花坛等。

图3—39　喷泉与花坛的组合

图3—40　由个体花坛组成的组合花坛

图3—41　带状花坛

2）花坛的设计原则

①花坛的布置要与周围的环境求得统一。花坛的布置一定要与周围的环境联系起来，比如，自然式的园林不宜用几何轮廓的独立花坛；作为主景的花坛，要做得突出些，作为配景的花坛要起到烘托主景的作用，不宜喧宾夺主；布置在广场上的花坛，面积要与广场成一定的比例，并注意交通功能上的要求。

②植物选择要因其类型和观赏时期的不同而异。花坛是以色彩、图案构图为主，选用1~2年生草本花卉，很少用木本植物和观叶植物。花丛花坛要求开花一致，花序高矮

规格一致；模纹花坛以表现图案为主，最好用生长缓慢的多年生观叶植物。花坛用花宜选择株形整齐、具有多花性、花期长、花色鲜明、耐干燥、抗病虫害的品种，常用的有金鱼草、雏菊、翠菊、鸡冠花、石竹、矮牵牛、一串红、万寿菊、三色堇、百日草等。

③主题鲜明，注重美学，突出文化性。主题是造景思想的体现，是神韵之所在，特别是作为主景的花坛更应该充分体现其主题功能和目的，同时花坛的形式、色彩、风格等方面都要遵循美学原则，展示文化内涵。

（2）花境设计。花境是以多年生草本花卉为主组成的带状景观，既要表现植物个体的自然美，又要注重植物自然组合的整体美，它是园林从规则式构图到自然式构图的一种过渡。平面形式与带状花坛相似，外轮廓较为规整，内部花卉可自由灵活布置。

1）花境设计形式。花境的设计形式有单面欣赏和双面欣赏两种。

①单面欣赏的花境。花卉配置成一个斜面，低矮的种在前面，高的种在后面，以建筑或绿篱作为背景，它的高度可以超过游人的视线，但是也不能超过太多。设置宽度在2～4 m，一般布置在道路两侧和建筑、草坪的四周（见图3—42）。

②双面欣赏的花境。花卉植株低矮的种在两边，高的种在中间，但中间花卉的高度不宜超过游人视线，因此，可供游人两面观赏，无须背景。一般布置在道路、广场、草地等的中央（见图3—43）。

图3—42　单面欣赏的花境

图3—43　双面欣赏的花境

2）花境的应用。花境在园林中应用的形式很多，常用的几种形式见表3—8。

表3—8　花境的形式及应用

| 种类 | 说明 |
| --- | --- |
| 以绿篱为背景的花境 | 沿着园路边，设计一列单面欣赏的花境，花境的后面以绿篱为背景，绿篱以花境为点缀，不仅可以弥补绿篱的单调，而且可构成绝妙的一景，使两者相得益彰 |
| 与花架、游廊配合布置的花境 | 沿花架、游廊的建筑基台来布置花境，极大地丰富了园林景观，同时还可在花境的一侧设置园路，游人在园路上就可欣赏到景色 |
| 布置在建筑物墙边缘的花境 | 建筑物墙体与地面相交的部分过于生硬，缺少过渡，一般采用单面欣赏花境来缓和，从而使建筑物与地面环境取得协调，植物的高度宜控制在窗台以下 |
| 布置在道路上的花境 | 在园林设计中，道路上的花境常用的布置形式有两种：一是在道路中央布置双面观赏的花境，二是在道路两侧分别布置单面欣赏的花境，并使两列花境向中轴线集中，成为一个完整的园林构图，给人以美的享受 |
| 布置在围墙和挡土墙边的花境 | 围墙和挡土墙立面单调，为了绿化墙面，利用藤本植物作为基础种植，在围墙的前方布置单面欣赏的花境，墙面成为花境的背景 |

（3）花台、花池与花丛设计

1）花台设计。花台种植床较高，一般在40～100 cm，适合近距离观赏，以表现花卉的姿态、芳香、花色等综合美，在园林景观中，经常做主景或配景，布置在大型广场、道路交叉口、建筑入口等。花台形式有规则型和自然型两种，既可设计成单个的花台，又可设计成组合花台（见图3—44）。

2）花池设计。花池的种植床高度和地面相差不多，池缘一般用砖石作为围护，池中种植花木或配置山石小品，是我国传统园林中常用的植物种植形式（见图3—45、图3—46）。

3）花丛设计。花丛少则由3～5株组成，多则由几十株组成，无论是平面还是立面都属于自然式配置。花卉的选择种类不宜过多，间距要疏密有致，同一花丛色彩要有变化。花卉种类的选择通常选用多年生且生长健壮的花卉，或选用野生花卉和自播繁衍的一年、二年生花卉。常布置在树林外缘或园路小径的两旁、草坪的四周和疏林草地上（见图3—47）。

图3—44　组合花台

图3—45　带状花池

图3—46　青岛五四北广场的花钵

图3—47　疏林草地上的花丛

### 10. 草坪设计

在园林中，作为开敞空间，为游人进行活动而专门铺设的，并经人工修剪平整的草地称为草坪。在生态方面，有改善气候、杀菌、减少灰尘、净化空气、降温等作用。在景观方面，以绿地为底色，给人以视线开阔、心胸舒畅之感。

（1）草坪设计形式。草坪的设计形式多种多样（见图3—48），按草坪的作用和用途的不同，可分为游憩性草坪、体育草坪、观赏性草坪和护坡草坪等。按草坪的植物组成不同，可分为纯一草坪、混合草坪和缀花草坪。按草坪的季相特征与生活习性的不同，可分为夏绿草坪、冬绿草坪和常绿草坪。按设计形式的不同，可分为规则式草坪、自然式草坪。

图3—48　具观赏价值的草坪

（2）草坪植物选择。草坪植物的选择要根据草坪的形式而定，见表3—9。

表3—9　　草坪的形式与草坪植物的选择

| 草坪形式 | 具体要求 |
| --- | --- |
| 游憩和体育草坪 | 选择耐践踏、耐修剪、适应性强，如早熟禾、狗牙根、结缕草等 |
| 观赏草坪 | 要求植株低矮、叶片细长、叶色翠绿且绿叶期长，如天鹅绒草、早熟禾等 |
| 护坡草坪 | 要求根系发达、适应性强、耐干旱，如结缕草、白三叶、假俭草等 |

（3）草坪坡度设计。草坪的坡度与排水因草坪的设计形式不同而有不同的要求，见表3—10。

表3—10　　不同形式草坪的坡度及要求

<table>
<tr><th colspan="2">草坪形式</th><th>坡度要求</th><th>排水要求</th></tr>
<tr><td colspan="2">游憩草坪</td><td>规则式草坪坡度较小，以0.2%～5%为宜<br>自然式草坪坡度以5%～10%为宜，通常不超过15%</td><td>自然排水坡度0.2%～5%</td></tr>
<tr><td colspan="2">观赏草坪</td><td>平地草坪坡度不小于0.2%，坡地草坪坡度不超过50%</td><td>自然安息角以下和最小排水坡度以上</td></tr>
<tr><td rowspan="4">体育草坪</td><td>足球场草坪</td><td>由中央向四周坡度以小于1%为宜</td><td rowspan="4">在满足排水的条件下，越平越好，自然排水坡度为0.2%～1%。如果场地具有地下排水系统，则草坪坡度可以更小</td></tr>
<tr><td>网球场草坪</td><td>由中央向四周的坡度为0.2%～0.8%，纵向坡度大一些，横向坡度小一些</td></tr>
<tr><td>高尔夫球场草坪</td><td>草坪坡度变化较大，如发球区草坪坡度应小于0.5%，果岭以小于0.5%为宜，障碍区则可起伏多变，坡度可达15%或更高</td></tr>
<tr><td>赛马场草坪</td><td>直道坡度为1%～2.5%，转弯处坡度为7.5%，弯道坡度为5%～6.5%，中央场地坡度为1%左右</td></tr>
</table>

（4）草坪的应用。在园林设计中，草坪的应用比较广泛，主要有以下几个方面：

1）结合树木，划分空间。草坪具有开阔性的空间景观，最适用于面积较大的集中绿地，在植物配植上，选用树形高耸、树冠庞大的树种，配置在宽阔的草坪边缘，草坪中间则不配植层次过多的树丛，树种要单纯，林冠线要整齐，边缘树丛要前后错落，这样才能显出一定的深度（见图3—49）。

2）作为地被植物，覆盖地面。在园林中，绿化以不露黄土为主，几乎所有的空地都可设置草坪，可以有效地防止水土流失和尘土飞扬，同时创造绿毯般的空间，丰富了人的视野，给人以生机和力量（见图3—50）。

3）结合地形，组织景观。平地和缓坡设计游憩草坪；陡坡设计护坡草坪；山地设计树林景观；水边注意空间延深，起伏的草坪应从山脚延伸到水边（见图3—51）。

图3—49　结合树木，划分空间

图3—50　作为地被植物，覆盖地面

图3—51　起伏的草坪延伸到水边

### 11. 水体植物种植设计

水是园林的灵魂，给人以清澈、亲切、柔美的感觉。园林中各类水体，无论在园林中是主景还是配景，无一不借助植物来丰富水体的景观，通过水生植物对水体进行点缀，犹如锦上添花，使景观更加绚丽。

（1）水生植物种植设计。水生植物种植设计的原则主要从以下几个方面考虑：

1）疏密有致、若断若续、不宜过满。水中的植物布置不宜太满，应留出一定面积的活泼水面，使周围景物在水中产生倒影，形成一种虚幻的境域，丰富园林景观，否则会造成水面拥挤，不能产生景观倒影而失去水体特有的景观效果，也不能沿水面四周种满一圈，会显得单调、呆板，一般较小的水面，植物所占的面积不超过1/3（见图3—52）。

2）植物种类、配植方式要因水体大小而异。若水池较小，可种一种水生植物；若水池较大，可考虑结合生产，选择不同的水生植物混植，除满足植物生态要求外，构图时要做到主次分明，植物的姿态、高矮、叶色等方面的对比调和要尽量考虑周全。

3）植物选择要充分考虑植物的生态习性。水生植物按生态习性的不同，可分为沼生植物、漂浮植物、浮生植物三类。沼生植物的根生于泥中，植株直立，挺出水面，一般生长在水深不超过1 m的浅水区，如荷花、芦苇、慈姑、千屈菜等。漂浮植物在深水、浅水中都能生长，并且繁殖迅速，有一定经济价值，如水浮莲、浮萍等；浮生植物种在浅水或稍深的水面上，根生于泥中，茎不挺出水面，仅有叶、花浮于水面上，如芡实、睡莲等（见图3—53）。

4）安装设施、控制生长。水生植物生长迅速，如果不加以控制，很快就会在水面上蔓延，从而影响整个景观效果，为了控制水生植物的生长，常需在水下安置一些设施。如种植面积大，可用耐水湿的建筑材料砌筑种植床，这样可以控制其生长范围；如水池较小，一般设砖石或混凝土支墩，用盆栽植水生植物，放在支墩上，如水浅时可以不用支墩（见图3—54）。

图3—52　水生植物的栽植

图3—53　浮生植物——睡莲

图3—54　水生植物小型水池种植

1—挺水植物（荷花）　2—浮水植物（水葫芦、睡莲）　3—沉水植物（金龟藻）

4—沼生植物（海芋、香蒲）　5—水旁植物（垂柳、蕨类）

（2）水体驳岸边种植设计。在水体驳岸边进行植物配植，不但能使岸边与水面融为一体，又对水面的空间景观起主导作用。

1）土岸边的植物种植。自然土岸边的植物配置最忌等距离，用同一树种，同样大小，甚至整形修剪，绕岸四周栽一圈，应该结合地形、道路、岸线来配置，做到有近有远、有疏有密、有断有续，自然有趣，岸边植以大量花灌木、树丛及姿态优美的孤植树，尤其是变色叶的树木，做到四季有景（见图3—55）。

图3—55 土岸边的植物种植

2）石岸边的植物种植。石岸有自然式石岸和规则式石岸两种。自然式石岸线条丰富，配以优美的植物线条及色彩可增添景色与趣味。规则式石岸线条生硬，通常用具有柔软枝条的植物来缓和。例如，苏州拙政园规则式的石岸边种植垂柳和南迎春，细长柔和的柳枝下垂至水面，圆拱形的南迎春枝条沿着笔直的石岸壁下垂至水面，丰富了生硬的石岸（见图3—56）。

图3—56 自然式石岸边的植物种植

## 12. 攀缘植物种植设计

（1）攀缘植物设计形式。攀缘植物的设计形式有很多，常用的有以下几种：

1）廊、柱或架式。利用花廊、花架、柱体等建筑小品作为攀缘植物的依附物来造景，具有美化空间、遮阴等功能，一般选用一种攀缘植物种在边缘地面或种植池中，如果为了丰富植物种类，创造多种花木景观，也可选用几种形态与习性相近的植物（见图3—57、图3—58）。

图3—57　依附柱或架式攀缘植物

图3—58　以建筑小品为依附物的廊、柱或架式种植

2）墙面式。为了打破建筑物、构筑物墙面的呆板、生硬，常在建筑物墙基部种植攀缘植物，进行垂直绿化，不仅增添了绿意，显得有生机，而且还能有效地防止西晒，这是占地面积最小，绿化面积大的一种设计形式（见图3—59）。

3）篱垣式。利用篱架、栅栏、铁丝网等作为攀缘植物的依附物来造景。篱垣式既有围护防范作用，又能起到美化环境的作用，因此，园林绿地中各种竹、木篱架，铁栅栏等多采用攀缘植物绿化，从而构成苍翠欲滴、繁花似锦、硕果累累的植物景观（见图3—60）。

图3—59　以墙面为依附物的墙面式种植

图3—60　以篱架为依附物的篱垣式种植

4）垂帘式。一般用于建筑较高部位，并使植物茎蔓挂于空中，形成垂帘式的植物景观，如遮阳板、雨篷、阳台、窗台、屋顶边缘等处的绿化。垂帘式种植必须设计种植槽、花台、花箱或进行盆栽（见图3—61）。

**图3—61 具有种植槽的垂帘式种植**

（2）攀缘植物的选择。攀缘植物茎干柔弱纤细，自己不能直立向上生长，必须以某种特殊方式攀附于其他植物或物体上才能正常生长。在园林中，攀缘植物种类很多，形态习性、观赏价值各有不同。因此，在设计时须根据具体景观功能、生态环境和观赏要求等做出不同的选择。常用的攀缘植物有紫藤、常春藤、五叶地锦、三叶地锦、葡萄、猕猴桃、南蛇藤、美国凌霄、木香、葛藤、五味子、铁线莲、茑萝、云实、丝瓜、扶芳藤、金银花、牵牛花、藤本月季、蔷薇、络石、牵牛花等。

（3）攀缘植物的应用。攀缘植物是一种垂直绿化植物，其优点在于可利用较小土地和空间达到一定程度的绿化效果，人们经常用它来解决城市和某些建筑拥挤，地段狭窄，没有办法栽植乔木、灌木等地的绿化。多用于建筑墙面、花架、廊柱等处的绿化，具有丰富的立面景观。攀缘植物除绿化作用外，其优美的叶形、繁茂的花簇、艳丽的色彩、迷人的芳香及累累的果实等，都具有较高的观赏价值。

园林的生态环境各种各样，不同植物对生态环境要求也不相同，因此，设计时要注意选择合适的攀缘植物，如墙面绿化，向阳面要选择喜光、耐干旱的植物，而背面则要选择耐阴植物。南方多选用喜温树种，北方则必须考虑植物的耐寒能力。

以美化环境为主要种植目的，则要选择具有较高观赏价值的攀缘植物，并注意与攀附的建筑、设施的色彩、风格、高低等配合协调，以取得较好的景观效果。如灰色、白色墙面，选用秋叶红艳的植物就较为理想。如要求有一定彩色效果时，多选用观花植物，如多花蔷薇、三角花、云实、凌霄、紫藤等。

## 三、植物空间的组合

所谓空间感的定义是指由地平面、垂直面以及顶平面单独或共同组合成的具有实在的或暗示性的范围围合。植物可以用于空间中的任何一个平面，在地平面上以不同高度和不同种类的地被植物或矮灌木来暗示空间的边界。在此情形中，植物虽不是以垂直面上的实体来限制着空间，但它确实在较低的水平面上筑起了一道范围。在一块草坪和一片地被植物之间的交界处，虽不具有实体的视线屏障，但却暗示着空间范围的不同。就植物具有非直接暗示空间的方式而言，这仅是微不足道的一例。

在垂直面上，植物能通过几种方式影响空间感。首先，树干如同直立于外部空间中的支柱，它们多是以暗示的方式，而不仅仅是以实体限制着空间。其空间封闭程度随树干的大小、疏密以及种植形式而不同。树干越多（如自然界的森林），空间围合感越强（见图3—62）。树干暗示空间的例子在下述情景中也可以见到，如种满行道树的道路、乡村中的植篱或小块林地，即使在冬天无叶的枝丫也能暗示着空间的界限。植物的叶丛是影响空间围合的第二个因素。叶丛的疏密度和分枝的高度影响着空间的闭合感，阔叶或针叶越浓密、体积越大，其围合感越强烈。而落叶植物的封闭程度，随季节的变化而不同。在夏季，浓密树叶的树丛能形成一个个闭合的空间，从而给人内向的隔离感。而在冬季，同是一个空间，则比夏季显得更大、更空旷，这是因植物落叶后，人们的视线能延伸到所限制的空间范围以外的地方。在冬天，落叶植物是靠枝条暗示空间范围的，而常绿植物在垂直面上能形成周年稳定的空间封闭效果（见图3—63）。

**图3—62　树越多空间感越强**

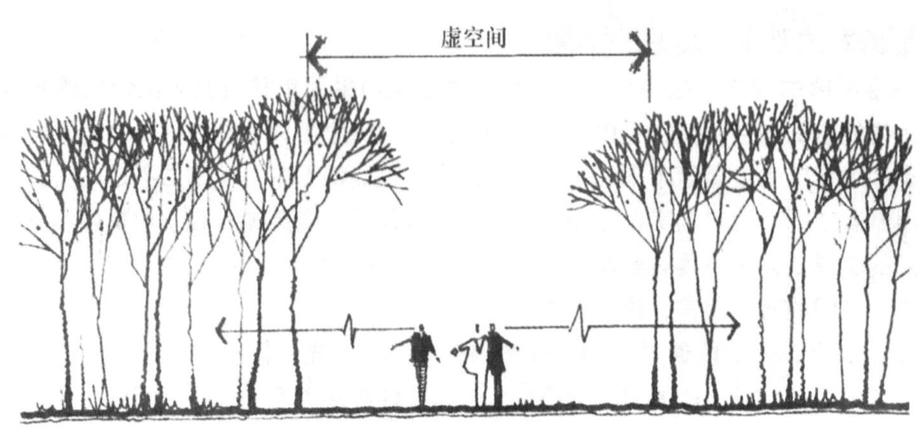


图3—63　树干构成虚空间的边界

空间的三个构成面（地平面、垂直面、顶平面）在室外环境中，以各种变化方式互相组合，以形成各种不同的空间形式。但不论在何种情况下，空间的封闭度是随围合植物的高矮大小、株距、密度以及观赏者与周围植物的相对位置而变化的。例如，当围合植物高大、枝叶密集、株距紧凑、与赏景者距离近时，会显得空间非常封闭。

在运用植物构成室外空间时，与利用其他设计因素一样，设计师应首先明确设计目的和空间性质（如开旷、封闭、隐秘、雄伟等），然后才能相应地选取和组织设计所要求的植物。以下将讨论利用植物所构成的一些基本空间类型。

### 1. 开敞空间

开敞空间仅用低矮灌木及地被植物作为空间的限制因素。这种空间四周开敞、外向、无隐秘性，完全暴露于天空和阳光之下（见图3—64）。

图3—64　低矮的灌木和地被植物形成开敞空间

### 2. 半开敞空间

该空间与开敞空间相似，它的空间一面或多面部分受到较高植物的封闭，从而限制了视线的穿透（见图3—65）。这种空间比开敞空间的开敞程度小，其方向性指向封闭较差的开敞面。这种空间通常适于用在一面需要隐秘性，而另一侧又需要景观的居民住宅环境中。

图3—65　半开敞空间视线朝向敞面

### 3. 覆盖空间

利用具有浓密树冠的遮阴树，构成一个顶部覆盖而四周开敞的空间（见图3—66）。一般说来，该空间为夹在树冠和地面之间的宽阔空间，人们能穿行或站立于树干之中，利用覆盖空间的高度，能形成垂直尺度的强烈感觉。从建筑学角度来看，犹如人们站在四周开敞的建筑物底层中或有开敞面的车库内。在风景区中，这种空间犹如一个去掉低层植被的城市公园，由于光线只能从树冠的枝叶空隙及侧面渗入，因此在夏季显得阴暗，而冬季落叶后显得明亮、开敞。这类空间较凉爽，视线通过四边出入。另一种类似于此种空间的是“隧道式”（绿色走廊）空间，它是由道路两旁的行道树交冠遮阴形成（见图3—67）。这种布置增强了道路直线前进的运动感，使人们的注意力集中在前方，当然有时视线也会偏向两旁。

图3—66　处于地面和树冠下的覆盖空间

图3—67　“隧道式”（绿色走廊）空间

### 4. 完全封闭空间

这种空间与覆盖空间相似，其最大的差别在于，这类空间的四周均被中小型植物所封闭。这种空间常见于森林中，它相当黑暗，无方向性，具有极强的隐秘性和隔离感（见图3—68）。

图3—68　完全封闭空间

### 5. 垂直空间

运用高而细的植物来构成一个方向直立、朝天开敞的室外空间（见图3—69）。设计要求垂直感的强弱，取决于四周开敞的程度，此空间就像歌特式教堂，令人翘首仰望将视线导向空中。这种空间尽可能用圆锥形植物，越高则空间越大，而树冠则越来越小。

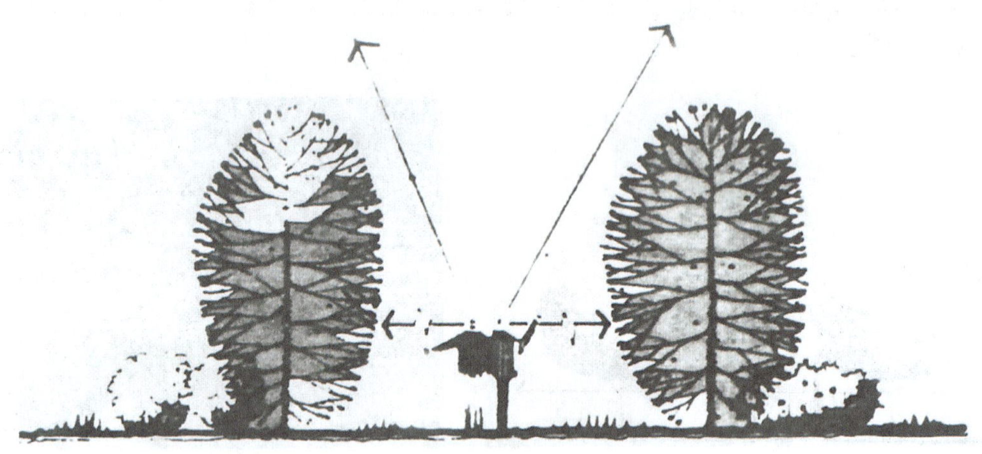

图3—69　垂直空间

应该指出的是，植物通常是与其他要素相互配合共同构成空间轮廓的。

## 四、园林植物与其他要素的关系

### 1. 建筑外环境与植物景观设计

建筑外环境泛指由实体构件围合的室内空间之外的一切活动空间领域。几乎所有的建筑都和自然环境直接或间接相联系，尤其是在日益注重生态环境的今天，即使建筑密度最大的城市中心商业区也会见缝插针地考虑种植树木或设立花台。建筑外环境的植物种植不仅加强了建筑本身的艺术美，让自然的绿色或秋天斑斓的色彩去辅助建筑冷漠的人工色彩（平淡的暖色或生硬的冷色），植物柔美的姿态与丰富的色彩同样拭去了建筑冷硬的线条和单调的色泽，让人为艺术和自然的巧作配合得天衣无缝。同时植物放出的氧气和香味也改善了人口密集的建筑环境的空气质量，使其变得清新、自然。建筑的外环境主要考虑以下几个场所要点：建筑出入口、窗下、墙基、墙角、墙体以及过廊、屋顶花园、庭院等（见图3—70、图3—71）。

**图3—70 植物景观使得建筑外观更生动**

**图3—71 植物景观柔化了建筑生硬的棱角**

（1）建筑出入口植物景观设计。建筑的出入口是建筑的主要形象景观，通常要求标志明确、景观效果好，视线、采光、通风俱佳。植物设计应顺应这样的要求，进行景观改良，使出入口功能更加明确。建筑的出入口因性质、位置、大小、功能各不相同，在植物配置时应充分考虑各相关因素，进而进行合理协调。通常主要出入口比较大，处于显要位置，出入人流量也较大，因此植物选择中应优先考虑株形优美、色彩鲜明、具有芬芳气息的类型，在植物配置时也要求简洁大方。在一些大型公共建筑入口前最好还能制造出层次鲜明的造型，采用大型植物以及分层次的地被彩带（见图3—72）。而在私人住宅入口则应营造出亲切宜人的小尺度空间（见图3—73）。次要出入口相对较小，处于不显眼的侧面，出入人流量相对较少且固定，这样的出入口往往是建筑附属功能的通道，比如停车场、后勤地等，因此在植物选择中宜亲切精致，可以营造一些植物组团景观，以便近距离观赏（见图3—74）。

（2）建筑窗前植物景观设计。建筑的窗户主要起到采光、通风的作用，也是人们观赏屋外风景的一个主要视点，在进行植物设计时也应考虑这里的景观效果。很多人都有坐在窗前观赏窗外树影婆娑、侧耳聆听虫鸣鸟啼、阵阵花香沁心袭鼻的体验。这种自然之形、天籁之音能激发出人的幻想和美好情绪，往往也可以使激动的情绪得到缓解，令迟钝的思维得到开发，让痛苦的经历得以忘却，从而使一切烦恼在这花鸟丛中慢慢消散。这是设计的目的，要顺应人们对美好生活的向往，一点一滴去创造。

图3—72　植物景观强化了建筑的入口标志

图3—73　私人住宅入口所营造出亲切宜人的小尺度空间

图3—74　建筑次要入口的植物景观

总体来说，窗前植物要求选择株形优美多姿、四季变化丰富、能吸引小鸟、最好具有香味的植物类型，比如桂花、黄角兰等。在种植设计时，应考虑植株和窗户高矮、大小，计算窗户间的距离，选择适宜的植物。注意最低层建筑窗户的高矮和大小，选择的植株一定是低于窗台或略高一点，但不能过高，以免遮挡观者视线，有碍采光。建筑窗前的植物选择还要注意窗户的朝向，如果该建筑的窗户为东西朝向，则植物最好选择落叶树种，以保证夏日的树荫和冬日的阳光；南北朝向的建筑这种限制就可以解除，因为太阳升

落方向和窗户方向几乎平行或呈小角度。但是大部分建筑并非完全和太阳升落方向是平行或垂直的，因此其窗户和太阳的照射方向总有一定的角度，就是说人们都可能遭受到夏日的暴晒和冬日的荫蔽。那么在这样的建筑形式下，窗户前的植物设计就可归纳为均可采用常绿树种，而为了保证光线和通风，要求植物与建筑之间保持一定的距离（一般为3 m以上）（见图3—75～图3—77）。

图3—75　婆娑的枝叶增添了景窗的生机与层次

图3—76　窗前的植物配置注意虚和实的处理

图3—77　景窗起到图框的作用

（3）建筑墙基植物景观设计。建筑墙基是建筑体的基础部分。这部分建筑形态在建筑结构中起着支持墙体的作用，是整个建筑的承载部分。在外形上表现为比墙体宽，而且采用和墙体不同的装饰材料，常见的有砖饰、自然石材。在现代钢筋混凝土时代，建筑墙基的装饰材料更加广泛，出现了种类繁多的人工石材、钢材等不同的装饰形式。建筑墙基是建筑体这一人工产物和大地直接接触的形式，涉及与自然景观自然协调和技术处理的问题，建筑墙基的植物设计就是缓解建筑生硬的边界，向自然和谐过渡的重要手段。在植物设计中，在不破坏建筑墙基的原则上，尽量通过植物这一柔美的材料将建筑这个人工产物和自然完美融合在一起。配合建筑墙基所用的材料，通过它的色彩、质感的趋向性选择恰当的植物，比如建筑墙基的色彩浓艳、质地粗糙，那么植物选择应以纯净的绿色为主，质地轻柔，形成对比和谐统一。如果建筑墙基为灰色调、质地中性，所选择的植物范围就较宽，既可是彩色植物也可是净色植物，质地要求也不严格。植物的选择更多的依据建筑的性质，比如纪念性建筑就应选择庄重的树种。以上的归纳是按常规的配置原则设计的，在很多场所中，可能建筑性质和建筑基础的色调有些冲突，这时选择的植物保守些不会出错，但要设计得有个性可能还需要些斟酌。在墙基保护方面，要求在墙基3 m以内不种植深根性乔木或灌木，在这个范围以内应种植根较浅的草本或灌木（见图3—78、图3—79）。

图3—78　墙基的植物选用

图3—79　从路边向建筑望去，由低到高的层次错落有致

（4）建筑墙角植物景观设计。建筑的墙角棱角分明，看起来十分坚硬而不近人情。墙角的观赏面往往是呈一定角度，多数是以90°为主，也有呈锐角和钝角的。这样在植物设计时按照观赏角度呈扇形展开，由墙角到外侧，由高到低逐步展开，犹如盆景的设计（见图3—80、图3—81）。如呈锐角，视线范围小，空间狭窄，这样的角落主要是为了起装饰墙体的作用，选用的植物不必太复杂，观赏距离不必太大，层次也可简单些，往往选用一些浅根性的大型植株作为装饰墙体内侧的植物（如竹子、芭蕉、棕榈等植物），外侧采用花灌木或观赏草作为第二个层次，将视线完全吸引到茂密的植物景观中，而忽略这里是墙角。如呈钝角，视线范围大，空间宽阔，这样的角落可以当成单面盆景来设计，选

用的植物可以复杂些，观赏距离也可远一些，这样层次鲜明丰富，根据视距大小可以分为三个，甚至4~5个。同样由于靠墙基的原因，内侧选用一些浅根的大型植株作为墙体装饰，然后配以开花小乔木或大灌木点缀（如海棠、桃、李、杏等植物），外侧采用花灌木或观赏草作为第三个层次（如绣球花、栀子、八角金盘、海芋等植物）。如果视距允许的话，可采用植株矮小的观赏花卉或更低矮的草坪（如三色堇、孔雀草、石竹等植物），中间点缀小雕塑或置石。植物茂盛而富有层次，景致细腻、幽雅。

图3—80　棱角分明的建筑墙角的配置

图3—81　用植物巧妙地处理建筑的墙角(一)

直角按照视距的大小类似于钝角或锐角的设计方法（见图3—82）。

图3—82　用植物巧妙地处理建筑的墙角（二）

（5）建筑墙体植物景观设计。墙体是建筑的主要内容，也是和室外空间接触最多的面。墙体的绿化主要采用藤本植物和盆栽或者人造花进行装饰。墙体绿化不仅可以改善墙

体的外观，同时还可以改善墙体的冷热程度。因此墙体绿化主要考虑墙体的自身美感和朝向。

如果墙体自身的美感很强，那么墙体绿化只是适当地点缀一下。墙体如没什么美感可言，那么墙体绿化可以起到很好的装饰作用。比如可以大面积进行藤本覆盖或者结合墙体涂料采用塑料花装饰（在城市美化活动中，一些重要的街区常常用此方法装饰老建筑）。重要的细节就是需要评估该墙体的美感程度或美的趋势（古典的、现代的、中性的）以及美的组成要素（色彩美、质地美、造型美），利用所评估的结论进行恰当的改造。要注意墙体绿化可能会带来的隐患，比如由于藤本植物的枯萎而造成的墙体污染，或是盆栽过程换土引来的墙体脏、坏，因此在管理方面需及时修正。

在进行绿化时还得考虑墙体的朝向问题，墙体的朝向意味着墙体接受阳光照射的强度，意味着所选择植物的阴阳性取向不同以及常绿或落叶树种的确定。如果是南北朝向，可以选择常绿植物，因为太阳的照射对其墙体冷暖程度影响不大；而处于东西方向的墙体，则可选择落叶的植物，保证墙体的冬暖夏凉。

墙体绿化有点播、线播和盆栽三种形式。采用点播往往依靠柱体，藤本植物可以顺势攀缘而上。采用线播往往是沿着墙基直线种植，藤本植物可以沿着整个墙面覆盖，形成绿色墙面。采用盆栽，如果是当街面则可统一容器的形式、植栽的内容，进行统一规划（见图3—83、图3—84）。

图3—83　采用攀缘植物进行墙体绿化

图3—84　垂直绿化

（6）建筑过廊植物景观设计。过廊是建筑体之间相连接的部分采用封闭或半封闭的带状建筑体。过廊如果是封闭的，涉及不到内外渗透的问题，其设计方式同建筑体本身。如果是半封闭甚至开敞的形式，那么设计要考虑到内外视线的交融，情况相对较为复杂。由于受到其廊顶部以及廊柱的限制，视线范围受限，其观赏的景色在高度上受到控制。过

高过近，视线展不开会感觉压抑、局促，当然要故意造成这种“欲扬先抑”的效果则另当别论。因此大部分的设计应在一定距离、一定植物高度范围以内展开。而对于外部的视线则是开敞的，其过廊的外部景观是这个植物景观构图的主要内容，在视线上的影响是呈横向展开，可能会中断过廊左右的景致。因此过廊两边的联系要素采用超过过廊本身高度的植物，这种植物要素在过廊两侧遥相呼应，是整个园子统一的关键。设计应考虑过廊及其周边建筑的特点，配以符合其特征的植物景观。这里过廊两侧的植物景观搭配可以合理运用廊柱和屋顶构成的景框，以此景框为画框来构图，逐步展开一系列的画卷（见图3—85）。如果是半封闭的廊，其植物景观在若隐若现的画幕中更加别致多姿。

**图3—85　过廊外的植物配置或近或远虚实得当**

（7）屋顶花园植物景观设计。屋顶花园顾名思义是建筑屋顶的园林景观，主要以植物种植为主。屋顶花园涉及的内容较多，不但可以单独当成一块独立的场地进行设计，要求功能相对完整，而且其中所涉及的技术问题也较复杂。比起地面上的园林景观来说，更多的要考虑可行性问题。这部分的详细设计内容参考有关屋顶花园设计的规范。

在生态问题日益严重、人们审美品位日益提高的今天，屋顶花园受到越来越多人的关注和喜爱，也是城市规划中的一项重要工程。屋顶花园不仅可以改善使用环境的空气质量，增添使用情趣，而且还可以在更大的城市范围内净化空气、美化城市，减轻由于城市高密度建设带来的绿化空间不足的问题。另外，屋顶花园还可以改善屋顶性能，通过植被可以保护建筑屋顶的防水层和隔热层，从而起到冬暖夏凉的作用，还可延长屋顶的寿命。屋顶花园最大的限制因素是承重和防水问题，保证了这两个问题，屋顶花园植物的选择是比较多样的。由于承重有限，因此尽量限制屋顶附加物的重量，主要附加重量包括土壤和植物的净重（产生静荷载），另外考虑人活动所产生的活荷载以及附属的基础层。要控制主要的静荷载则要通过减轻土壤的厚度。

屋顶花园的环境特征是风大、土壤薄、阳光照射时间长、水分蒸发快等，因而植物选择上保证易成活、根浅、低矮、阳性的特点，在这样的条件下植物配置可以大胆发挥，根据使用者的使用和审美要求，进行配置。屋顶花园是室内活动空间的一个延伸，在满足主人或使用者的活动空间的前提下配置，植物景观往往更多的是处于边角位置，如果屋顶花园面积大，服务功能也较齐全，那么设计时按照一般的小游园规划即可。为了掩饰墙角等生硬的障碍，往往在沿墙体周围种植枝叶茂盛的常绿植物，同时要求浅根性，以免破坏防水层和墙体，满足浅土的生长条件，这样的植物有芭蕉（植株较高酌情考虑）、竹子等，在其下面可以配置海芋、朱蕉、龟背竹等枝叶繁茂的多年生草本植物，通过这种视线阻挡的处理办法，让这个花园成为真正的世外桃源。如果想俯瞰城市景观则可事先预留好观景点，设计1~2个观景平台。花园内部的设计辅助活动功能，配合活动设施（棋牌桌、秋千架、休息座椅、游泳池），合理安排。

屋顶花园的植物设计是在有限的条件下尽量营造和地面上类似的植物景观，这样要求对植物的特征及其生长习性要非常全面的了解，尽量采用浅根植物。如果想营造庭荫效果，可采用高大的芭蕉或在承重柱上种植高大的乔木。较大的屋顶花园还可以设置不同的区域，满足不同的功能景观效果（见图3—86）。

图3—86　屋顶花园

（8）建筑庭院植物景观设计。庭院植物景观设计是高尚生活品质的一个表现，现在很多楼盘都会在底层附加一个庭院，这个庭院面积一般在整个房屋面积的1/5以下。庭院往往有前庭和后庭，前庭主要展现主人的品位，也是这个房屋建筑的个性化体现，而后庭主要是主人私生活的一个延伸地，这个庭院要配合屋内的使用情况合理展开。由于面积很小，所要展开的内容不能过于繁杂，因此植物选择上尽量选择体量小一些的，数量也不宜太多。可选择一些耐看而细致的植物，或者香型植物点缀，比如栀子花、山茶、杜鹃、绣球花等。前庭主要是景观的展示，观赏面既要考虑朝外，也要考虑从道路上往里看，朝外看主要是考虑站在窗户的角度，可在窗户边上种植四季桂等香花小乔木，然后在其外种植花灌木，并将阳光引入室内。在道路上往里看，屋内的景观若隐若现，庭院的植物恰到好处地装点着建筑环境，时时还有植物的香气从建筑物方向飘来。后庭院景观设计主要考虑使用上的方便，兼顾隐私作用，因此沿着围墙周围可以种植一些可遮挡视线又比较薄的植物，同时兼顾观赏效果，常用的植物有竹子、木槿，在靠外侧可种植一株小乔木为庭院提供树荫，最好选用落叶树，保证冬暖夏凉。也可适当留出一块空地，供家人一起共进晚餐，营造惬意的室外空间，如果面积允许还可以点缀一些多年生草花（见图3—87 ~ 图3—89）。

图3—87　将庭院设计成花园，一年四季都能观赏到不同的花

图3—88　春天坐在院子里享受奇花异草

图3—89　一株小乔木为庭院提供树荫

### 2. 园林小品与园林植物景观设计

园林小品在园林景观中起着点睛的作用，园林小品从功能上大致包括装饰性和实用性两个方面。装饰性园林小品包括雕塑、壁雕，实用性园林小品包括休息用的桌椅、垃圾桶、园灯、指示牌、遮阳伞等。

装饰性小品在园林景观中占重要的地位，常常配合植物景观起到点题的作用，因此这部分小品的主要观赏面不应被遮挡，周围点缀的植物只能起装饰和突出小品的作用。装饰性小品根据其造型特点、色彩所表达的主题来选择与之配合的植物类型。实用性的园林小品与园林主题没有多大的关系，但是没有它们园林就会失色不少，其一般在园林道路边侧成规律分布。这部分园林小品在不影响其功能使用的前提下，植物配置可以比较随意（见图3—90、图3—91）。

图3—90　有装饰小品的植物配置

图3—91　装饰性很强的花钵

园桌、园椅往往布置在树荫下或空旷场地，要求有遮荫的树冠，枝下高不得低于2 m，椅子背后有1 m以上的植物作为背景，这样不会被从后边经过的人打扰，休息的人会觉得安全（见图3—92）。休息场所最好有植物的清香，可以加强休息的舒适感，休息椅子的对面有可观赏的景物，可以布置一些花卉植物延长休息椅子的使用时间。反之，在人流量较大的街心花园，这种规律也可以用于限制行人停留时间过长（见图3—93、图3—94）。而对于垃圾桶的植物配置，则是强调其露与显的状态，垃圾桶往往和休息椅子配套设计，因为人在停顿时产生的垃圾会增加，垃圾桶的位置既要明显又不能太显眼，为了解决这一矛盾，垃圾桶外观的改善也是其中一个方向，而通过植物的掩饰可以弱化其暴露度（见图3—95、图3—96）。

图3—92　园椅

图3—93　边观景边休息的园椅

图3—94　休憩所需的园椅

图3—95　装饰性很强的垃圾箱

图3—96　通过植物装饰的垃圾箱

园灯按照照射特征可以分为地射灯、草坪灯、园灯和高杆投射灯（见图3—97）。地射灯除了在铺装地上的形式以外，还有专门用来投射景物的，比如某棵造景树，那么就要求处于草坪中的投射灯不能被地上的植物遮挡住，因此在周围一定范围内不能种植50 cm以上的地被植物。草坪灯一般高60～100 cm不等，刚好可以露出地被植物之上，草坪灯离视线范围远的一侧可以采用花灌木进行点缀，而靠近行人行走方向的植物则不能高于草坪灯的高度。园灯的高度在2～4 m不等，由于园灯从地面到灯的位置较大，如果其下空洞无物，景观显得单调，最好在其下种植花灌木或低矮稀疏的乔木，这样园灯透过斑驳的树影更添一份别致。高杆投射灯与植物几乎没有太大的关系，只是有些高大乔木可能会与之产生冲突，遇到这种问题时，一是在未种植以前注意高大乔木和灯柱之间的距离，二是梳理植物的枝叶使其不影响灯具的照射功能。

**图3—97 园灯**

指示牌多数在园区的出入口或重要转折点处，是为了展示园林景点和路线的内容或给游人指引方向。指示牌由牌子和支撑柱组成，牌子上显示的内容是主要的功能，而支撑柱是辅助功能，牌子内容必须清晰明了地展现在行人面前，而支撑柱是可以掩饰的，因此指示牌往往在其下可以采用乔灌木进行装饰，而背后宜采用纯净色植物突出主题（见图

3—98）。尤其在主出入口位置，指示牌的装饰作用非常重要，因为这也是展示景观的一个要点，常见的处理是在牌子下采用盆栽植物进行季节性更换，其柱子也使用藤本植物进行装饰。其他设施的植物配置类似（见图3—99）。

图3—98　指示牌的装饰

图3—99　指示牌周围的植物加强了指示牌的视觉冲击力

### 3. 园林建筑及构筑物与植物景观设计

（1）园林建筑与植物景观设计。园林建筑是园林景观中最大的人工景观，不仅具有遮风避雨的使用功能，而且更多地在园林人文景观中起着点题、主景的作用。在中国传统园林中许多园林景点都是以园林建筑为题命名，如杭州西湖牡丹亭、南雪亭与苏州园林中的暗香疏影楼、听雨轩等。园林建筑的植物景观设计主要依据建筑的形式、色彩、体量、风格及建筑性质而定，传统的园林大致有皇家园林、私家园林和寺庙园林，每类园林依建筑特征不同所呈现的气质也不同，要求植物配置有所区别。皇家园林所表现的是一种至高无上的尊贵，其园林建筑雄伟，富丽堂皇，所对应的植物配置在主建筑前，也多采用对称种植，其植物材料也是形体大方威严的种类，如松柏。这些植物形体高大，四季常青，形态坚挺有力，可以和皇家园林建筑的雄伟相匹配，植物配置多从整体角度考虑（见图3—100～图3—102）。而南方的私家园林则更多的体现出江南风情，其植物配置多注重细节，所到之处无不体现细微之处的雕琢（见图3—103、图3—104）。常常是从一幅画的构图角度考虑，背景为白墙，几丛竹子、几块太湖石为主景（见图3—105）。西南地区的园林建筑比较浑厚，由于优越的气候条件，植物长得比较茂盛，园林建筑淹没在茂密的植物中显得更加悠远（见图3—106）。寺庙园林显现的是一种禅意，严肃、神秘，园林植物多采用松柏类常绿植物，增加了场地的隐秘性（见图3—107、图3—108）。现代园林建筑运用大量新材料、新形式，其造型简洁、大方。植物配置迎合这种建筑形态，多采用修剪型绿带构织建筑前景，花卉灌木点缀在建筑周围，增加环境的色彩，其背后种植乔木作为背景，整个景观富有层次感和现代感（见图3—109）。

图3—100　颐和园万寿山的阁楼矗立在绿树丛中，色彩的对比更加强了阁楼的威严

图3—101　颐和园的苏州街，通过松树等树种的渲染仍然弥漫着皇家园林的厚重

图3—102　北方的园林建筑通过植物的陪衬显得十分端庄

图3—103　清秀的江南园林

图3—104　水与廊的完美结合

图3—105 背景为白墙，植物与山石为主景

图3—106 园林建筑淹没在茂密的植物中显得更加悠远

图3—107 植物的巧妙配合使建筑更具神秘感

图3—108　寺庙园林

图3—109　现代园林建筑

（2）园路与植物景观设计。园路是园林造景的重要因素，联系着园林所有景区与景点。园路的植物造景主要以道路为观赏面，由道路向外层次由低到高逐渐推进。园路一般以步行为主，因此其景观配置以人步行的速度来考虑，植物配置单元不宜过长，注重细节的雕琢。根据观赏需求的不同，对同路两侧植物配置手法也不尽相同，由植物营造的道路景观有鲜花大道、林荫道、景观道等很多种说法。在道路的植物景观设计中常常会结合整个区域景观特色、景点需求来考虑植物的疏密、高矮搭配。更多的设计手法是考虑道路的级别、功能，先对道路的景观意向进行确定，然后在此定位基础上进行植物造景。

景区主干道是人车两用的道路。景观要求视线明朗，向两侧逐渐推进，通过控制植物的体量，按照体量的大小逐渐往两侧延展，将不同色彩与质感合理地搭配（见图3—110）。靠近入口处的主干道还要体现景观的气势，或是通过量的营造来体现，或是通过构图手法来突出。大量色彩明快的花卉或地被植物，成片的或以构图形式种植，体现入口的热烈气氛。通过对称的构图方式可以增强入口的气势，将焦点引向景区深处（见图3—111）。

图3—110　园路两边的植物配置

图3—111　景区入口的植物配置

景区的主游路是以步行为主的景观道路。景观形式多样，因景易路，因路易景。即道路是随着总体景观功能的变化而变化的，而具体的植物配置细节则是随着道路的变化而改变的。例如通常先确定景观区域（疏林草地区、密林区、开敞娱乐区等），景观区域定位后，相应的道路配置就比较清晰了。疏林草地区的道路自由流畅，其植物配置随着道路的延伸，植物层次逐渐递进，如开敞的草地、花卉（或地被植物）、花灌木，最后是背景林。如果是草坪加乔木林这种可进入式休闲林，道路的功能则弱化了。密林区的道路往往是峰回路转，道路形式变化莫测，其植物配置也是变化多样，在转弯处内侧往往采用枝叶茂密、观赏效果较好的植物遮挡视线，增加观赏情趣（见图3—112）。

图3—112　主游路的植物配置

景区的次游路及步道，由于步行速度特别慢，植物景观尤其注重造景细节，体现植物多样效果及色彩质感搭配，对植物的造型非常重视精雕细琢。对道路本身也采用嵌草、沿阶草或苔藓的形式增加观赏趣味（见图3—113）。

阶梯由于考虑水土流失等技术问题，其两侧常常采用挡土墙，因此为了掩饰其生硬，往往配置枝叶茂盛的植物，增添景观层次的同时还可固土（见图3—114）。

图3—113　次游路及步道的植物配置

图3—114　阶梯的植物配置

园桥是园路的另一种形态，它连接水体两侧的道路，其本身也是一种非常别致的景观。桥头两侧厚重的基石，通过花灌木、草花对基础进行美化，采用乔木作为框景，富于画意（见图3—115）。现代园林中，道路往往采用几何曲线组合形式，其植物配置也是顺应时下的审美趣味，整体格调自由简单，多采用几何曲线造型以及球形点缀，着重突出植物整体的丰富色彩。现代先进的生物培育技术使植物景观设计的素材越来越丰富，使园林道路的景观极富吸引力（见图3—116～图3—118）。

图3—115　植物装饰园桥

图3—116　合理的植物配置让园林景色更美丽

图3—117　园林道路的美丽景象

图3—118　园林道路的景观极富吸引力

（3）挡土墙与植物景观设计。挡土墙从工程的角度是起到挡土、防止泥土滑落等作用。根据边坡的高度和坡度等不同条件，分别采取不同的护坡工程。一般对边坡小于1.0：1.5的土质或沙质坡面，可采取植物护坡工程。在进行防护过程中关键是做好工程的护坡，在此前提下通过植物来美化生硬的墙面。根据挡土墙的大小，可以选择不同体量的植物进行配置。为了防止植物的根系破坏挡土墙，通常选择浅根性植物。挡土墙的植物配置包括两种方式：一是挡土墙自身的绿化，就是坡度在1.0：1.5的土质或沙质挡土墙上种植浅根性草本类植物；另一种是在挡土墙周围进行植物装饰，这种方式不限制挡土墙的坡度，而且挡土墙是必须依靠工程防护的，在挡土墙的上下端可种植藤本植物进行立体绿化，或通过花卉、花灌木植物在其基础上进行装饰，通过竹类、棕榈类植物在两侧处理成框景。如果挡土墙过高则可以分段处理，每一段退台覆以种植土，并结合挡土墙的色彩、质感、形态等特征构图造景，种植浅根性花灌木、竹类、棕榈类及草本植物（见图3—119、图3—120）。

图3—119　挡土墙与植物景观设计

图3—120　通过植物对挡土墙进行装饰

## 思考与练习

1. 简述园林绿地规划设计的程序。
2. 选择一处绿地，进行方案规划阶段、初步设计阶段、施工图设计阶段的练习。
3. 园林地形设计的原则是什么?
4. 简述园林地形的设计步骤。
5. 园林植物种植设计的基本形式主要有哪些?
6. 简述植物景观设计中主要的植物配置类型。
7. 花境、花坛在园林中应用的形式很多，常用的有哪几种形式?
8. 水生植物种植设计的原则是什么?
9. 什么是空间感？利用植物可以构成哪些基本空间类型?
10. 建筑外环境的植物种植很重要，主要从哪些方面考虑?

# 第四章　城市园林绿地设计

学习目标

◆了解城市绿地的分类标准及各类绿地的特征
◆了解各类城市绿地的规划设计要点
◆掌握公园绿地的类型及规划设计要求

## 第一节　城市绿地分类

根据城市绿地建设的需要，建设部颁布了《城市绿地分类标准》，于2002年9月1日起正式实施。该标准首先对城市绿地做了明确的定义，即"所谓城市绿地是指以自然植被和人工植被为主要存在形态的城市用地。它包含两个层次的内容：一是城市建设用地范围内用于绿化的土地；二是城市建设用地之外，对城市生态、景观和居民休闲生活具有积极作用、绿化环境较好的区域"。

编制该标准的目的在于总结新中国成立以来绿地规划、建设、管理的经验，参考和学习国外先进方法，建立符合我国城市建设特点的绿地分类，以统一全国的绿地分类和统计口径，提高绿地系统规划编制、审批的科学性，提高绿地保护、建设和管理水平，切实改善城市生态环境，促进城市的可持续发展。

该标准从中国的具体情况出发，根据各地区主要城市的绿地现状和规划特点，以及城市建设发展尤其是经济与环境同步发展的需要，参考国外有关资料，以绿地的功能和用途作为分类的依据。由于同一块绿地同时可以具备游憩、生态、景观、防灾等多种功能，因此，在分类时以其主要功能为依据。

### 一、城市绿地分类标准

《城市绿地分类标准》采用英文字母和阿拉伯数字混合编码的形式，将城市绿地分为五大类、十三中类、十一小类，以反映绿地的实际情况以及绿地与城市其他各类用地之间的层次关系，满足绿地的规划设计、建设管理、科学研究和统计等工作使用的需要。

大类用英文Green space（绿地）的第一个字母G和1位阿拉伯数字表示；中类和小类各递增1位阿拉伯数字表示。如G1表示公园绿地，G11表示公园绿地中的综合公园，G111表示综合公园中的全市性公园。同层级类目之间存在着并列关系，不同层级类目之间存在着隶属关系，即每一大类包含着若干并列的中类，每一中类包含着若干并列的小类（见表4—1）。

（1）五大类。G1表示公园绿地，G2表示生产绿地，G3表示防护绿地，G4表示附属绿地，G5表示其他绿地。

（2）十三中类。公园绿地中的G11综合公园、G12社区公园、G13专类公园、G14带状公园、G15街旁绿地；附属绿地中的G41居住绿地、G42公共设施绿地、G43工业绿地、G44仓储绿地、G45对外交通绿地、G46道路绿地、G47市政设施绿地、G48特殊绿地。

（3）十一小类。综合公园中的G111全市性公园、G112区域性公园；社区公园中的G121居住区公园、G122小区游园；专类公园中的G131儿童公园、G132动物园、G133植物园、G134历史名园、G135风景名胜公园、G136游乐园、G137其他专类公园。

表4—1 城市绿地分类

| 类型代码 | | | 类型名称 | 内容与范围 | 备注 |
|---|---|---|---|---|---|
| 大类 | 中类 | 小类 | | | |
| G1 | | | 公园绿地 | 向公众开放，以游憩为主要功能，兼具生态、美化、防灾等作用的绿地 | |
| | G11 | | 综合公园 | 内容丰富，有相应设施，适合于公众开展各类户外活动的规模较大的绿地 | |
| | | G111 | 全市性公园 | 为全市居民服务，活动内容丰富、设施完善的绿地 | |
| | | G112 | 区域性公园 | 为市区内一定区域的居民服务，具有较丰富的活动内容和设施完善的绿地 | |
| | G12 | | 社区公园 | 为一定居住用地范围内的居民服务，具有一定活动内容和设施的集中绿地 | 不包括居住组团绿地 |
| | | G121 | 居住区公园 | 服务于一个居住区的居民，具有一定活动内容和设施，为居住区配套建设的集中绿地 | 服务半径：0.5～1.0 km |
| | | G122 | 小区游园 | 为一个居住小区的居民服务、配套建设的集中绿地 | 服务半径：0.3～0.5 km |
| | G13 | | 专类公园 | 具有特定内容或形式，有一定游憩设施的绿地 | |
| | | G131 | 儿童公园 | 单独设置，为少年儿童提供游戏及开展科普、文体活动，有安全、完善设施的绿地 | |
| | | G132 | 动物园 | 在人工饲养条件下，保护野生动物，供观赏、普及科学知识，进行科学研究和动物繁育，并具有良好设施的绿地 | |

续表

| 类型代码 | | | 类型名称 | 内容与范围 | 备注 |
|---|---|---|---|---|---|
| 大类 | 中类 | 小类 | | | |
| | | G133 | 植物园 | 进行植物科学研究和引种驯化，并供观赏、游憩及开展科普活动的绿地 | |
| | | G134 | 历史名园 | 历史悠久，知名度高，体现传统造园艺术并被审定为文物保护单位的园林 | |
| | | G135 | 风景名胜公园 | 位于城市建设用地范围内，以文物古迹、风景名胜点（区）为主形成的具有城市公园功能的绿地 | |
| | | G136 | 游乐园 | 具有大型游乐设施，单独设置，生态环境较好的绿地 | 绿化占地比例应大于等于65% |
| | | G137 | 其他专类公园 | 除以上各种专类公园外具有特定主题内容的绿地，包括雕塑园、盆景园、体育公园、纪念性公园等 | 绿化占地比例应大于等于65% |
| | G14 | | 带状公园 | 沿城市道路、城墙、水滨等，有一定游憩设施的狭长形绿地 | |
| | G15 | | 街旁绿地 | 位于城市道路绿地之外，相对独立成片的绿地，包括街道广场绿地、小型沿街绿化用地等 | 绿化占地比例应大于等于65% |
| G2 | | | 生产绿地 | 为城市绿化提供苗木、花草、种子的苗圃、花圃、草圃等圃地 | |
| G3 | | | 防护绿地 | 城市中具有卫生、隔离和安全防护功能的绿地。包括卫生隔离带、道路防护绿地、城市高压走廊绿带、防风林、城市组团隔离带等 | |
| G4 | | | 附属绿地 | 城市建设用地中绿地之外各类用地中的附属绿化用地。包括居住用地、公共设施用地、工业用地、仓储用地、对外交通用地、道路广场用地、市政设施用地和特殊用地中的绿地 | |
| | G41 | | 居住绿地 | 城市居住用地内社区公园以外的绿地，包括组团绿地、宅旁绿地、配套公建绿地、小区道路绿地等 | |
| | G42 | | 公共设施绿地 | 公共设施用地内的绿地 | |

续表

| 类型代码 | | | 类型名称 | 内容与范围 | 备注 |
|---|---|---|---|---|---|
| 大类 | 中类 | 小类 | | | |
| | G43 | | 工业绿地 | 工业用地内的绿地 | |
| | G44 | | 仓储绿地 | 仓储用地内的绿地 | |
| | G45 | | 对外交通绿地 | 对外交通用地内的绿地 | |
| | G46 | | 道路绿地 | 道路广场用地内的绿地，包括行道树绿带、分车绿带、交通岛绿地、交通广场和停车场绿地等 | |
| | G47 | | 市政设施绿地 | 市政公用设施用地内的绿地 | |
| | G48 | | 特殊绿地 | 特殊用地内的绿地 | |
| G5 | | | 其他绿地 | 对城市生态环境质量、居民休闲生活、城市景观和生物多样性保护有直接影响的绿地。包括风景名胜区、水源保护区、郊野公园、森林公园、自然保护区、风景林地、城市绿化隔离带、野生动植物园、湿地、垃圾填埋场恢复绿地等 | |

## 二、各类绿地特征

### 1. 公园绿地

公园绿地是城市中向公众开放的、以游憩为主要功能，有一定的游憩设施和服务设施，同时兼有健全生态、美化景观、防灾减灾等综合作用的绿化用地。它是城市建设用地、城市绿地系统和城市市政公用设施的重要组成部分，是城市整体环境水平和居民生活质量的一项重要指标。

公园绿地可分为以下几项：综合公园（全市性公园、区域性公园）、社区公园（居住区公园、小区游园）、专类公园（儿童公园、动物园、植物园、历史名园、风景名胜公园、游乐园、其他专类公园）、带状公园、街旁绿地。

（1）综合公园。综合公园要求自然条件良好、风景优美、植物种类丰富，内容设施较完备，规模较大，质量较好，能满足人们游览休息、文化娱乐等多种需求，一般可供市民半天到一天时间的活动。

（2）社区公园。社区公园为一定居住用地范围内的居民服务，要求具有适于居民日常休闲活动的内容和相应的设施。“社区”与“居住用地”有着紧密的联系，因此社区公园分为居住区公园和小区游园。

居住区公园为一个居住区的居民服务，是居住区配套建设的集中绿地，面积为2～5 hm$^2$，服务半径为500～1 000 m，步行5～10 min可以到达。小区游园是为一个居住小区的居民服务、配套建设的集中绿地，服务半径为300～500 m。

（3）专类公园。专类公园是指具有特定的内容或形式，有一定的休憩设施的绿地。专类公园可分为儿童公园、动物园、植物园、历史名园、游乐园、体育公园等。

1）儿童公园。儿童公园是专为儿童设置，供其进行游戏、娱乐、科普教育、体育活动等的城市专类公园。儿童公园面积一般为5 hm$^2$左右，园内的各种活动设施、建筑物、构筑物以及植物布置等都应符合儿童的生理、心理及行为特征，并且具有安全性、趣味性和知识性。其选址应该接近居住区，同时应避免使用者穿越交通繁忙的干道。

2）动物园。动物园是收集、养育野生动物及家养良种禽畜，进行科学研究、科普教育，提供公众参观、游憩的园地。因此，动物园的任务之一是集中饲养和展览各种野生动物及品种优良的家禽家畜等，进行各种动物的分类、繁殖、驯化，保护和研究濒危动物，成为动物基因保存基地。任务之二是供市民参观游览、休憩娱乐兼对市民进行文化教育及科普宣传。动物园的用地规模与展出动物的种类相关，面积小至15 hm$^2$以下，大至60 hm$^2$以上，选址宜与居民密集地区有一定距离，并与屠宰场、动物皮毛加工厂、垃圾处理场、污水处理厂等保持必要的安全距离。同时，为了防止动物的粪便、气味等对城市其他区域和水体的污染，在动物园周围应设必要的卫生防护林带。

3）植物园。植物园是广泛收集和栽培植物种类，并按植物学要求种植布置，同时满足人们参观游览等要求的专类公园。它的主要任务之一是广泛收集各种植物材料，并对植物进行引种驯化、定向培养、品种分类，研究植被在环境保护、综合利用等方面的价值，保护濒危植物种类，成为植被基因保存基地。任务之二是供市民参观游览，休憩娱乐，并进行科普知识的宣传。由于各类植被对自然条件的要求不同，因此植物园选址时应充分考虑植物生态习性对环境的不同需求，植物园用地规模一般较大，因此常选址于交通方便的近郊区。另外，植物对土壤及水文条件要求较高，应避免选址在土壤贫瘠、地下水位高、缺乏水源及靠近各种污染源的地方。

4）历史名园。指历史悠久、知名度高、体现传统造园艺术并被审定为文物保护单位的园林。这类公园在各地公园中占有一定的数量，是历史、文化内涵最为丰富的绿地类型，它可以很好地反映一个城市的历史文脉，体现城市的历史文化风貌。

5）游乐园。游乐园是单独设置的、具有大型游乐设施、生态环境较好的公园绿地，其中的主题公园近几年在国内发展较快。主题公园是在机械游乐园的基础上发展而来的，是根据特定的主题而创造出的舞台化休憩空间，即以虚拟环境塑造与园林环境载体为特点的休闲娱乐活动空间。划归城市公园绿地的主题公园除具有以上的特点外还应该有良好的绿化，其绿地率应该不小于65%。由于主题公园是在市场经济条件下发展起来的，具有明显的商业性及大众性，因此其位置选择、主题创意、项目设置等方面要充分考虑其商业价值、大众品位以及环境效益。

6）体育公园。体育公园是指有完备及一定技术标准的体育运动及健身设施、良好的自然环境及充分绿化，可以进行各类体育比赛、训练及其日常的体育锻炼、健身等休憩活动的特殊公园绿地。体育公园面积一般较大（以不小于10 $hm^2$为宜），位置应选在与居住区有方便交通联系的地段，这样可以方便居民使用及大量人流的疏散。随着人们生活水平的提高，休闲健身意识的增强以及体育事业的发展，体育公园的建设将越来越受到重视。

（4）带状公园。带状公园是指以绿化为主，其中有一定的休息服务设施，供市民休憩的狭长形绿地。这类绿地一般常与道路、河滨、海岸、城墙等结合设置。该绿地对于改善城市环境及景观质量，体现城市的文化风貌等都具有显著的作用。

（5）街旁绿地。街旁绿地是指位于城市道路用地之外相对独立成片的绿地。它可包括小型沿街绿化用地、街道广场绿地等。“街道广场绿地”与“道路绿地”中的“广场绿地”不同，“街道广场绿地”位于道路红线之外，而“广场绿地”在城市规划的道路广场用地（即道路红线范围）以内。

1）小型沿街绿化用地。小型沿街绿化用地即原来的街头小游园，是指城市中的中小型开放式绿地，虽然有的街旁绿地面积较小，但具备游憩和美化城市景观的功能，是城市中量大面广的一种公园绿地类型，主要分布于街头、旧城改建区或历史保护区内，是供市民游戏、休憩的公园绿地。

2）街道广场绿地。街道广场绿地是国内绿地建设中一种新的类型，是美化城市景观、降低城市建筑密度、改善城市环境、提供市民活动、交流和避难场所的开放型空间。

### 2. 生产绿地

生产绿地是指为城市绿化提供苗木、花草、种子的苗圃、花圃、草圃等圃地。其主要功能是为城市绿化服务。新的分类标准中不强调生产绿地的所属关系，既打破了原来定义的属园林部门的界线，只要是能为城市提供苗木、花卉、草坪、种子的各类圃地均可计入生产绿地。但其他季节性或临时苗圃、从事苗木生产的农田、单位内附属的苗圃等不计入生产绿地。此外，城市建设用地范围外的生产绿地不参与城市建设用地平衡，但在用地规模上应达到相关标准的规定。

属于城市生产绿地的各类圃地是城市绿化的生产基地，主要任务是为城市绿化提供所需的树木、花卉。其中有的苗圃、花圃也可对外开放，供市民游览观赏，具有公园的特征。苗圃、花圃的选址一般可位于城市近郊，应有良好土壤、水源条件，并应远离各种污染源。

### 3. 防护绿地

防护绿地是指为了满足城市对卫生、隔离、安全的要求而设置的绿地，它主要是对

自然灾害起到一定的防护和减弱作用。它可细分为：防风林、卫生隔离带、安全防护林、城市高压走廊绿带、城市组团隔离带等。

防风林主要是为了防止强风及其所夹带的粉尘、沙土对城市的袭击，一般与主导风向垂直布置。在夏季炎热的城市中，则可与夏季盛行风平行设置，形成透风走廊，改善城市气候条件。

卫生隔离带是为了防止产生有害气体、气味、噪声等的污染源对城市其他区域的污染，它通常设置在工厂、污水处理厂、垃圾处理站、殡葬场等用地与居住用地之间。

安全防护林是为了防止和减少地震、火灾、水土流失、滑坡等灾害而设置的林带，它通常布置于易发生自然灾害和具有危险隐患的区域。

城市高压走廊绿带是指城市高压输电线路下方一定范围内的绿化用地，是为了安全考虑而设置的绿带。

城市组团隔离带是近年来出现的一类较新的防护绿地类型，是在城市建成区内以自然地理条件为基础，在生态敏感区域规划建设的绿化带。城市组团隔离带可有效地缓解城市建成区过度拥挤的局面，同时在保护和提高城市环境质量等方面也有重要的作用。

#### 4. 附属绿地

附属绿地是指城市建设用地中绿地之外各类用地中的附属绿化用地。它包括居住用地、公共设施用地、工业用地、仓储用地、对外交通用地、道路广场用地、市政设施用地和特殊用地中的绿地。

（1）居住区绿地。居住区绿地是指居住区用地范围内的绿地。它的主要功能是改善居住环境，供居民日常户外活动（包括休憩、游戏、健身、社交、儿童活动等）使用。它可细分为组团绿地、宅旁院落绿地、居住区公共建筑附属绿地以及居住区道路绿地等。

居住区绿地是市民日常接触最多的绿地，它与市民的生活息息相关，其质量的高低将直接影响到居民的日常生活及环境质量。中国居住区绿地的发展近几年取得了长足的进步，各小区对绿化和环境的重视也是前所未有的，这对于提高国内整体的绿化水平、提高人民的生活水平及城市的环境质量都起着非常重要的作用。

（2）道路绿地。道路绿地是指居民区级以上的城市道路广场用地范围内的绿化用地，它的主要功能是改善城市道路环境，防止汽车尾气、噪声对城市环境的破坏，美化城市景观。它可细分为道路绿化带（如行道树绿带、分车隔离绿带、路侧绿带等）、交通岛绿地（如中心岛、导向岛等绿地）、交通广场和停车场绿地等。

道路绿地不仅能改善城市景观，防止汽车尾气及噪声的污染，同时还可缓解热辐射，提高交通的快捷及安全性。此外城市道路绿地随路网延伸至城市的每一个角落，在整个城市绿地系统的空间布局中扮演着重要的联系者的角色，城市中的各种点状及面状的绿地，通过线状的城市道路绿地的联系形成网络，构成一个完整的绿地系统。因此，道路绿地是城市绿地系统的重要组成部分。

（3）公共设施绿地。公共设施绿地是指居住区级以上的公共设施的附属绿地，如医院、电影院、体育馆、商业中心等的附属绿地。

（4）工业绿地、仓储绿地。工业绿地、仓储绿地是工厂、仓储用地范围内的绿化用地，其主要功能是减轻有害物质对工人及附近居民的危害。

（5）对外交通绿地。对外交通绿地是对外公路、铁路用地范围内的绿地。

（6）市政公用设施绿地。市政公用设施绿地包括水厂、污水处理厂、垃圾处理站等用地范围内的绿地。

（7）其他特殊用地。其他特殊用地的附属绿地包括军事、外事、保安等用地范围内的绿地。各类附属绿地在整个城市的绿地系统中所占比例大、分布广，因此提高附属绿地的数量和质量是提高整个城市普遍绿化的重要手段。

### 5. 其他绿地

其他绿地是指对城市生态环境质量、居民休闲生活、城市景观和生物多样性保护有直接影响的绿地，包括风景名胜区、水源保护区、郊野公园、森林公园、自然保护区、风景林地、城市绿化隔离带、野生动植物园、湿地、垃圾填埋场恢复绿地等。

其他绿地通常位于城市建设用地以外，一般是植被覆盖较好、山水地貌较好或应改造好的区域，这类绿地的主要功能是保护生态环境、控制建筑、减灾防灾、观光旅游、郊游探险、保护自然和文化遗产等。其中风景名胜区是指位于城市周边，有丰富的动植物种类，有良好的自然或人文景观，环境类型丰富多样的区域。风景名胜区具有各种功能的特征，这些功能包括供人们观赏、游览、休闲及科研活动，保护动物、植物及历史人文资源，保持水土、保护水源等。由于风景名胜区位于城市周边，其规模较大，绿化及其观赏价值均较高。因此风景名胜区绿地对改善城市的生态环境，满足市民游憩及旅游功能，防止城市不合理的蔓延和扩张，改善城郊的环境及景观状况等方面，都起着非常重要的作用。

城市绿化隔离带是指为防止城镇无序蔓延成片，在城镇之间设置的绿色空间。城市绿化隔离带是城区附近的绿色生态背景，它既可在用地上对城市的无序蔓延加以控制，又可以以大规模的绿化形成由城区人工化建设向郊区自然式保护的过渡，有利于形成完整的城市绿地系统。

其他绿地中的湿地是指位于城市建设用地以外的沼泽、湿原、泥炭地或水域（其中水域包括天然的和人工的、永久的和暂时的，水体可以是静止的或流动的，是淡水、半咸水或咸水，包括潮落时水深不超过6 m的海域，另外还包括毗邻的堤岸和海域）。湿地是地球上具有重要环境能力的生态系统，是多种生物的栖息地和滋生地，同时也是原材料和能源的地矿资源。城市周边湿地的存在可有效地维持城市生物物种及景观的多样性，改善城市的环境质量，还可为居民的休闲生活服务，同时可成为对青少年进行生态知识科普教育的基地。

## 第二节　公园绿地设计

### 一、综合性公园

综合性公园一般是指规模较大，自然环境条件良好，休憩、活动及服务设施完备，为全市或区域范围内居民服务的大型绿地。

综合性公园按其服务范围的不同，可分为全市性公园和区域性公园。

一般全市性综合公园服务半径为2～3 km，步行25～50 min到达，乘坐公共交通工具10～20 min到达。

区域性综合公园服务半径为1～2 km，步行15～25 min到达，乘坐公共交通工具5～10 min到达。

#### 1. 公园分区

公园中的活动内容很多，每一种活动都有其自己的特点，不同的活动需要不同性质的空间承载，由于活动性质的不同，这些功能空间应相对独立，同时又相互联系，而不同功能空间之间的界定就是功能分区。为了避免各种活动相互的交叉干扰，在综合性公园的规划设计中应有明确的功能分区。根据各项活动和内容的不同，综合性公园一般分为以下几大功能区：

（1）入口区。公园出入口位置的选择和处理，是公园规划设计中的一项主要工作，它不仅影响游人来园游憩是否方便，影响城市干道的交通组织，而且在很大程度上还关系到公园内部的规划结构和分区。公园的出入口还应对街景起良好的作用。

公园出入口一般分为主要入口、次要入口、专用入口三种。主要入口是全园大多数游人出入的地方，它的位置要求面对游人主要来向，直接联系城市干道。次要入口是为便利附近居民使用，或为园内局部区域某些设施服务的。主次入口要有平坦的、足够的用地来修建入口处所需要的设施。专用入口是为园务管理工作需要而设置的，不供游人使用，其位置可稍偏僻，以方便管理又不影响游人活动为原则。入口广场的大小要与公园的规模、游人数量、服务设施和建筑情况相适应。入口后的广场在大门之内，面积可小些，并与公园主要干道相连接。

（2）文化娱乐区。文化娱乐区是进行表演、游戏、活动等的区域，也称为公园中的闹区，是人流集中的区域。园区内的主要建筑往往较多地设置在这个区域，成为全园布局的构图中心。布置时避免区内各项活动内容的相互干扰，所以要使有干扰的活动项目之间保持一定的距离，可利用树木、山石、建筑、地形等加以隔离。另外，群众性的娱乐活动常常人流量较高、集中，应合理地组织空间，要有足够的道路和活动场地，还应有足够的生活服务设施，如餐厅、小卖部、冷饮、茶室、厕所等。

本区在规划上有以下两种处理方式：

1）利用入口地形较平坦、面积较大的特点，结合规划布局，优点是从入口到主要建筑的方向明确，便于游人到达，并且在园中易于突出。

2）随着地形的特点，采取自然式的布置方式，利用园路把各种活动内容更好地联系起来，起到使游人能够到达的作用。

（3）安静休憩区。安静休憩区专供游人休息、散步、运动、观赏等游览活动，也是公园最重要的组成部分。这一区域占用园区的面积最大，自然风景条件和绿化条件最好，而且能为人们提供一个安静的环境。因此，该区域应与其他活动区隔离，可以布置在距主要入口较远处，又与其他各区联系，使游人易于到达。

安静休憩区应该选择原有树木较多、绿化基础较好的地方，最好具有起伏的地形，有天然或人工的水面。

安静休憩区内可结合自然风景建造一些供休息用的园林设施，在大片的林地内，还可设一些简易的运动场地，利用水面进行划船、钓鱼等活动。

此区由于绿地面积大，植物种类的选择和配植类型应丰富多彩，充分利用植物的配置形成不同的风景效果，可以创造出比其他区更为清新宁静的园林气氛。

（4）儿童活动区。儿童约占全园游人的1/3。公园应为儿童提供充分的活动条件，各种儿童活动设施应与园内自然风景密切结合，使其有利于儿童的身心健康。大公园的儿童活动区与儿童公园的作用是一样的，儿童在这里不仅能游玩活动，而且可以开展各项课余的活动，学习科学知识。

在儿童活动区主要有少年之家或少年宫、阅览室、儿童游戏场、儿童运动场、游泳池、涉水池、划船码头、少年科学园地、各种游戏机和游艺机等设施。儿童活动区一般设在出入口附近，应用绿篱或栏杆与其他各区隔离，在布置手法上应适应儿童的心理，要能引起他们兴趣，并容易被儿童了解。建筑物的装饰及座椅应符合儿童的比例，建筑和地面不宜用凹凸不平的材料，除了必要的铺装外，最好多铺草坪，以免尘土飞扬影响儿童的健康。

（5）体育活动区。根据公园的自然地形条件和规模大小，可以考虑在公园中布置体育活动区域。比较完整的体育运动区应是可以设立体育场、体育馆、游泳池、划船区及各类球类活动区和生活服务设施的。但是由于体育活动的噪声大，有干扰破坏作用，所以只宜在大型园林绿地中布置。一般公园只利用水面开展划船、游泳、滑冰等体育活动。有的公园只在某一局部设置简易的体育器械如单杠、双杠等供成年游人活动。

（6）园务管理区。园务管理区是为公园经营管理而设置的内部专用区。区内可分为管理办公部分、仓库工场部分、花圃苗木部分、职工生活服务部分等。这些内容可根据用地情况及使用情况，集中布置于一处，也可分散成几处。布置时应尽量注意隐蔽，不暴露在风景游览的主视线上，以避免误导游人进入。该区的设置一方面要考虑便于执行公园的管理工作，另一方面要与城市交通有方便的联系，对园内园外均应有专用的出入口，为解决消防和运输问题，区内应能通车。

一般新建的公园，最好把经营管理的设施集中成一区，办公室宜设在大门附近，以便内外联系。苗圃、花圃用地较大，又需灌溉，宜放在水源方便的公园边角地带。改建的公园应充分利用原有建筑作为管理用房，不必强求集中。

### 2. 地形地貌的处理

公园的原有地形，在很大程度上影响公园的布局和活动安排。公园的容量与公园地形处理有很大关系，平地可容纳较多的人数，山地和水面则受到限制。在进行公园总体规划时常遇到原有地形不符合使用需要的情况，这时要从公园的现状出发，结合功能、种植要求、工程投资条件和景观要求综合考虑，决定公园的地形处理。在处理时要因地制宜，利用为主，改造为辅，尽量做到减少土方量并达到园内土方平衡，以节约建园投资。

### 3. 园路、广场及建筑布局

园路在公园中的分布是否合理，直接影响公园的使用、游人的活动和园林风景的效果，因此园路是公园规划中的主要组成部分。

公园中园路的设计，根据功能需要，应主次分明，导游明显，才能方便游人顺序进行活动。公园的主路布置应和各个分区、主要活动设施和建筑、主要风景点紧密联系，把它们组织成为一个有机的整体，游人沿着主路可以方便地到各个分区和主要活动地点，沿路可以有组织地欣赏风景。主路的安排在保证交通畅通的前提下，平面可以有适度的曲折，竖向上随地形可有起伏。这样游人在路上行进时，视线随路的蜿蜒起伏，可左可右或俯或仰，可饱览不断变化着的风景，以达到步移景异的良好效果。次路、小路作为主路的辅助部分，引导游人更深入地到达公园的每个角落。在安排次路和小路时，无论平面还是竖向上，可以较多地迁就地势。通行养护管理机械的园路应与机具、车辆相适应。通向建筑集中地区的园路应有环形路或回车场地。生产管理专用路不宜与主要游览路交叉。

园路的疏密度也要从功能出发，在游览休息区，园路的密度可少些，而在文娱活动区等游人集散较多之地则应较密地布置园路。

园路的弯曲是根据功能的要求和风景透视的需要而设计。园路的曲折一般是因为前进方向上遇到了山丘、水体、树木、花坛、建筑等景物，或为了与附近的建筑联系，组织风景点使道路改变方向而曲折弯转，或者是在山路遇到了陡坡而采用弯曲拉长路线来缓减坡度等。

无论是主路还是小路都不应穿过建筑物，而应将建筑物布置在路旁，或紧接路边，或用专用小路通入，而不使建筑本身成为通路。

园林中有些较大的建筑要集中较多的游人，因此常根据需要而设置相应大小的集散广场。广场的形式要依照建筑形式、园路布局以及功能要求，既可以是自然式也可以作规则式处理。园林中为了容纳更多的群众，在风景优美和游人方便达到的适当地段，可设置小广场或小平台供游人赏景和休息。

为了夏日遮阴和点景，广场上草坪中可以种植大乔木，在规则式广场中或周边，可以布置花台、喷水池、花境、花架及园椅。这样不仅给游人提供休息活动的场地，同时也起到丰富园林景色的效果。

公园的建筑要根据公园的功能分区和自然条件、游人使用的方便及建筑艺术构图来综合考虑。建筑物的分布应有聚有散而又互相呼应，成为园林景色和活动内容的有机组成部分。公园内的建筑数量和面积不宜过多。

### 4. 公园的种植设计

公园的绿化种植设计是公园总体规划的主要组成部分。全园的种植规划，既要使整个公园有一个统一的基本特色，又要在各景区之间有变化。公园的种植规划要注意以下三个方面的问题：

（1）公园活动的地点。公园应有良好的卫生环境，所以公园四周要安排卫生防护林带，起防风沙、隔噪声的作用。公园的绿化用地应全部用绿色植物覆盖，建筑物的墙体、构筑物可布置垂直绿化。在游人集中的场地和主要园路等处，都应有良好的庇荫条件。在文化娱乐活动区中，建筑设施和铺装广场较多，绿化种植应以体形整齐大方的乔木和常绿树为主，主要建筑物附近可设花坛、花境等。在体育活动区应以用生长健壮和树冠整齐的大乔木为主，避免使用大量落花、落果和种子飞扬的树种，以免妨碍运动场地的清洁卫生。全园应有基调树种。各区可根据不同的活动内容，安排不同的种植类型和选择相应的植物种类。

（2）树种选择。公园绿地面积较大，有较多的立地条件和生态环境，如不同的地形、土壤、小气候条件的变化等。同时公园的任务要多样化，既要容纳大量游人开展文娱科普活动，又要创造良好的游览休息绿化环境，因此树种的选择，除符合一般规律外，还应结合公园的特殊要求。公园中游人密度大，植物的养护管理是个大问题，树种的选择除考虑园林特点，要丰富多彩外，应当多选种易生长、管理粗放、病虫害少、能适应公园环境的乡土树种。

（3）植物的季相交替和色彩配合。植物的季相交替也就引起了园林风景的季节变化，因此在进行绿化种植规划时要充分掌握园林植物的物候期变化，通过合理的安排，组成富有四季特色的园林艺术构图。园林的绿化规划，应对各种种植类型和树种比例做出适当的安排。参考数字如下：

密林40%，疏林和树丛25%～30%，草地20%～25%，花卉3%～5%。

常绿树与落叶树的比例如下：

华北地区常绿树30%～50%，落叶树50%～70%。

长江流域常绿树50%，落叶树50%。

华南地区常绿树70%～90%，落叶树10%～30%。

公园设计实例如图4—1～图4—6所示。

**图4—1　某中心公园平面图**

1—山林景区　2—芙蕖塘　3—翠竹林　4—松竹探幽　5—湿地园　6—群芳谱　7—红叶写秋

8—醉红坡（杜鹃园）　9—春绣桃李　10—万紫千红（亲子园）　11—曲浣花溪　12—玉兰坪　13—岩石园

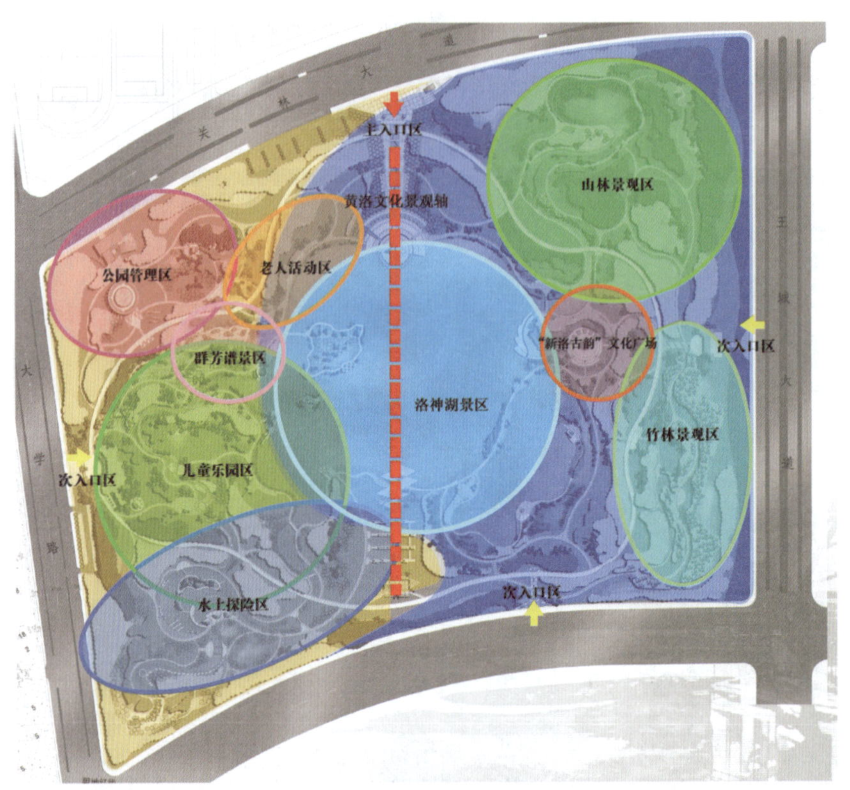


图4—2 功能分区图

图4—3 全园鸟瞰图

图4—4　局部效果图

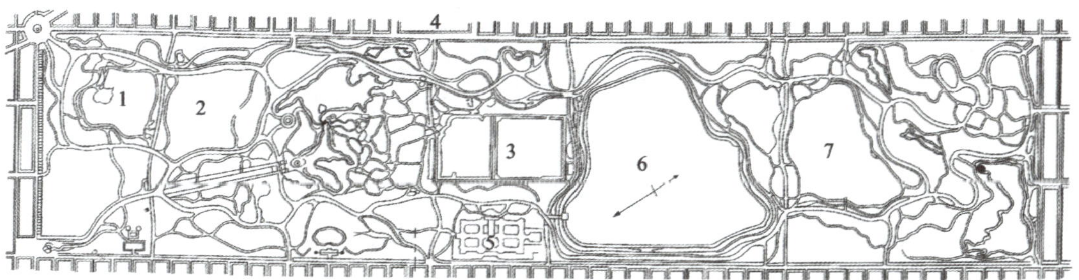


图4—5　美国纽约中央公园

1—球场　2—草地　3—储水池　4，5—博物馆　6—新储水池　7—北部草地

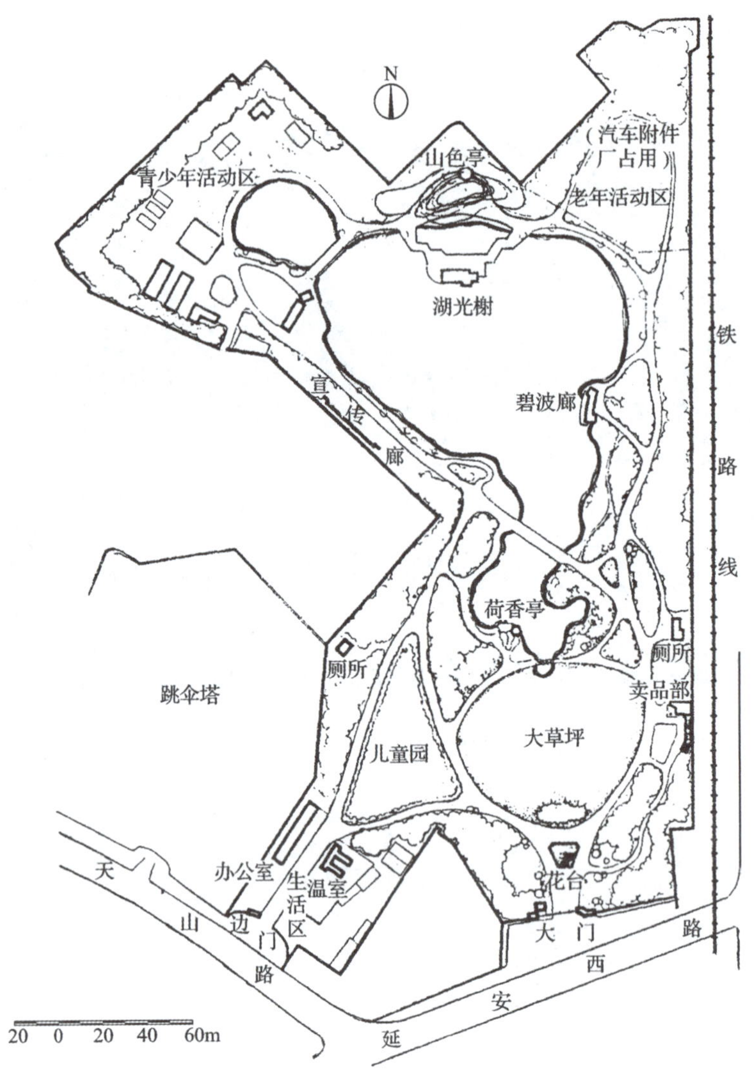


图4—6　上海天山公园

## 二、广场绿地

按不同的使用情况，可将广场分为装饰广场、市民广场、纪念广场、商业广场、交通广场等类型。广场绿地一般是指供市民休息、集会、娱乐等使用的市民广场。

广场历来被称为“城市的起居室”，满足人们的各种休息娱乐活动是广场的主要功能，同时广场对改善城市环境及景观也有较大作用。另外，在紧急情况下，广场还起到疏散人流及庇护等作用。

针对以上的功能，在广场绿地规划中应注意以下的规划要点：

### 1. 广场绿地要有较强的识别性和围合感

广场空间的识别性是指广场有明确的“图形”特征，即广场有明确的边界和较好的封闭性，广场绿地容易形成向心性的空间秩序。在这种空间秩序中，人们容易产生领域感和归属感，乐于停留其中。反之，没有封闭感的广场绿地则因空间缺乏向心性的凝聚力，难以吸引人们的停留，也就很难进一步诱发人们的种种活动，形成充满生机的广场空间。

### 2. 广场绿地应有较好的可接近性

广场绿地的可接近性是指人们的视觉及行为均能与广场空间连通、接近，使人们可以自然顺利地从街道进入。如有的广场绿地四周被繁华的交通包围，使人们难以进入，即使广场中有花坛、花架、喷泉、座凳等设施，也会因受交通干扰而减少其使用频率；又如有些广场绿地不易被人发现，存在视觉盲区，这样的广场绿地也会乏人使用。

### 3. 广场绿地中应有可诱发人们活动的媒介

丹麦的城市设计专家扬・盖尔将人们日常的户外活动分为必要性活动、自发性活动和社会性活动三种。人们在广场绿地中的各种活动属于自发性活动和社会性活动，这类活动的发生都依赖于适宜的环境条件。因此在广场绿地规划设计中，应尽可能创造各种适宜的环境条件，满足和促成这些活动，使广场绿地充满生机和活力。一个夏日阳光暴晒，冬日寒风凛冽，既无树木遮挡风雨，又无相应休息设施的广场绿地，是难以吸引游人驻足其中的。因此在广场空间划分、植物配置、小品设置等方面都应考虑如何更好地为人服务，真正满足不同人群的活动要求。

### 4. 广场绿地应有一定的文化内涵，同时能体现地方特色

在满足人们活动要求的同时，广场绿地作为城市的主要户外空间，其景观质量将直接影响到城市的面貌。因此在广场绿地规划时还应注意体现地方特色及文化内涵，以形成独特的景观效果，使广场绿地成为城市面貌的一个亮点。

设计实例如图4—7、图4—8所示。

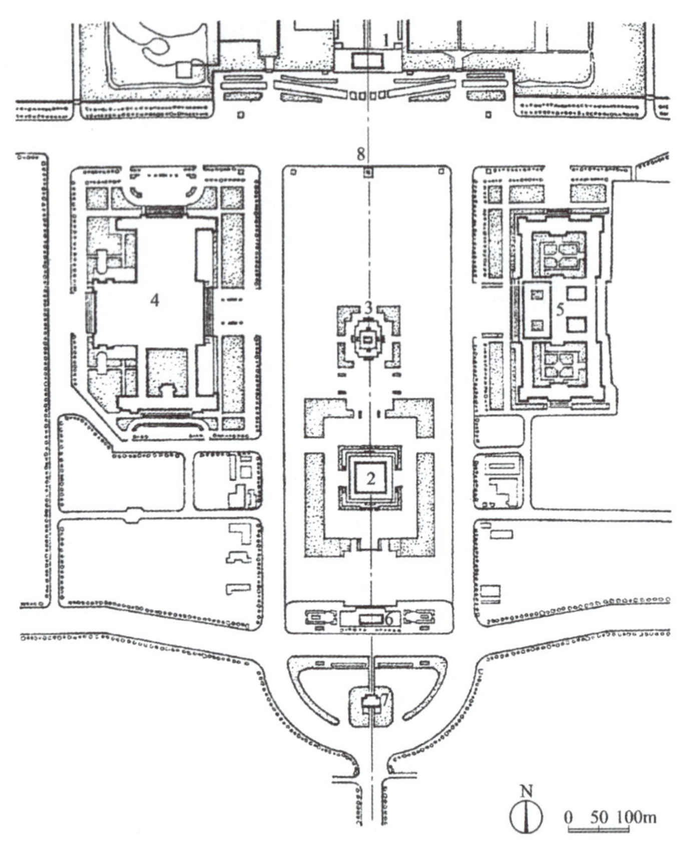


**图4—7 北京天安门广场总平面图**

1—天安门 2—毛主席纪念堂 3—人民英雄纪念碑 4—人民大会堂

5—中国国家博物馆 6—正阳门 7—箭楼 8—国旗

**图4—8 镇江大市口广场**

## 三、街头游园

街头游园面积一般不大，但也应以不小于1 000 m$^2$为宜，其绿地率应不小于65%。单个街头小游园面积虽然不大，但总体分布广、群众接触多、利用率高，而且多分布在一些建筑密度较高的地段或绿化状况较差的旧城区，因此这类绿地对于提高城市的绿化水平以及居民的生活质量起着重要的作用，因而深受市民的喜爱。

绿地以植物题材为主，适当配备休息座椅、喷泉、花坛、宣传廊等园林小品。在新建城市中，可与居住区内的公园绿地结合，建设小区公园。在旧城改建时，应该见缝插针利用零星空地，开辟街头游园作为居民休息活动场所。

设计实例如图4—9所示。

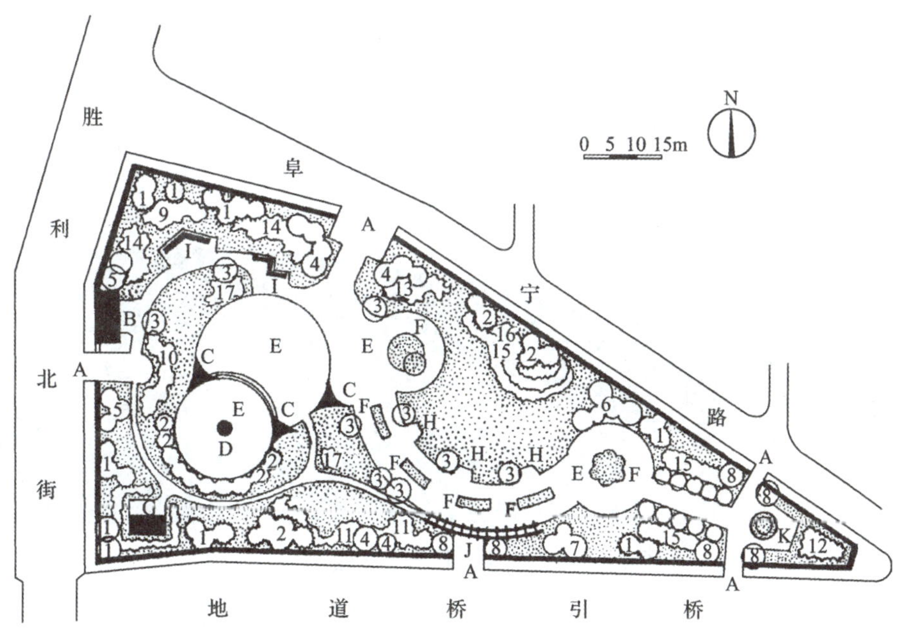


图4—9　游园平面图

A—出入口　B—管理室　C—三角亭　D—雕塑　E—小广场　F—花坛　G—厕所

H—石桌凳　I—座椅　J—花架　K—立体花坛

1—白皮松　2—桧柏　3—七叶树　4—银杏　5—西府海棠　6—红叶李　7—碧桃　8—龙爪槐　9—丁香　10—榆叶梅

11—连翘　12—月季　13—石榴　14—紫薇　15—红叶小檗　16—黄杨球　17—迎春

## 四、带状公园

### 1. 滨水带状公园

滨水带状公园是指与城市的河道、湖泊、海滨等水系相结合的带状绿地。滨水带状公园是城市公园绿地中涉及内容最广泛的一种绿地类型。它的规划设计包括陆上的、水里的、水陆交接地带以及濒水湿地等方面的内容，因此滨水带状公园的设计是一项综合的、复杂的、极富挑战性的工作。另外，由于滨水地带对人类而言具有一种内在的、与生俱来的、持久的吸引力，所以滨水带状公园也是最受城市居民喜爱的一类城市公园绿地。其规划要点如下：

（1）尽可能展示水面，旨在绿带内能看见水面。

（2）要有优美的林缘线和林冠线，以便在水面欣赏绿带景观。

（3）在大面积水面临水一侧开辟宽度不小于5 m的散步道和防汛通道，小面积临水一侧，设宽度不等的游步道，供游人亲水。

（4）设永久性的多种形式的驳岸、临水平台和服务设施。

（5）局部突出的半岛区域可设计成最具有风景表现力和吸引游人驻足之处。

（6）在台地和斜坡地带，把车行道和绿化带内的林荫步道分别设在不同的等高线上，步道可临水而建，两层间可用绿化斜坡分开，用坡道或台阶贯通。

设计实例如图4—10～图4—14所示。

图4—10　滨海景观带平面图（一）

图4—11　滨海景观带鸟瞰图（一）

图4—12 滨河景观带平面图（二）

图4—13 滨河景观带鸟瞰图（二）

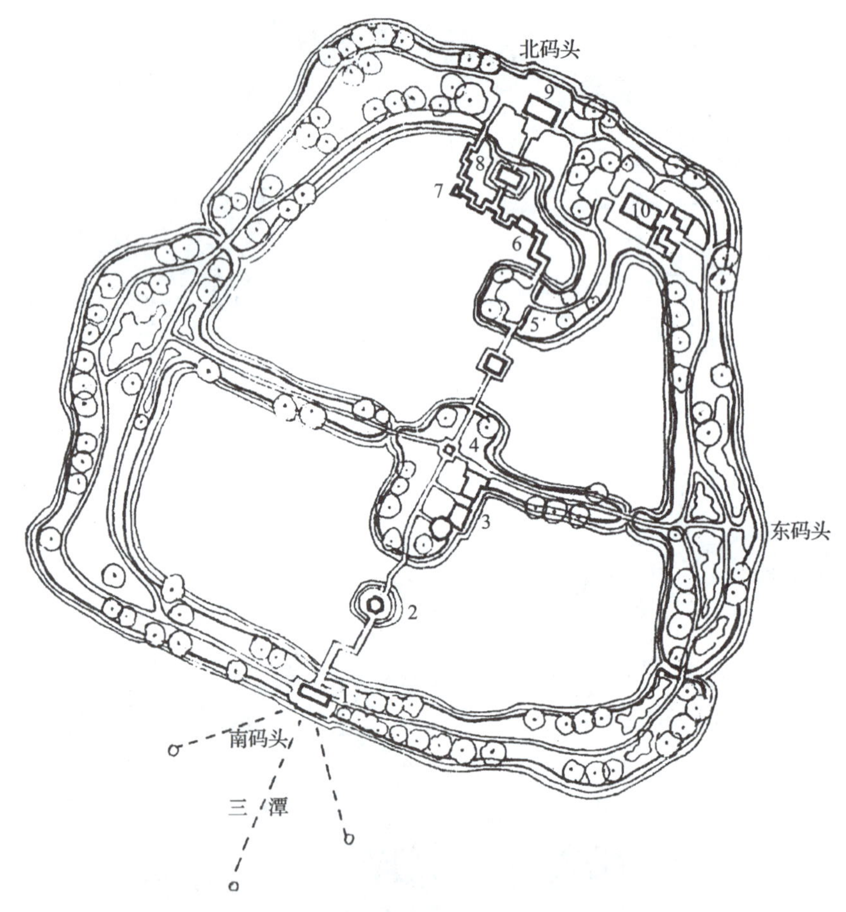


图4—14　杭州西湖三潭印月平面图

1—我心相印亭　2—三潭印月御碑　3—永明禅寺　4—鱼沼秋蓉　5—漏花墙

6—亭亭亭　7—三角亭　8—先贤祠　9—先贤祠正厅　10—闲放台

### 2. 城墙带状公园

城墙带状公园是特指与城市中的古城墙相连的带状公园绿地。城墙公园是城市中一类较为特殊的公园绿地，它除了一般公园绿地的功能外，还有保护历史文物、弘扬历史文化的功能，因此具有丰富城市历史文化内涵的特征。

（1）突出城墙固有的形制及周围的环境地域特色。城墙因其规模不同、所处地理环境不同、建造年代不同等而呈现出不同的形制及特征。如北方城墙一般较方正，南方城墙较曲折；有的城市的城墙与水联系紧密，如苏州城墙；有的城市的城墙与山关系亲近，如乐山城墙；有的古城墙雄踞沙漠，如嘉峪关；有的古城墙位于少数民族地区，具有浓厚的民族特色，如大理古城墙。这些不同形式和特色的古城墙对城市的特色有着显著的影响。因此，在进行城墙公园的设计时应首先把握其特有的形制及环境地域特色，通过适当的设

计手法加以强调，以突出特点。另外，为了保护好古城墙的环境氛围，在城墙公园及周围用地的规划中应注意留出一定的空间，与现代化的城市气氛形成缓冲，这样，古城墙的风貌才能得到真正的保护。

（2）以古城墙的历史文化内涵为出发点构筑景观，突出城墙公园的人文价值。古城墙本身即为历史遗留下来的人文景观，其中蕴藏着丰富的历史人文因素。在设计城墙公园时应对这些因素进行充分挖掘，运用古典园林的一些传统的构景手法，弘扬与城墙有关的人文精神，突出城墙公园的人文价值。

（3）结合古城墙的历史文化特征开展地方性的、民俗性的文化休闲娱乐活动。在城墙公园中，除可以开展一般性的观赏游览等休闲活动外，为与古城墙的历史文化氛围相协调，可适当安排一些如风俗、服饰、土特产品展出、灯会、庙会等民俗文化活动，以增加城墙公园的人气及活力。

（4）要协调好古城墙与市政现代化功能要求之间的关系。为了使城墙公园更好地为居民服务，在公园设计中必须考虑水、电等市政设施。这些功能空间的处理一定要服从保护古城墙的大原则，应以不破坏古城墙的历史文化氛围为基本出发点，使人们在享受现代化服务的同时能充分感受古城墙的历史文化氛围。

以上是城墙公园规划设计的一般性原则，在方案设计中，应从具体情况出发，发挥创造性，设计出各有特色的城墙公园。

设计实例如图4—15所示。

图4—15　城墙公园

### 3. 街旁带状公园

街旁带状公园是指与道路平行而且具有一定宽度的带状绿地，其中栽植较密的乔灌木将人行道与车行道隔开，在此带状绿地内适当开辟各种场地，设置必要的园林设施，为行人和附近居民短时间休息用。花园林荫路也可以说是带状的街头绿地。在城市缺少绿地的情况下，花园林荫路可弥补城市绿地分布不均匀的缺陷。

就与道路相对位置来讲，街旁带状公园可分为以下三种类型：

（1）布置在街道中间的花园林荫路。林荫路两侧各有一条车行道，这是常见的类型。

（2）布置在道路一侧的花园林荫路。这样的林荫路减少了行人与车行路的交叉。因此在交通较频繁的街道上，常采用这种类型。

（3）布置在道路两侧的花园林荫路。这种类型的林荫路可以使两侧居民不穿过道路到达林荫路中，比较安静方便，对于道路两侧的建筑也有一定的防护作用。

设计林荫道绿化要创造浓郁的林荫气氛，形成安静舒适的环境，以供游人散步、休息。但是一定要留出适当的有阳光照射的场地，供不同要求的人休息、活动使用。林荫路不要分成过多小段，以保持清静环境，但在较长的林荫路中每75～100 m长时留一个出入口，林荫路尽端往往与城市广场或主要干道相连，是城市广场构图的主要部分，应注意艺术处理中的相互联系。设计形式可参考小游园的有关规定。

设计实例如图4—16～图4—18所示。

图4—16　某景观大道平面图

4—17　某景观大道效果图

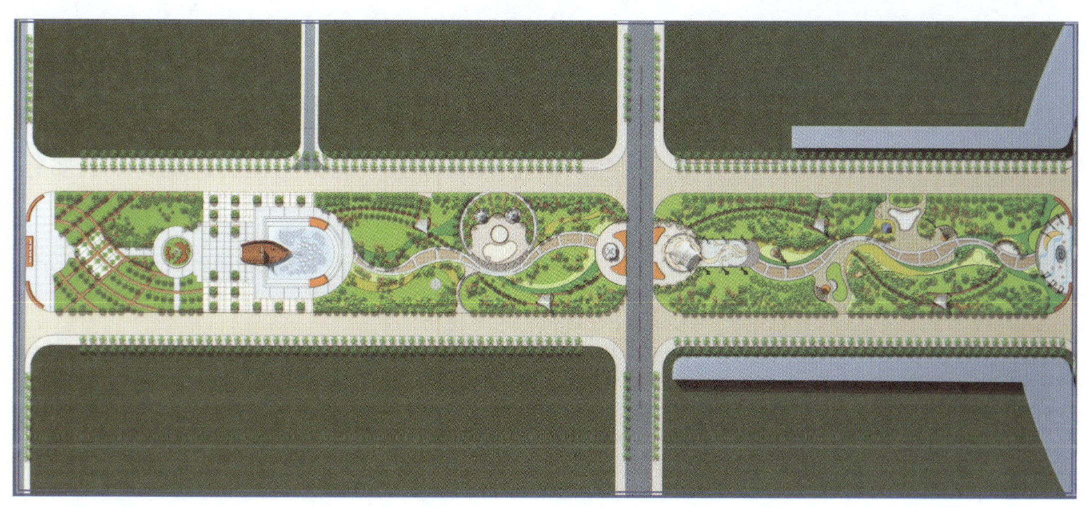

图4—18　林荫道平面图

## 五、专类公园

### 1. 儿童公园

儿童公园是专为儿童设置，供其进行游戏、娱乐、科普教育、体育活动等的城市专类公园。户外的游戏及活动是儿童生活的重要组成部分，通过这样的活动可以锻炼儿童的身体、提高智力、完善性格、增长知识，因此儿童公园的修建有重要的意义。

（1）设计原则

1）要按不同年龄儿童使用比例划分用地，活动区的用地应有良好的日照及通风条件。

2）道路网简单明了，便于儿童辨别方向，顺利到达各活动区。路面宜平整防滑，避免儿童摔跤，主要道路应考虑儿童骑小三轮车及儿童推车通行的要求。

3）有充分的绿化，保证有良好的自然环境。绿化用地面积宜在50%左右，绿化覆盖率宜在70%以上。并结合自然地形、水面等自然因素，形成良好的景观效果。

4）园内的建筑、小品及各项活动设施的造型、色彩等应符合儿童的心理、行为及安全的要求，易被儿童接受，并引起儿童的兴趣。

5）应有适当的服务及休息设施，供儿童及陪同儿童来园的成人使用。

（2）功能分区。按不同的功能，可将儿童公园分为活动区及办公管理区。办公管理区包括为儿童活动服务的后勤管理设施，如办公室、保管室、广播室等。活动区是组织儿童活动的主要区域，按不同的活动特征，活动区又可划分为以下几部分：

1）幼儿活动区。即学龄前儿童使用的区域，一般宜靠近大门，便于幼儿寻找及儿童的推行。

2）学龄儿童活动区。即学龄儿童游戏活动的区域。

3）体育活动区。即可集中进行体育运动的场地。

4）娱乐和少年科学活动区。即进行娱乐和科普知识宣传的区域。

在具体的儿童公园规划中，由于规模不同，服务对象不同，可能会选取其中的部分功能区。

（3）设施布置。儿童公园的设施主要包括供儿童游戏、运动的设施及供儿童、成人使用的服务设施，这些设施分布于各个活动区，可包括以下内容：

1）幼儿活动区可设置的设施。沙坑、草地、硬质地、休息亭廊、凉篷、学步栏杆、攀缘梯架、跷跷板、滑梯、秋千、转椅等。

2）学龄儿童活动区可设置的设施。集中活动场地、障碍活动场地、冒险活动设施、戏水池、表演舞台、飞椅、空中列车、游艺室等。

3）体育活动区可设置的设施。各种球场、单杠、双杠、乒乓球台、攀岩墙等。

4）娱乐和少年科学活动区可设置的设施。露天电影、露天表演、小植物园、小动物园、阅览室、科技馆等。

除此之外，休息亭廊、休息座椅、小卖部、厕所、垃圾箱等服务设施应视具体情况分布于各区，以供陪同小孩的成人使用。

（4）植物配置。儿童公园一般较靠近居住区，为防止儿童公园的噪声对周围居民产生影响，在周围应栽植浓密的乔木、灌木与之隔离，公园内各功能区之间也应有适当的绿化分离，同时在注意保证场地有充分日照的前提下，适当选择一些遮阴效果好的乔木，为儿童活动创造一个良好的绿化环境。

另外，考虑儿童安全及其他生理和心理特点，在植物配植上要注意以下原则：

1）不选用有毒植物。这类植物威胁儿童的健康及生命安全。因此，凡花、叶、果等有毒的植物均不宜选用，如凌霄、夹竹桃等。

2）不选用有刺的植物。这类植物容易刺伤儿童皮肤或刮破其衣裤，因此不宜使用。这类植物有刺槐、蔷薇、仙人掌等。

3）不选用有刺激性或有奇臭的植物。这类植物易使儿童发生过敏反应，因此不宜使用，如漆树等。

4）不选用易招致病虫害及易落浆果的植物。这类植物不易管理养护。这些植物上的虫类及浆果落下后会污染场地，妨碍儿童使用。这类植物有楠树、柿树等。

设计实例如图4—19、图4—20所示。

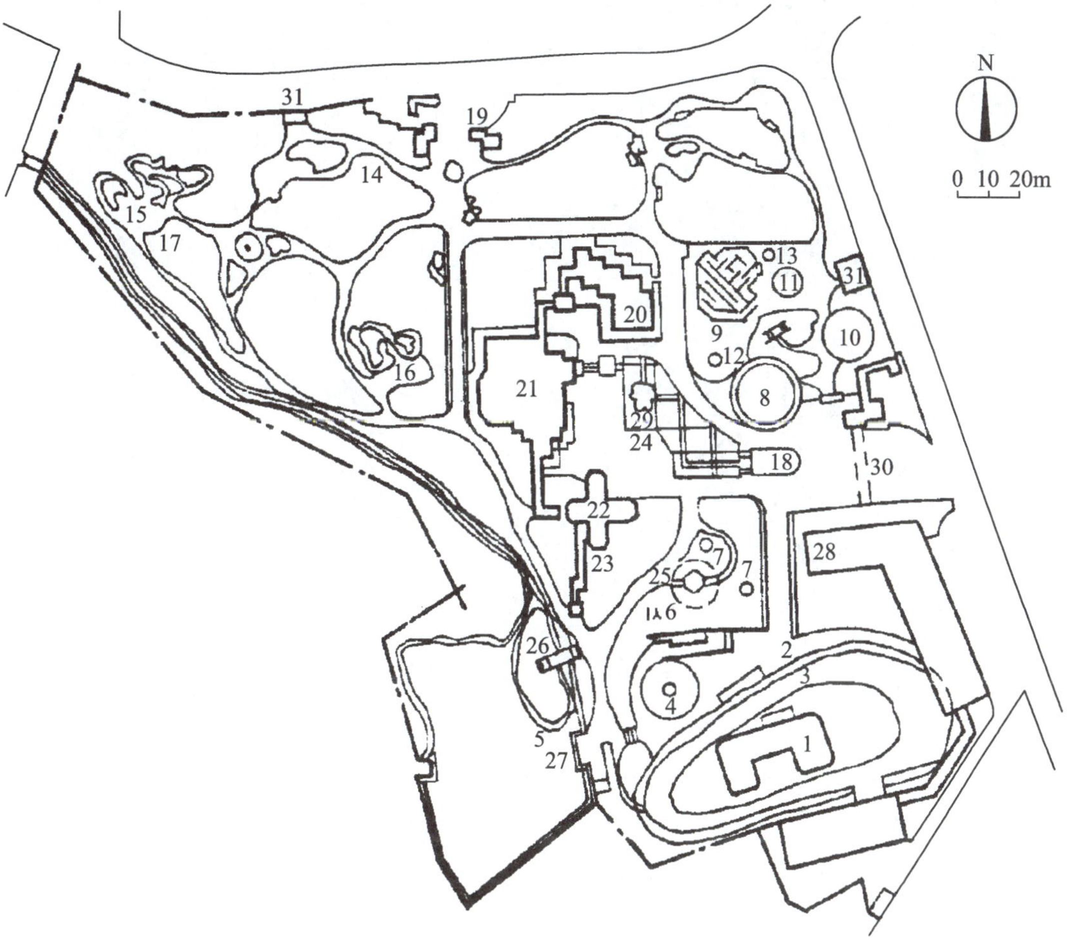

**图4—19 泰安市儿童公园平面图**

1—儿童火车 2—高空车 3—小赛车 4—空中飞骑 5—碰碰船 6—滑梯 7—转马 8—观赏飞机 9—迷宫 10—电动车 11—沙坑、吊环、猴山 12—转动攀登圈 13—跳跳床 14—十二生肖石雕 15—白雪公主与七个小矮人 16—听泉瀑（双鱼池、戏水池） 17—蘑菇亭 18—主题雕塑 19—北门 20—办公楼 21—展览楼 22—儿童活动室 23—廊 24—月季园 25—六角亭 26—拱桥 27—码头 28—教学楼 29—花架 30—东门 31—厕所

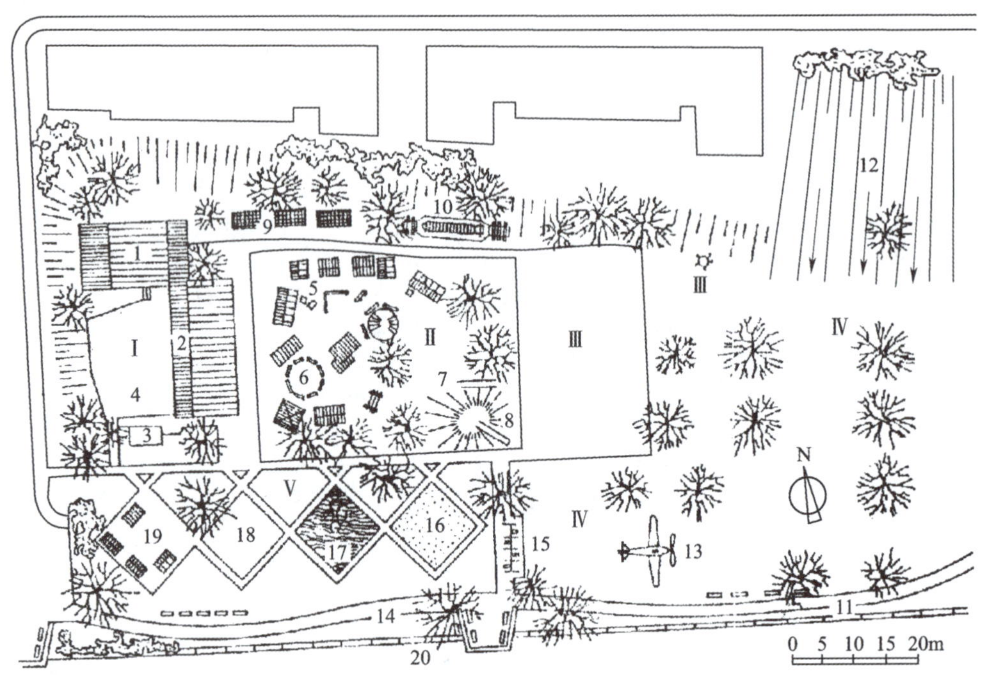


图4—20 瑞士苏黎世儿童公园平面图

1—图书、音乐等多用途建筑 2—作业、手工艺室 3—厕所 4—剧场 5—为小孩建的土人小屋 6—交谈场所 7—隧道 8—滑梯 9—小孩动物园 10—古老电车 11—回转木马 12—供游玩的斜坡 13—飞机 14—沿小河的步行道 15—秋千 16—砂场 17—玩水场 18—游戏场 19—有小房的土人村 20—小河

## 2. 动物园

动物园是集中饲养、展览和研究多种野生动物和少数优良品种家畜、家禽的公共绿地。

动物园的任务是普及动物科学知识，使游人认识动物，了解世界动物尤其是祖国的动物资源，以及知道动物与人的关系和动物的经济价值。动物园还为中小学自然常识课和大专院校有关专业提供实习基地和直观教材，同时也可作为动物科学研究的场所，或通过动物交换促进国际和国内省市间的友好交往。

动物园可分为大型动物园（占地在60 $hm^2$以上，展出品种在700个左右）、中型动物园（占地15～60 $hm^2$，展出品种在400个左右）、小型动物园。小型动物园或动物展览区一般附设在综合性公园之内（占地在15 $hm^2$以下，展出品种在200个以下）。

（1）动物园的组成部分

1）动物展览部分。由动物笼舍及活动场地组成，此部分占地最大。

2）休息服务部分。包括休息用的亭、廊和小卖部、饭馆、厕所、接待室等，这些设

施要均匀地分布于全园，便于游人使用。

3）宣传、教育、科研部分。主要是动物科普馆，最好设置在出入口附近，场地要开阔，交通要方便。

4）经营管理部分。包括管理处、兽医所、饲料中心、检疫站、办公室等，宜适当隐蔽与隔离，但要交通方便，也可设专门出入口。

（2）动物园的规划要点

1）动物园要选在地形起伏、有山冈、有平地、有水面，绿化基础好，在居民区的下游、下风地带，水源要充足，交通方便的城市近郊区。

2）各部分功能分区要清楚，不要使其互相干扰。出入口、主要道路要有导向性，要使参观全园与参观重点区域的游客都感到方便。要把动物笼舍和服务设施等都联系在一起，以景物诱导游人按人行习惯靠右行，即逆时针方向游览。

3）动物园的动物展览顺序是规划上的重要问题，这与导引有着密切关系。从动物园的任务出发，多数动物园都突出动物进化顺序，即由低等到高等，在此顺序原则下还要结合动物的生态习性，地理分布，建筑艺术，珍贵动物和游人爱好等统一考虑。在结合具体条件规划时还要根据地形情况来安排。除此方法以外，还有按地理分布为主，即按动物原产地，或按动物生态为主，即按动物生活环境来安排，这些方法虽也各有特点，但投资大、难度大，一般较少采用。

4）动物园的建筑可设置在主要出入口的开阔地段上或主要景点上。应当重视动物科普馆的作用与建设，在其中可有标本室、宣传室、阅览室、电影厅、报告厅等。动物园的服务设施要有良好的景观，并与动物展览部分有方便的联系。厕所和服务点还可结合动物笼舍设在其中或附近，便于游人使用。

动物园内不应设俱乐部、剧院、音乐厅、滑冰场和大型游艺设备，以保证动物休息和减少传染的机会。

5）动物园四周应有坚固的围墙、隔离沟和林带，防止动物出逃和进行卫生隔离。

（3）植物配置。动物园绿化的目的是为生活在其中的各种动物创造自然的生态环境，并按总体布局，把各种不同的环境组织在同一园内，适当地联系过渡，形成为一个统一完整的群体。绿化要为建筑物创造美丽的衬景，使游人享受到良好的休息。

园林绿化应服从展览的需要和为展览创造艺术的背景，可配合动物兽舍的特点和分区，使各区具有一定的特色。

在动物园的周围要求设有卫生防护林带，其宽度为10～30 m，卫生防护带起防尘、消声和杀菌作用，以半透风结构为好。在展览区与管理区、兽医院之间，也应设有卫生防护林带。

根据动物本身的要求，对动物兽舍，无论是内笼还是外笼，应尽可能进行绿化，最好结合动物习性加以美化。

兽舍附近的绿化在满足功能要求的情况下，尽可能结合动物的生态习性和原产地的地理景观来布置，或结合中国人民喜闻乐见的形式来布置，如在猴山附近布置花果山，熊猫馆附近种竹丛，水族馆边可种垂柳，爬虫馆可种多种攀缘植物，象房可布置热带植物，狮虎山多种松树，鸣禽室可营造鸟语花香的气氛等。兽舍附近的绿化还要考虑参观群众的遮阴和观赏时的视线。一般可在安全栏内种植乔木或与兽舍组成棚架，在笼舍的迎风面应多种针叶树，而在笼舍与活动场地中间应多种落叶阔叶树。

园路的绿化要求达到遮阴的效果，也可布置成林荫路形式。展览区与展览区之间应采用多种种植形式，可有草地、花坛、树丛等，使游人可以在参观展出动物的间隙，适当地进行休息。

动物笼舍内和笼舍附近的绿化，所选择的植物种类应该是对动物无害的，不能种茎、叶、花、果有毒的或有尖刺的植物，以免动物受伤，最好也不种动物喜欢吃的树种，宜种动物不吃又无害的植物。

设计实例如图4—21、图4—22所示。

**图4—21　上海动物园平面图**

1—老虎　2—熊猫　3—熊　4—鸣禽、猛禽　5—中型猛兽　6—水禽、涉禽　7—企鹅　8—金鱼　9—爬虫　10—办公室　11—休息廊　12—猴类　13—象　14—鹿　15—长颈鹿　16—野牛　17—河马　18—斑马　19—海狮　20—饲养管理室

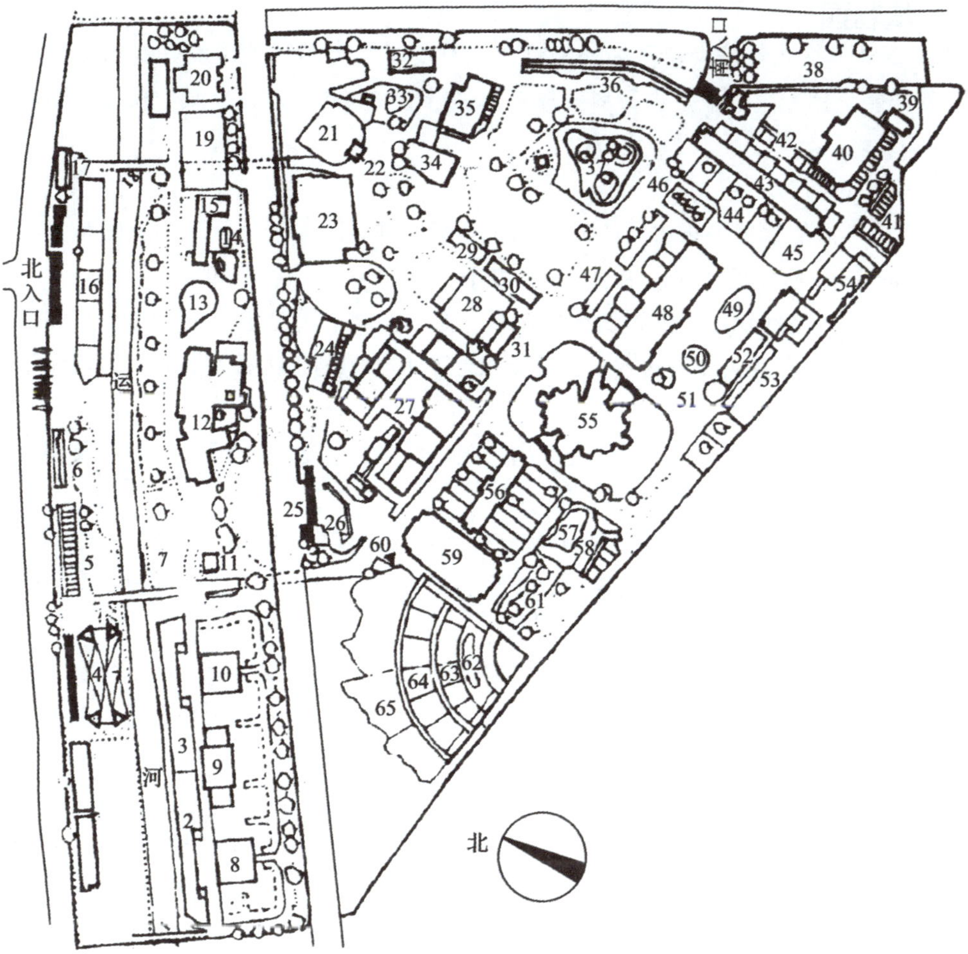

**图4—22　伦敦动物园平面图**

1—西桥　2—鹿　3—羚羊　4，40—鸟房　5，41—雉鸡　6—猫头鹰　7—轮船码头　8—马和牛　9—长颈鹿　10—骆驼、美洲驼　11—海狸　12—哺乳动物、夜行动物　13—巨猿饲养处　14—水獭　15—昆虫　16—鹳和鹅　17—英国猫头鹰　18—东桥　19—会议室　20—办公楼　21—咖啡阁　22—照相馆　23—餐厅　24—东方鸟房　25—大门　26—凉亭　27—猴和猿　28—儿童游戏场　29，35—鹦鹉　30—长臂猿　31—售品部　32—英国鸟类　33—火烈鸟　34—凉亭　36—肉食鸟　37—三岛塘　38—狼林　39—鸣禽　42—孔雀　43—狗和狐　44—野牛　45—熊猫　46—水禽　47—猩猩　48—狮舍　49—企鹅　50—海豹　51—浣熊　52—野餐坪　53—儿童动物园　54—鹌鹑棚　55—象和犀牛　56—鹳和鸵鸟　57—海狮　58—野狗　59—爬虫馆　60—水族馆入口　61—南方鸟类　62—企鹅和鹈鹕　63—野猪　64—熊　65—山羊

### 3. 植物园

植物园是收集和栽培大量国内外植物，以种类丰富的植物构成美好的自然景观，供游人观赏游憩之用，同时也是进行科普教育和进行植物物种收集、比较、保存和培养等科学研究的园地。

（1）规划要点

1）根据不同的功能要求进行合理的功能分区，使各功能区之间既相互联系又互不干扰，一方面有利于植物的生长和展出，另一方面有利于游人的观赏和休息。

2）有清晰的游线组织。通过对园路进行分级、分类，形成合理的游览流线和供科研生产的专用流线。在游人线路的组织上既要保证游人能顺利到达各展示区，又能保证游人近距离地观赏各类植物。

3）除了按植物学科的规律划分展区进行植物配植外，还应充分考虑各区及整个植物园的景观效果。

4)植物园的规划应保证分期实施的可能,同时还应为植物园未来的发展留出余地。

（2）植物园功能分区。根据各功能之间的相互关系，一般的综合性植物园可分为以下几个区：

1）科普展览区。该区是植物园的主要组成部分，其目的是通过活体植物及其生态生活环境的展示，向游人介绍植物及植物园相关的科学知识。按不同的分区原则及方法，该区可分为以下的几个区域。

①植物分类区。植物分类区是指按一定分类模式进行植物排列的区域。由于植物学中存在多种分类模式，因此不同植物园的植物分类区有可能按不同的分类模式进行排列。如英国邱园、中国台北植物园是按英国分类学家哈钦松（John・Hatchinson，1884—1972）的分类系统排列，德国大莱（Dahlem）植物园用德国人恩格勒（Heinrich G・A・Englen，1844—1930）创立的分类系统排列，北京和上海植物园采用的是美国植物学家克朗奎斯特（Artyir John Crongwise）分类系统。许多植物园中的树木园即属于植物的分类区。该区的特点为：面积较大，地形、小气候、土壤类型、土壤厚度等都要丰富一些，以适应各种类型植物的生长要求。

②植物生态区。按植物原产地的生态要求在植物园内分区展现，并模拟原来的生活环境，使参与者易于联想，属于这一区的有以下几部分。

a.岩石植物区。利用自然裸露岩石或人工布置山石，配以色彩丰富的岩石植物和高山植物进行植物展出。

b.沼泽植物区。在天然湖泊的地区或在植物园低洼地带人造的沼泽中种植沼泽植物。

c.水生植物区。利用天然或人工水体，种植水生植物的区域。

d.阴生植物区。利用天然或人工方式形成阳光不足的环境，并在其中种植不需要充足阳光也能正常生长的耐阴植物。

除此之外，还有高山植物区、盐生植物区、森林生态区、亚热带和热带植物区等。由于各植物园的自然环境不能同时满足各生态区的环境要求，因此该区组成数量的多少应根据实际情况而定。在条件允许的情况下，可采用温室等设备，以人工模拟各种生态环境，进行植物展示。

③专类园区。专类园区是指将符合某种特定条件的植物收集在一起，进行集中展示的区域。这些特定的条件包括：分类学某一丰富的属、药用植物、油料植物、纤维植物、对污染及有毒物质具有抗性的植物等。最常见的专类园有松柏园、竹园、月季园、百草园、药用植物园、抗性植物园等。

④示范区。示范区是指在植物园中设立可为园林设计及建设起到示范作用的区域。在该区内通过场地设计、植物配植、种植方式等的示范使园林设计者、园林植物经营者和一般游客得到园林设计及建设方面的知识和启发。这些示范区可包括家庭花园示范、绿篱示范、花坛花境示范、各国园林艺术示范等内容。

2）科普教育区。科普教育区是集中设置科学普及教育的内容及设施的区域。如果该区内容丰富，则可使植物园发挥更为深远的作用。该区所包含的内容有少年儿童园艺活动区、读书园、植物学家及名人纪念园、标本馆、植物博览馆、植物图书馆、报告厅、露天表演台等。

3）研究实验及苗圃区。科研试验及苗圃区是供科学研究和生产的用地。为了避免干扰、减少人为损坏，一般不对群众开放或少量对群众开放，仅供专业人员参观学习。其中实验区内可设温室、实验室、研究室等，用于引种驯化、杂交育种、植物繁殖及其他科学实验。苗圃区内可设实验苗圃、繁殖苗圃、原始材料圃等。

4）服务及职工生活区。为了方便游客，植物园中还应设置包括餐饮、小卖部及其他各种服务在内的服务区。为了便于职工上下班及日常生活，在远离市区的植物园还应为职工设置包括宿舍、幼儿园、食堂、浴室、综合服务商店、车库等内容的职工生活区。

设计实例如图4—23～图4—25所示。

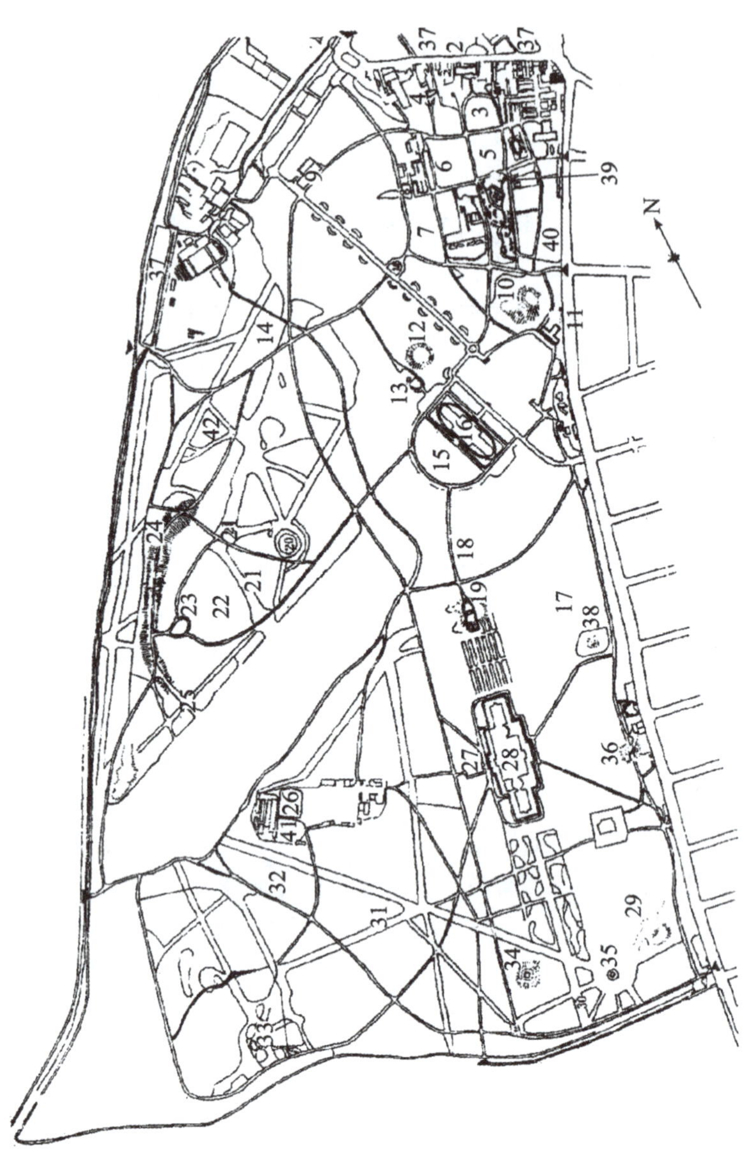

图4—23　英国伦敦邱园平面图

1—荷兰园　2—木材博物馆　3—剑桥村舍花园　4—办公室　5—鸢尾园　6—多浆植物园　7—温室区　8—日馨　9－柑橘室　10—林地园　11—博物馆　12—蟹丘　13—睡莲温室　14—水仙区　15—月季区　16—棕榈温室　17—小檗谷　18—日本樱花　19—威廉王庙　20—杜鹃园　21—鹅掌楸林荫路　22—杜鹃　23—竹园　24—杜鹃谷　25—栗树林荫路　26—苗圃　27—大洋洲植物温室　28—温带植物温室　29—欧石楠园　30—山楂林荫路　31—橡树林荫路　32—睡莲池　33—女皇村舍　34—清真寺山　35—塔　36—拱门　37—停车场　38—旗杆　39—岩石园　40—药草地　41—厕所　42—木兰园

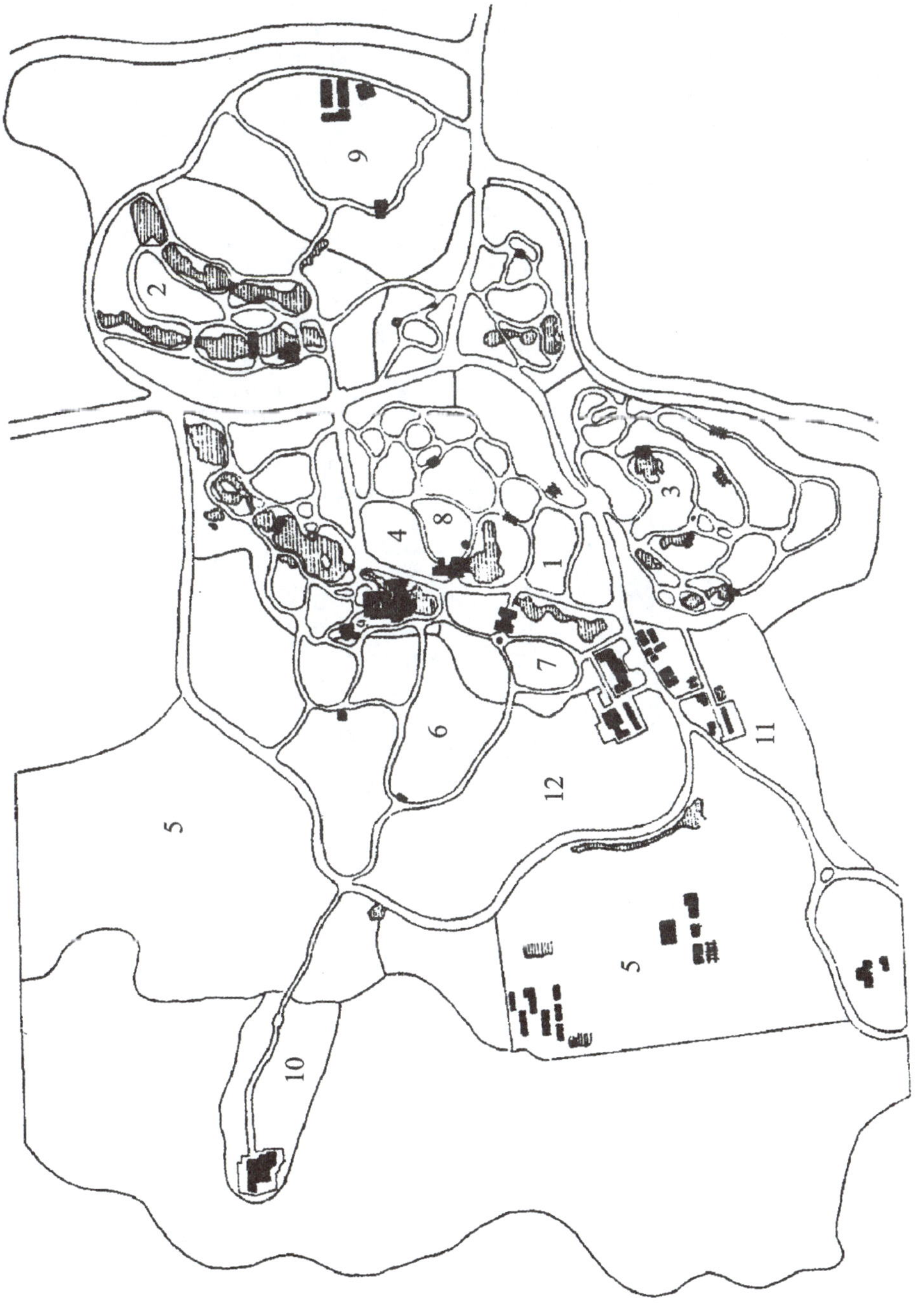

图4—24　杭州植物园

1—观赏植物区　2—竹类植物区　3—植物分类区　4—经济植物区　5—植物引种试验区　6—树木园

7—药用植物园　8—植物资源馆　9—玉泉观鱼　10—灵峰　11—引种温室　12—植物园大楼

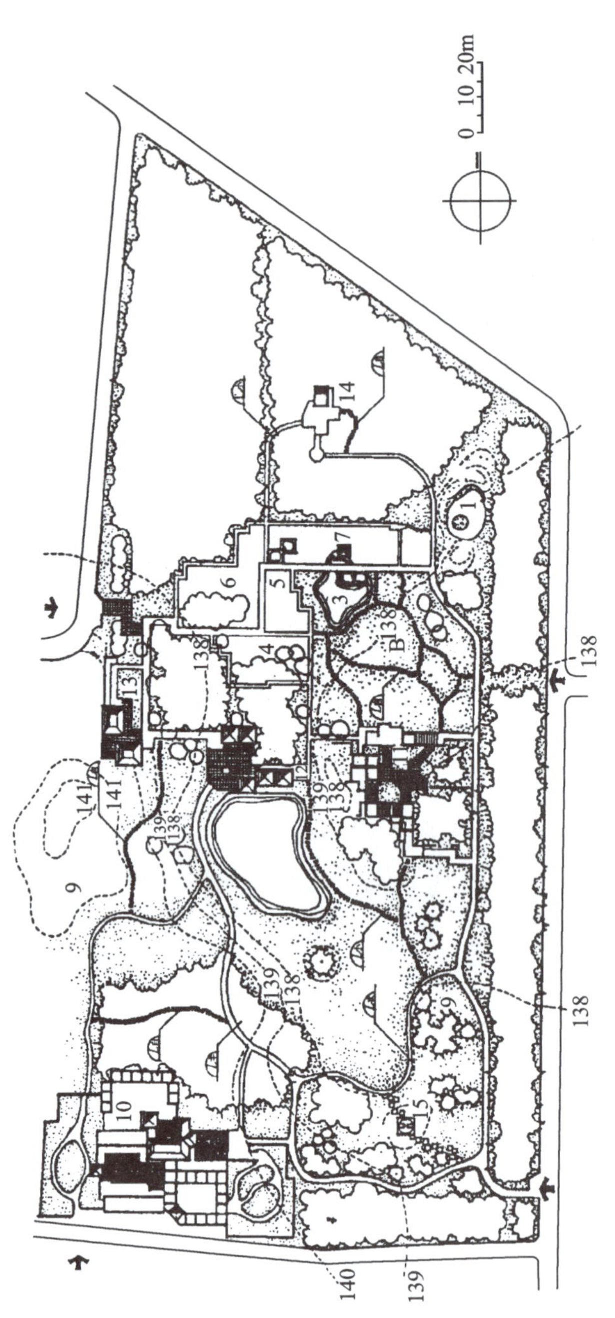

图4—25 某药物园规划图

1—旱砂岩生植物区 2—水生植物池 3—沼生植物池 4—阴湿植物种植池 5—阳湿植物种植池 6—耐阴植物种植池 7—喜阳植物种植池 8—专类花园 9—药用木本植物区 10—参园 11—藤本植物区 12—中心景亭 13—展览廊 14—桦林木屋 15—标志雕塑

$L_{主}$：主环路；$L_{次}$：次级路；$L_{小}$：嵌草小路；$L_{自}$：自由式嵌草小路

#### 4. 纪念性公园

为了表彰英雄人物为革命斗争，为实现社会主义、共产主义事业而献身的爱国主义和国际主义精神，歌颂革命烈士的高贵品质，以及为纪念历史人物、重大历史事件和以革命圣地为主题的园林，一般称为纪念性公园。

纪念性公园除了具有一般性园林的作用以外，更重要的是还具有非常突出的教育意义和纪念意义。

纪念性园林由于其特定的题材，在园林规划设计中，应通过各种手法来体现其纪念思想内容，因此在纪念性园林中常设有纪念建筑，常见的有纪念碑、纪念像、纪念塔、纪念馆、纪念门、纪念廊、纪念亭、陵墓、故居等。

纪念性建筑有的以单纯艺术造型为主，用以表达其纪念性意义；有的则是结合某人某事的功绩而命名的纪念性建筑，如在馆内陈列文物等。

设在广场上的纪念建筑物多为纪念塔、纪念碑和纪念像等，其总体布置宜规则，要有较多的地面铺装，并通过绿化以形成整齐、大方、庄严又亲切的气氛，树种不宜过于繁杂。

当纪念物置于园林之中时，就形成了纪念性公园。纪念性公园的规划设计要既富于纪念意义，又能满足广大人民群众游览休息的需要。为此全园常分为游览休息区和纪念区两部分，游览区与一般公园相似。在纪念区纪念物附近，常用规则式布置，其外围再逐步过渡到半自然式和自然式，使其周围景物统一协调，成为一个有机整体。

在绿化方面，除了要满足一般功能要求外，还应结合纪念物的主题，用一定的植物种植来象征示意某种纪念意义。如用松柏表示坚强和万古长青，桃李成林表示“桃李满天下”，垂枝柏、缨络柏、雪松表示哀悼和悲痛等。

陵园是纪念性公园的重要形式之一，它是安葬先烈遗体、纪念先烈的场所，宜选择地势较高，树木较多的僻静之地，在气氛上要求比一般纪念性公园更为严肃。陵园中常绿树所占比例应较大，以便在冬天大部分地区植物凋零之时，可见大片苍松翠柏，以象征先烈精神不死，万古长青。

设计实例如图4—26所示。

#### 5. 体育公园

体育公园是指有较完备的体育运动及健身设施，供各类比赛、训练及市民的日常休闲健身和运动之用的专类公园。

体育公园不是一般的体育场，除了完备的体育设施以外，还应有充分的绿化和优美的自然景观，因此一般用地规模要求较大，面积应在10～50 $hm^2$为宜。

（1）功能分区。按不同功能组织进行分区，体育公园一般可以分为以下几个功能区：

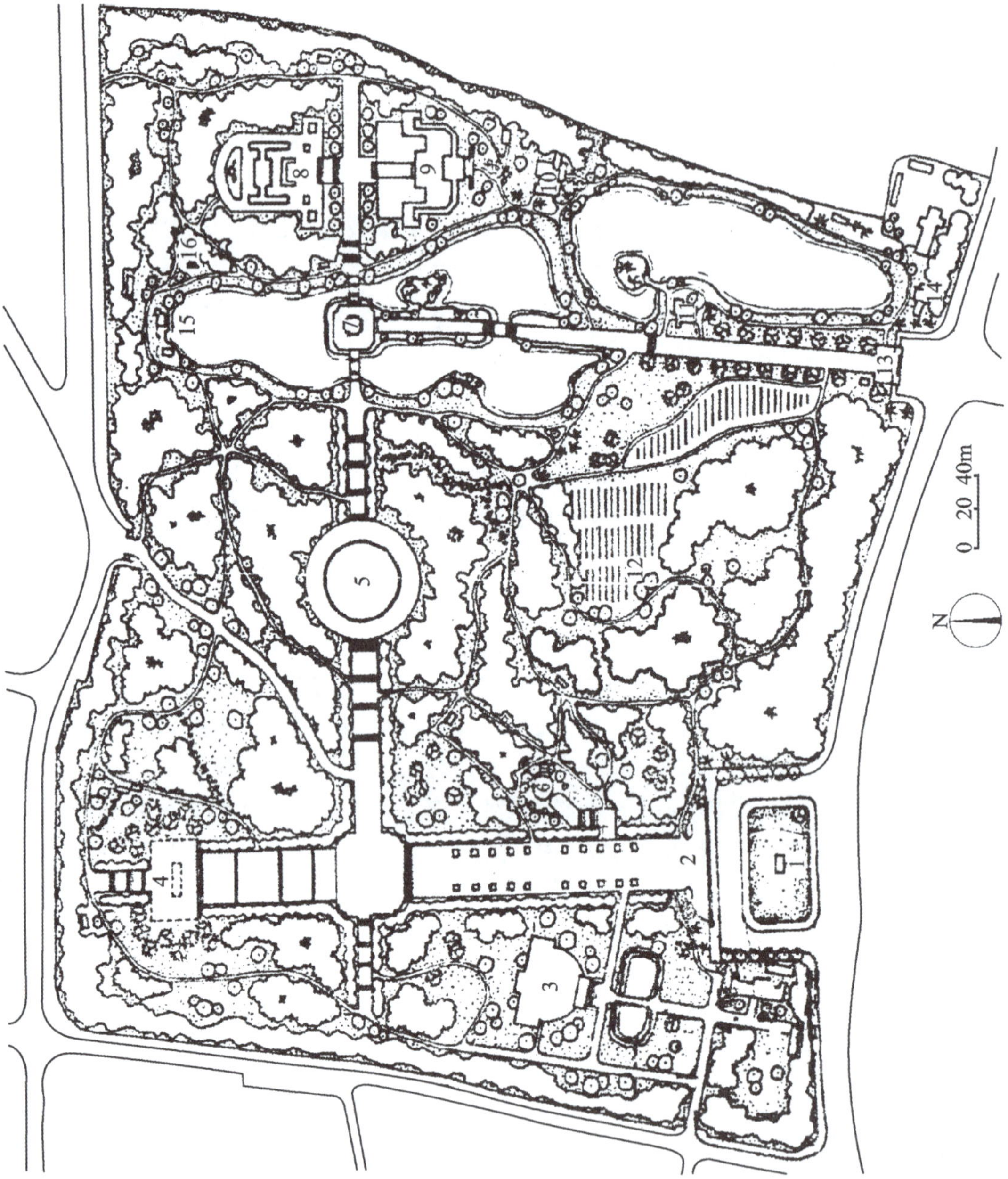

图4—26　广州起义烈士陵墓

1—草坪　2—正门　3—博物馆　4—纪念碑　5—墓包　6—四烈士墓　7—湖心亭　8—中苏血谊亭

9—中朝血谊亭　10—茶室　11—管理室　12—花圃　13—东门　14—摄影部　15—艇部　16—三角亭

1）运动场。即具有各种运动设备的场所，是体育公园主要的组成部分。通常以田径运动场为中心，根据具体情况在周围布置其他各类球场。

2）运动馆。各种室内的运动设施及管理接待设施，可集中布置或根据总体布局情况分散布置。一般可布置于公园入口附近，这样可有方便的交通联系。

3）体育游览区。可利用地形起伏的丘陵地布置树林草地，供人们散步、休息、游览用。

4）后勤管理区。即为管理体育公园所必要的后勤管理设施。一般宜布置在入口附近，如果规模较大也可设专用出入口与之相连。

（2）设施布置。体育公园的设施是以体育运动设施为主，主要的运动设施有田径运动场、足球场、网球场、排球场、篮球场、棒球场、射击场、游泳池等竞技场。特殊情况下还可设冬季滑雪设施、赛马场、自行车竞技场、划艇训练等。体育馆内的室内运动健身设施可设乒乓球、羽毛球、篮球、室内游泳池、健身房。另外，馆内还可设置管理室、接待室、休息室、浴室、桑拿、美容美发、教室、医务室、图书馆、餐厅等服务设施。较大规模的体育公园内还可设置体育研究所、体育专门学校等。

（3）植物配置。体育公园如果临近居住区，为防止体育公园的噪声及灰尘对周围居民的影响，在公园四周应有一定的防护林带。另外，在公园中相互之间有干扰影响的区域应有适当的绿化分隔。同时在运动场地植物配植上，一定要注意不妨碍比赛的进行及观众观赏时的视线。为了便于管理和养护，应尽量少用易落叶、易发生种子飞扬、不利于场地或游泳池清洁卫生的树种。由于运动场要求视线较开阔，因此在植物配植时，可适当增大草坪的比例。

设计实例如图4—27、图4—28所示。

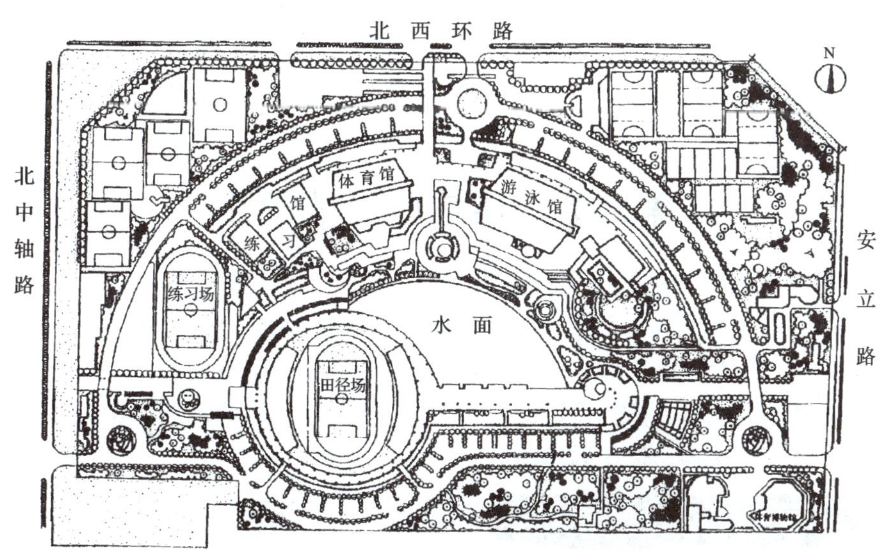


图4—27 北京奥林匹克体育中心绿化平面图

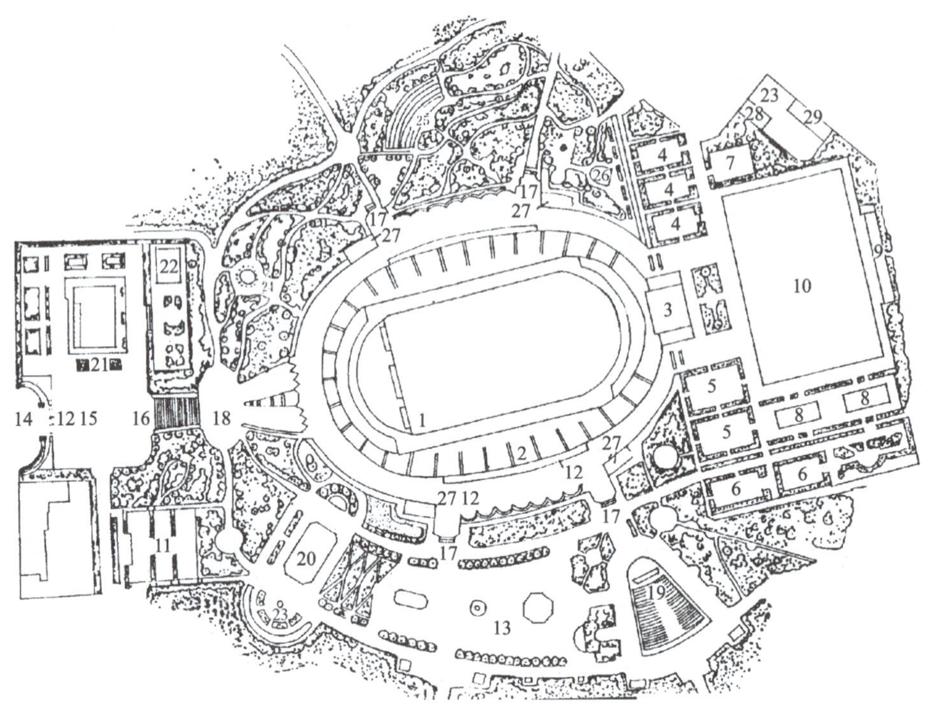

图4—28　乌拉基米尔城体育公园平面图

1—运动场　2—看台　3—体育馆　4—排球场　5—篮球场　6—击木游戏场　7—操场　8—网球场　9—打靶场　10—足球练习场　11—儿童广场　12—柱廊　13—娱乐场所　14—主要出口　15—主要入口的广场　16—台阶　17—看台出入口　18—看台前广场　19—绿化剧场　20—跳舞场　21—戏院　22—饭店　23—小食堂　24—阅览室　25—日光浴场　26—陈列馆　27—厕所　28—管理处　29—汽车房

## 第三节　居住区绿地设计

居住区绿地是指供居住区内居民公共使用的绿地，这类绿地常与居住区或居住小区的公共活动中心和商业服务中心结合布局，为居民提供日常户外游憩活动空间，让居民开展包括儿童游戏、健身锻炼、散步游览和文化娱乐等活动。在规划建设中结合环境条件和功能要求，布置园林水体、园林建筑、园林小品、铺地广场和照明灯具等，以园林植物景观为主体，创造居住区自然优美的园林环境。

### 一、居住区绿地的功能

居住区绿地是居民日常接触最多的一类绿地，首先应该满足居民的日常休闲活动的需要，活动包括散步、交谈、健身、儿童游戏、小坐等。居住区绿地应能提供与之相应的

空间，以满足这些休闲活动的使用要求。

居住区绿化以植物为主体，从而在净化空气、减少尘埃、吸收噪声等方面有良好的作用，同时也有利于改善环境、遮阳降温、防止西晒、调节气温、降低风速。在地震或战时能利用绿地疏散人口，有着防灾避难、隐蔽建筑的作用，绿色植物还能过滤、吸收放射性物质。

婀娜多姿的花草树木，丰富多彩的植物布置，以及少量的建筑小品、水体等的点缀，使居住建筑群更显生动活泼。还可利用植物遮蔽不雅观之物，美化居住区的面貌（见图4—29）。

图4—29　青岛某小区景观

## 二、居住区绿地的组成

按照不同的服务对象、使用范围以及新的绿地分类标准，可将居住区绿地分为居住区公园、小区游园、组团绿地、配套公建绿地、宅旁绿地、居住区道路绿地。表4—2中仅介绍前三种。

表4—2　　各类居住区绿地特征一览表

| 绿地类型 | 居住区公园 | 小区游园 | 组团绿地 |
| --- | --- | --- | --- |
| 使用对象 | 居住区居民和部分一般市民 | 居住小区居民 | 住宅组团居民特别是儿童和老人 |
| 设施内容 | 休闲活动场所和服务建筑、专用出入口和管理建筑、少年儿童活动场地、园林建筑、设施小品、地形变化、水景、树木草地花卉 | 老年人活动休憩场地、儿童活动场地、设施小品、构筑物、小型水景、地形变化、树木草地花卉、出入口 | 简易儿童游戏设施、座凳椅、树木、草地、花卉、铺地 |
| 用地规模 | 2～5 $hm^2$ | ≥4 000 $m^2$ | ≥400 $m^2$ |
| 步行到达时间（min） | 5～10 | 3～5 | 1～2 |
| 内部布局要求 | 有明确的功能和景区划分 | 有一定的功能区域划分 | 灵活布置 |

居住区绿地规划应符合下列规定：

第一，一切可绿化的用地均应绿化，并宜发展垂直绿化。

第二，宅间绿地应精心规划设计，宅间绿地面积的计算办法应符合规范中有关规定。

第三，新区建设绿地率不应低于30%，旧区改造绿地率不宜低于25%。

居住区绿地的定额指标，指国家有关条文规范中规定的在居住区规划布局和建设中必须达到的绿地面积的最低标准。指标的高低反映了居住区绿化水平的高低，最常用的指标为居住区绿地率。其计算公式是：

居住区绿地率=（居住区各类绿地面积/居住区总用地面积）×100%

绿地面积应包括公共绿地、宅旁绿地、公共服务设施所属绿地和道路绿地（即道路红线内的绿地），其中包括满足当地植树绿化覆土要求、方便居民出入的地下或半地下建筑的屋顶绿地，不应包括屋顶、晒台的人工绿地面积。

## 三、居住区各类绿地的规划设计要点

居住区公共绿地是居民日常休息、观赏、锻炼和社交的就近便捷的户外活动场所，规划布局必须满足这些功能要求，各类居住区公共绿地在用地规模、服务功能和布局方面都有不同的特点，因而在规划布局时应区别对待。

### 1. 居住区公园

居住区公园是为整个居住区居民服务的居住区公共绿地，布局在居住人口规模达3万~5万人的居住区中，面积为2~5 $hm^2$，服务半径为500~1 000 m，步行5~10 min即可到达，它在用地性质上属于城市园林绿地系统中的公共绿地部分，在布局形式和景观构成上与城市公园无明显的区别。由于居住区公园相对于一般城市公园而言，规划用地面积较小，因此布局较为紧凑，各功能区或景区间的联系紧密，游览路线的景观变化节奏比较快。

居住区公园在选址与用地范围的确定上，往往利用居住区规划用地中可以利用且具有保留或保护价值的自然地形地貌基础或有人文历史价值的区域。公园内设施和内容比较丰富齐全，有功能区和景区的划分，除以绿化为主外，还点缀景观构筑物和园林小品，以小型园林水体、地形地貌的变化来构成较丰富的园林空间和景观。居住区公园应规划一定的游览服务建筑，同时布置适量的活动场地并配套相应的活动设施（见图4—30）。

居住区公园的游人主要是本居住区居民，居民游园时间大多集中在早晚，特别是夏季的晚上是游园的高峰。因此，应加强照明设施，做好灯具造型，布置夜香植物，使之成为居住区公园的特色。

图4—30　某居住区公园鸟瞰景观

居住区公园的规划设计要点如下：

（1）满足功能要求，划分不同功能区域，根据居民各种活动的要求布置休息、文化娱乐、体育锻炼、儿童游戏及人际交往活动的场地和设施。

（2）满足园林审美和游览要求，以景取胜，充分利用地形、水体、植物及园林建筑，营造园林景观，创造园林意境。园林空间的组织与园路的布局应结合园林景观和活动场地的布置，兼顾游览交通和展示园景两方面的功能。

（3）形成优美自然的绿化景观和优良的生态环境，应保持合理的绿化用地比例，发挥园林植物群落在形成公园景观和公园良好生态环境中的主导作用。

## 2. 小区游园

小区游园多数布置在小区的中心，也可在小区一侧沿街布置。一般与小区级道路相邻，同时面向道路设有主要出入口，这样可方便居民进入使用。小区游园面积不低于4 000 $m^2$，服务半径为300～500 m，步行3～5 min即可到达。小区游园为居民提供业余、饭后活动休息的场所，利用率高，要求位置适中，方便居民前往。

小区游园的规划设计要点如下：

（1）充分利用自然地形及原有植物。这样既可以形成有特色的小区中心绿地，又可以快速形成郁郁葱葱的小区绿化环境。

（2）选择合适的位置及规模。小区游园的位置选择应遵循方便小区居民使用的原则，注意与小区的公共活动中心（如会所、游泳池等）相结合，形成一个完整的小区居民生活中心。小区游园的规模应根据其功能要求及国家规定的定额指标，采用集中与分散相结合的方式，形成便于居民使用的良好小区环境，同时节约用地和投资。

（3）有一定的功能划分，布局紧凑。在小区游园布局上，应根据不同年龄段居民的使用要求进行功能划分，设置不同的场地及活动设施。由于小区游园规模一般不大，因此宜将功能相近的活动场地布置在一起，不同功能之间既要分隔又要紧凑，避免造成不必要的浪费。

（4）应结合总体布局与其他绿地相协调。小区游园的布置应与居住区总体布局相结合，综合考虑，全面安排，妥善地处理好小区游园与周围其他城市绿地的关系。可根据地形及功能的特点，灵活布置。其特点是既可以和建筑相协调。又可体现自然优美的环境特点和反映不同的空间效果。

### 3. 组团绿地

组团绿地是直接靠近住宅建筑，结合居住建筑组群布置的绿地，具有一定的休憩功能。由于建筑组团的布置方式和布局手法千变万化，因此组团绿地的大小、位置、形式及内容也丰富多样。一般面积在1 000～2 000 $m^2$，最小应不低于400 $m^2$，离住宅入口最大步行距离在100 m左右，步行1～2 min可达。方便不宜走得过远的年龄段人群的使用。

服务对象主要是组团内居民，主要是老人和儿童就近活动和休息的场所。因此可布置休息桌椅、花木草坪、简易儿童设施等。由于组团绿地的规模一般不大，因此可不进行功能划分，而采用灵活布局的方式安排各项活动及设施（见图4—31）。

**图4—31　某组团绿地鸟瞰景观**

组团绿地的规划设计要点如下：

（1）应满足邻里交往及居民户外活动的要求。由于组团绿地较近，居民的使用频率较高，使用者以老人及儿童为主，因此在规划中应精心安排各项活动、休息、游戏等设施。可将成人及儿童活动适当分隔，为居民提供一个舒适的休息、活动和交往的空间。

（2）注意植物配植及小品设施等的可识别性。住宅组团属于半公共空间，为增强该组团的领域感，在住宅建筑的设计及组团绿地的规划设计中应增强其可识别性，使居住于其中的居民有归属感和认同感。

（3）用非强制性元素划分空间。由于组团绿地面积较小，在划分儿童及成人使用的功能空间时，宜用植物、小品、地面高差及铺装质地的变化，使其在视线上保持整体的统

一和完整。

儿童游戏场是专供儿童使用的游戏场地，可单独设置也可设于小区中心绿地及组团绿地之中。在进行儿童游戏场地规划设计时应注意以下要点。

1）位置选择恰当。位置应选择在儿童常聚集及对其他居民干扰影响较少的地方，以满足服务半径的要求，还应考虑场地内应有充分的日照，保障儿童的身体健康。

2）进行不同年龄段的分区。由于不同年龄儿童的活动特点不同，因此在儿童游戏场的规划设计时进行分区，各区内应布置适于该年龄段的活动项目及设置，并注意不相互干扰。

组团内的儿童游戏场多供幼儿及年龄较小的学龄前儿童使用，可设置较简易的游戏设施，如沙坑、秋千、跷跷板等，还可设迷宫、游戏墙、绘画用的地面等。

3）注意安全性。由于儿童游戏时十分投入，因此儿童游戏场周围应避免车辆的穿越。另外，在各种活动器械、铺地及植物配植等方面，均应考虑儿童的特点，充分注意安全。

4）符合儿童的行为心理特征。充分考虑儿童的行为心理特征，在尺度、肌理、色彩等方面，应满足儿童的行为及心理要求，这样才能吸引儿童使用（见图4—32）。

图4—32 某小区儿童游戏场效果图

### 4. 配套公建绿地

配套公建绿地是指居住区或居住小区里公共建筑及公共设施用地范围内的附属绿地。这类绿地由各使用单位管理，其使用频率虽不如公共绿地和宅旁院落绿地，却同样具有改善居住区小气候、美化环境、丰富居民生活的作用，是居住区绿地系统中不可缺少的组成部分。

居住区配套公建绿地的规划设计应根据不同公共建筑及公共设施的功能要求进行，结合不同功能的建筑可将其分为医疗卫生类配套公建绿地、文化体育类配套公建绿地、商业饮食服务类配套公建绿地、教育设施类配套公建绿地、行政管理机构类配套公建绿地及其他配套公建绿地（见图4—33）。

图4—33　某文化中心配套绿地景观

### 5. 宅旁绿地

宅旁绿地包括宅前宅后及住宅之间的绿化用地。宅旁绿地离居民居住环境最近，与居民日常生活联系最紧密，使用频率最高。因此，宅旁绿地是居住区绿地重要的组成部分，它对居住环境质量的提高及居住区景观效果的改善都有相当重要的作用。

宅旁绿地的形式及内容也十分丰富，包括住宅建筑四周的绿地、前后两幢住宅建筑之间的绿地（见图4—34）和别墅住宅的庭院绿地、多层低层住宅的单元小庭院等。

图4—34　宅旁绿地景观

宅旁绿地的规划设计要点如下：

（1）宅旁绿地的设计应结合住宅的类型、建筑的平立面特点、宅前道路的形式等因素进行布置，有效地划分空间，形成公共与私密各自不同的空间领域感。应充分考虑居民日常生活、休闲活动和邻里交往等的需求，为这些需要提供适宜的空间。

（2）宅旁绿地设计应以绿化为主。树种选择应注意植物的尺度、色彩、季相等因素与院落的大小、建筑的形式等因素的配合，应尽量选择乡土树种和居民喜爱的树种，创造优美的院落绿地景观特色，使居民有认同及归属感。另外，应注意控制植物的种植密度，保证绿地有良好的通风，以减少细菌的滋生，更好地发挥绿地的生态效应。

（3）宅旁绿地设计还应考虑绿地内的乔木、灌木与近旁的建筑、管线和工程构筑物之间的关系。避免乔木、灌木影响建筑的采光和通风，注意避让管线等（见表4—3）。

**表4—3　绿化植物与建筑物、构筑物最小间距规定**

| 建筑物与构筑物名称 | 最小间距（m） | |
|---|---|---|
| | 至乔木中心 | 至灌木中心 |
| 建筑物外墙：有窗 | 3.0～5.0 | 1.5 |
| 无窗 | 2.0 | 1.5 |
| 挡土墙顶内和墙角外 | 2.0 | 0.5 |
| 围墙 | 2.0 | 1.0 |
| 道路路面边缘 | 0.75 | 0.5 |
| 人行道路面边缘 | 0.75 | 0.5 |
| 排水沟边缘 | 1.0 | 0.5 |
| 体育场地 | 3.0 | 3.0 |

应注意与建筑物关系密切部位的细部处理。如建筑物入口处两侧绿地，一般以对植灌木球或绿篱的形式来强调入口，不要栽种有尖刺的园林植物，如凤尾兰、丝兰、枸骨等，以免刺伤行人。墙基可种植树冠低矮紧凑的常绿灌木，墙角栽植常绿大灌木丛，这样可以改变建筑物生硬的轮廓，使之与绿地自然过渡。

建筑南面往往形成良好的小气候条件，可以丰富植物的种类，但要避免乔木、灌木影响建筑的采光和通风。在西面和北面栽种植物，应能阻挡冬季的寒风。在建筑北面考虑到日光不足，可选择耐阴的植物种类。高于1.0 m的各种隔离围墙或栏杆，提倡进行垂直绿化，宜种植观赏价值较高的攀缘植物。

### 6. 居住区道路绿地

居住区内道路绿地应注意满足改善环境、美化景观以及行人行车交通安全的要求。一般由居住区级道路、居住小区级道路、组团道路和宅间小路等构成，为居住区交通服务，并用于划分和联系居住区内的各个小区（见表4—4）。

表4—4　各类居住区道路特征一览表

| 道路名称 | 道路宽度 | 道路特点 |
| --- | --- | --- |
| 居住区级道路 | 红线宽度不宜小于20 m | 与城市道路规划相似 |
| 小区级道路 | 路面宽5~8 m，建筑控制线之内的宽度，采暖区不宜小于14 m，非采暖区不宜小于10 m | 以车行为主，至少应有两个出入口，应设不小于4 m宽的消防通道，利于消防车、救护车的通行 |
| 组团道路 | 路面宽3~5 m，建筑控制线之内的宽度，采暖区不宜小于10 m，非采暖区不宜小于8 m | 通行以自行车和人行为主，在适当地段增设铺装，安放自行车 |
| 宅间小路 | 路面宽度不宜小于2.5 m | 住户或各单元入口道路，只供人行 |
| 园路（甬路） | 不宜小于1.2 m | 用于居民休闲、健身，铺装面层可选择花岗岩、透水砖，青石板汀步、卵石、透水地坪、防腐木等 |

小区级道路和组团道路两侧均配植行道树，宅前道路两侧可不配植行道树或仅在一侧配行道树。消防通道在道路的尽端应设不小于12 m×12 m的回车场地；在尽端式道路的回车场地周围，应结合活动的设置等布置绿化（见图4—35）。道路靠近建筑一侧的绿地中，常采用绿篱、花灌木来强调道路空间，减少交通对住宅建筑和绿地环境的影响（见图4—36）。

图4—35　道路尽端回车场地

居住区配套建设的停车场用地内的绿化包括停车场周边隔离防护绿地和车位间隔绿带，宽度均应大于1.2 m。停车场在主要满足停车使用功能的前提下，应进行充分绿化，绿化以落叶乔木为主，并做到乔、灌、草相结合。应选择高大蔽荫落叶乔木形成林荫停车场。停车场宜采用嵌草砖等透水性材料铺装（见图4—37）。

图4—36　小区道路及两侧绿化景观

图4—37　林荫停车场景观

## 四、居住区绿化设计及树种选择

在居住区绿化中，为了更好地创造出舒适、卫生、宁静、优美的生活、休息、游憩的环境，要注意植物的配置和树种的选择，原则上要考虑以下几个方面：

（1）要考虑绿化功能的需要，以树木花草为主，提高绿化覆盖率，以起到良好的生态效益。

（2）要考虑四季景观效果，采用常绿树与落叶树、乔木与灌木、速生树与慢生树、重点与一般相结合的形式，使乔、灌、花、篱、草相映成景，丰富美化居住环境。

（3）树木花草种植形式要多种多样，除道路两侧需要成行栽植树冠宽阔、遮阴效果好的树木外，可多采用丛植、群植等手法，以打破成行成列住宅群的单调和呆板感，以植物布置的多种形式，丰富空间的变化，并结合道路的走向、建筑、门洞等形成对景、框景、借景等，创造良好的景观效果。

（4）植物材料的种类不宜太多，又要避免单调，力求以植物材料形成特色，使统一中有变化，如玉兰院、桂花院、丁香路、樱花街等。

（5）居住区绿化是群众性绿化工作，宜选择生长健壮、管理粗放、少病虫害、有地方特色的优良树种。花卉的布置使居住区增色添景，可大量种植宿根球根花卉及自播繁衍能力强的花卉，获得良好的观赏效果，如美人蕉、蜀葵、玉簪、芍药、葱兰、波斯菊、虞美人等。

（6）用多种攀缘植物以绿化各种围栏、矮墙，提高居住区立体绿化效果，并用攀缘植物遮蔽丑陋之物。如地锦、五叶地锦、凌霄、常春藤等。

（7）在幼儿园及儿童游戏场忌用有毒、带刺、带尖，以及易引起过敏的植物，以免伤害儿童。如夹竹桃、凤尾兰、枸骨、漆树等。在运动场、活动场地不宜栽植大量飞毛、落果的树种，如杨、柳、银杏、悬铃木、构树等。

（8）要注意与建筑物、地下管网有适当的距离，以免影响建筑的通风、采光，影响树木的生长和破坏地下管网。乔木距建筑物5 m左右，距地下管网2 m左右，灌木距建筑物和地下管线1～1.5 m。

（9）可结合自然地形做微地形处理，微地形面积大小和相对高程，必须根据绿地的周边环境、规模和土方基本平衡的原则加以控制。可结合地形作置石、卧石、抱头石等处理，置石量不宜过大。不宜堆砌大规模假山。

## 五、居住区绿地规划案例分析

### 1. 工程概况

青岛浮山新区是青岛市政府为拓展城市住宅建设发展空间启动的超大型社区。一、二期工程有100余万$m^2$住宅和近20余万$m^2$配套公共建筑，40%以上的绿化率。工程完成后，浮山新区获得了“迪拜国际改善居住环境良好范例奖”“山东省首届人居环境奖”“山东省首届城市优秀住宅小区特等奖”“詹天佑大奖——优秀住宅小区金奖”等众多奖项（见图4—38）。

**图4—38 青岛浮山新区居住区平面布局**

1—浮一小区 2—浮二小区 3—浮三小区 4—浮四小区 5—浮五小区 6—浮六小区 7—福岭佳苑小区 8—四季景园小区 9—阳光山色小区 10—依山半岛小区 11—鲁信含章花园 12—北国之春小区 13—北村小区 14—马兰花园 15—静湖琅园小区 16—埠西花园 17—香山美墅小区 18—湖光山色小区 19—鲁信长春花园 20—东城国际小区

## 2. 各类居住区绿地设计

（1）居住区公园。青岛浮山新区最大的公共绿地是“山水苑”环湖公园，是利用原有水塘及山上雨水收集改造而成的以水景为主的居住区公园（见图4—39）。

图4—39 “山水苑”环湖公园平面图

公园主景是沿锦鲤湖水边景观带，环湖道路根据自然地形设计，路跟水走，水随路移，真正达到了步移景异的效果。湖东侧利用高差作了瀑布的处理，瀑布下有“枕石流泉”“一木为栏”等景点，湖南侧采用自然景石护坡，在环湖边布置了“红帆”雕塑，成为视觉中心（见图4—40）。

湖西侧是集会交流广场，临水处亲水平台取名为“试航矶”，形状采用“船”形过渡空间。湖北侧是柱廊和半圆形临水平台组成的景观，与“红帆”雕塑遥相呼应。供居民群众游憩、娱乐，充分体现了新区“以人为本”的建设理念。

山水苑的北侧处于居住区的腹地，在功能上把它设计成“童趣园”，此处布局灵活多变，一条卵石铺成的小道蜿蜒从水边延伸到中心雕塑——“琴女”，琴女的琴声好像把锦鲤湖的涟漪传达给在场的每一位大人和儿童（见图4—41）。

图4—40 “红帆”雕塑景观

图4—41 “琴女”雕塑景观

（2）小区游园。“富源广场”是浮二小区中心地带的一块椭圆形中心环岛，是小区内人们交流的主活动场地。广场设计理念先进，功能划分合理。它的周边是四组公共建筑，分别是幼儿园、小学、新区管理中心和医院。罗马石柱、大型喷泉是标志性景观，大面积种植的乔木、灌木和草坪让广场风景秀丽、四季常青，周围设置的若干健身器材、木质座椅为居民的体育锻炼、休闲放松提供了方便。周边公共建筑及环形道路上车流的喧闹都被绿色障景有效地阻挡（见图4—42）。

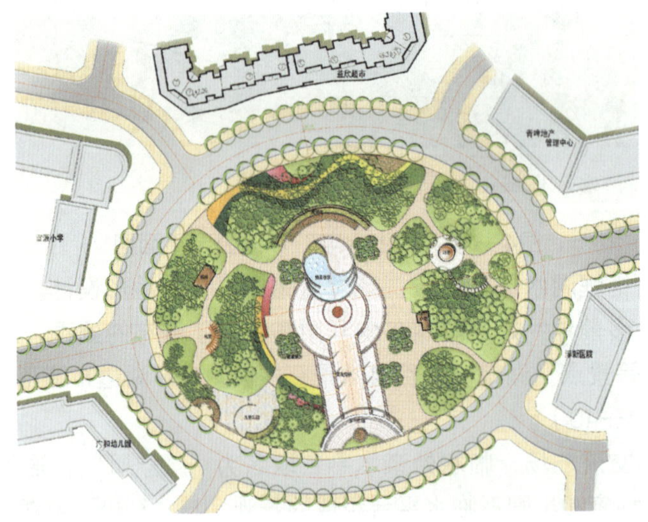

图4—42 “富源广场”平面图

（3）组团绿地。“山水居”是浮山新区的示范单元，车行主入口利用自然地势用崂山景石形成假山，假山上有涌泉形成流水瀑布，上有范曾题写的“山水居”三个红字（见图4—43）。

（4）宅旁绿地。“山水居”内入口轴线的对景是红色构架，构架从环岛向山水居处

图4—43 “山水居”组团绿地

图4—44 “山水居”宅旁绿地

延伸，景外有景，扩大了景观的空间感（见图4—44）。

（5）配套公建绿地。按照功能要求，浮六小区露天剧场处设了一处较大型的厕所，由于厕所隐于山坡绿化中，并采用了锈板饰面，不但没有破坏景观，还成为其中一分子（见图4—45）。

图4—45 配套公建——厕所

同在浮六小区的新世纪网球俱乐部，东面利用劲松三路和公园内的3.5 m高差设计成看台，同时使网球场形成相对独立的环境，网球管理房也依山势而建，饰面采用了当地石材和黏土砖。整个建筑外形优雅，并与环境融为一体（见图4—46）。

商业休闲步行街位于浮四小区，虽然面积不大，但设计合理，外围有商业店铺、银行、餐饮、图书音像、超市等便民生活网点，该区域内有高大的乔木和草坪花园，步行于此或购物之余在花坛木椅上小坐，都会让人感觉心情舒畅（见图4—47）。

图4—46　配套公建——网球管理房

图4—47　配套公建——商业步行街

（6）居住区道路绿地。浮六小区道路绿地的车行道用荷兰砖和火烧板铺装，营造了生态的氛围，道路两侧采用国槐、合欢、法桐等行道树，结合两侧绿地，配置乔灌木和地被植物，高差较大处则结合挡墙设计垂直绿化，同时在路侧绿地内点缀小品雕塑，形成与城市道路完全不同的景观特色（见图4—48）。

图4—48　居住区道路绿地

## 第四节　道路绿地设计

城市道路绿地是指居住区级以上的城市道路及广场用地范围内的绿化用地。道路绿地是城市绿地系统中重要的组成部分，随着经济的发展及城市化进程的加快，城市道路及道路绿地的建设得以发展，道路绿地面积在城市绿地总面积中的比例也有所提高。因此，搞好城市道路绿地的建设对于增加城市绿地率，改善城市生态环境等方面都起着不可替代的作用。道路绿地在构成城市完整的绿地网络系统中扮演着重要的角色，是构成城市完整的“点、线、面”绿色系统的纽带。

## 一、道路绿化的作用

### 1. 生态廊道，改善环境

城市道路是城市人工生态系统与其外围自然生态系统进行物质及能量流动的主要通道。道路绿地的建设有利于形成绿色的生态廊道，保证这种物质循环及能量流动的正常进行。这种绿色廊道可形成各种动物的迁移通道，以此保护生物多样性，维持生态系统平衡。另外，还可以形成各种绿色屏障，有除尘、降噪、杀菌、降低路面辐射热、吸收汽车尾气等作用，对改善城市环境质量起到重要作用（见图4—49）。

图4—49　道路绿地

### 2. 组织交通，保证安全

营建道路绿地，一方面有利于进行人车分流，防止行人任意横穿街道，减少对行进车辆的干扰，使行车的安全得到更好的保障；另一方面，有利于减少车辆之间的相互干扰，如在道路中间设绿化隔离带，在机动车和非机动车道之间设绿化带，修建交通岛等措施均可保证车辆的正常行驶，可有效组织交通，解决交通安全问题。

### 3. 美化市容，优化景观

城市道路绿地是一个城市形象的“窗口”，人们日常出行及商务活动等，都会直接感受到道路绿地的景观。经过精心规划及设计的道路绿地，可形成乔木、灌木及草坪的复层立体种植模式以及四季不同的季相特色。对于改善城市景观，美化市容市貌起着十分重要的作用。

### 4. 防灾减灾，战备防御

城市道路绿地在城市中形成了纵横交错的一道道绿色防线，对于阻碍城市火灾的蔓延，防止地震后建筑坍塌造成的交通堵塞具有无可替代的作用，同时在灾情发生后还可形成救灾通道，有利于城市抵抗灾害能力的提高。

## 二、城市道路绿地的组成

道路绿地是指道路及广场用地范围内的可进行绿化的用地，分为道路绿带（行道树绿带、分车绿带、路侧绿带）、交通岛绿地（中心岛、导向岛、立体交叉绿岛）、广场绿地和停车场绿地（见图4—50）。

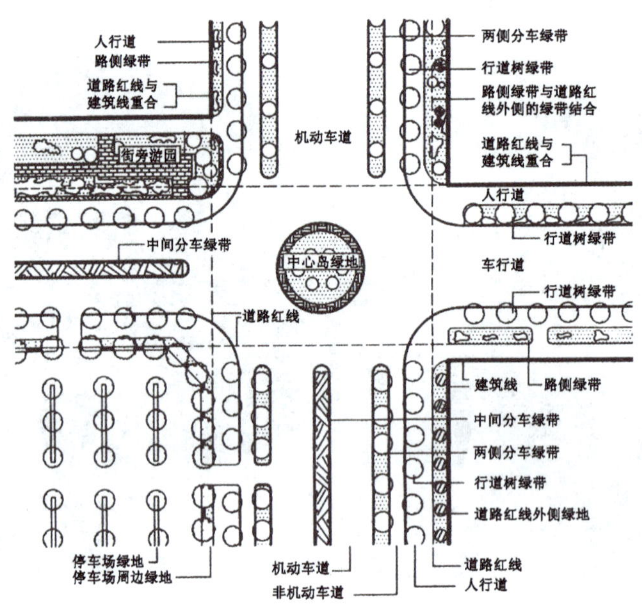


图4—50　城市道路绿地组成

道路绿地率是指道路红线范围内各种绿带宽度之和占总宽度的百分比。在规划道路红线时，应同时确定道路绿地率。我国建设部规定：园林景观路绿地率不得小于40%；红线宽度大于50 m的道路绿地率不得小于30%；红线宽度在40～50 m的道路绿地率不得小于25%；红线宽度小于40 m的道路绿地率不得小于20%。因此，根据实际情况，尽可能多的提高城市绿地率，使城市的绿化风貌与景观特色更好地体现。

## 三、道路绿带设计

道路绿带是指道路红线范围内的带状绿地。道路绿带分为行道树绿带、分车绿带和路侧绿带（见图4—51）。

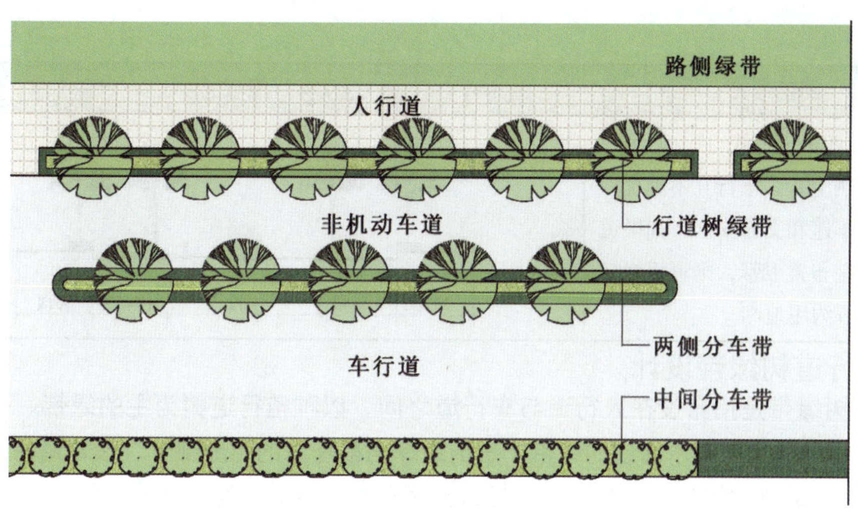


图4—51　道路绿带名称分类

## 1. 道路绿带断面布置形式

城市道路绿地断面布置形式是规划设计所用的主要模式，常用的有一板二带式、二板三带式、三板四带式、四板五带式及其他形式（见表4—5）。

表4—5　　道路断面形式及特征一览表

| 断面形式 | 图示 |
|---|---|
| 一板二带式：<br>简单整齐，用地经济，管理方便。但当车行道过宽时行道树的遮阴效果较差，不利于机动车辆与非机动车辆混合行驶时的交通管理 | 人行道　车行道　人行道 |
| 二板三带式：<br>适于宽阔道路，绿带数量较大，生态效益较显著，这种形式多用于高速公路和入城道路 | 人行道　车行道　人行道 |
| 三板四带式：<br>是城市道路绿地较理想的形式，其绿化量大，夏季蔽荫效果较好，组织交通方便，安全可靠，解决了各种车辆混合互相干扰的矛盾 | 人行道　非机动车道　车行道　非机动车道　人行道 |

续表

| 断面形式 | 图示 |
| --- | --- |
| 四板五带式：<br>各种车辆上行、下行互不干扰，利于限定车速和交通安全。如果道路面积不宜布置五带，则可用栏杆分隔，以节约用地 | 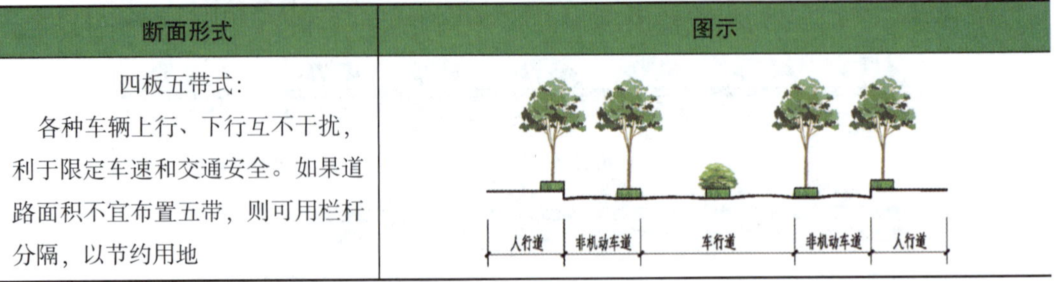 |

## 2. 行道树绿带设计

行道树绿带是指布设在人行道与车行道之间，以种植行道树为主的绿带。有规律地在道路两侧种植浓荫乔木而成的绿带，是街道绿化最基本的组成部分、最普遍的形式。

（1）行道树种植方式。行道树种植方式有多种，常用的有树池式、种植带式两种。

1）树池式。交通量较大，行人多而人行道又窄的路段，设计正方形、长方形或圆形空地种植花草树木，形成池式绿地。正方形树池以1.5 m×1.5 m较合适，长方形以1.2 m×2 m为宜。圆形树池以直径不小于1.5 m为宜（见图4—52）。

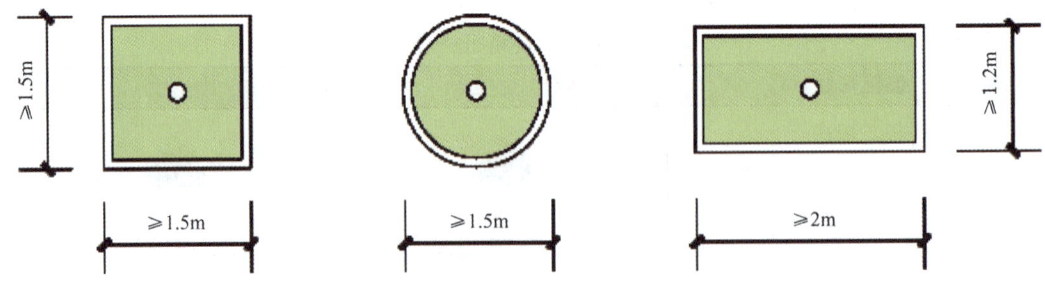


图4—52　行道树绿带——树池式

行道树的栽植点位于几何形的中心，一般种植池边缘高出人行道8～10 cm，其内种植土表面应低于路沿石上顶面5～8 cm。避免行人践踏（见图4—53）。

2）种植带式。在人行道和车行道之间留出一条不加铺装的种植带，一般宽度不小于1.2 m，种植一行大乔木和树篱，如宽度适宜则可分别种植两行或多行乔木与树篱，形成连续的绿带。种植带内一般选用生长缓慢、分枝点低、枝叶结构紧密的灌木，以常绿、色叶树种为主（见图4—54）。

行道树绿带不能连续种植，应留有合理的过往人行通道、出租车停靠点和排水口，人行通道应与斑马线相对应，排水口与市政道路雨水篦子相对应。

图4—53 种植池　　图4—54 行道树绿带——种植带式

（2）行道树选择。主干道行道树规格应达到胸径12 cm以上、分枝点2.7 m以上；次干道苗木应达到胸径8 cm以上、分枝点2.2 m以上。行道树树干中心至路沿石外侧最小距离宜为0.75 m。具备条件的道路，应栽植双排行道树。

行道树定干高度应根据其功能要求、交通状况、道路性质、宽度，以及行道树与车行道的距离、树木分枝角度而定。苗木胸径以12～15 cm为宜，分枝角度大者，干高就不得小于3.5 m，分枝角度小者，也不能小于2 m，否则会影响交通。行道树株距应满足表4—6的要求。

表4—6　　行道树的株距　　m

| 树种类型 | 通常采用的株距 | | | |
|---|---|---|---|---|
| | 准备间移 | | 不准备间移 | |
| | 市区 | 郊区 | 市区 | 郊区 |
| 快长树（冠幅15 m以下） | 3～4 | 2～3 | 4～6 | 4～8 |
| 中慢长树（冠幅15～20 m） | 3～5 | 3～5 | 5～10 | 4～10 |
| 慢长树 | 2.5～3.5 | 2～3 | 5～7 | 3～7 |
| 窄冠树 | — | — | 3～5 | 3～4 |

道路上的植物的生长环境十分恶劣，日照时间短，空气干燥，缺水，土壤贫瘠，再加上汽车尾气的各种有害烟尘、气体等种种人为、机械的损伤和上下管线的限制等，均不利于植物的生长。因此，为保证道路绿地的景观效果，必须选择能在恶劣环境下正常生长的植物作为行道树。选择中应注意以下几点：

首先应选择适应道路环境条件、生长稳定、观赏价值高和环境效益好的植物种类。寒冷积雪地区的城市，分车绿带、行道树绿带种植的乔木，应选择落叶树种。行道树应选择深根性、分枝点高、冠大荫浓、生长健壮、适应城市道路环境条件，且落果对行人不会造成危害的树种。 花灌木应选择花繁叶茂、花期长、生长健壮和便于管理的树种。绿篱植物和观叶灌木应选用萌芽力强、枝繁叶密、耐修剪的树种。 地被植物应选择茎叶茂密、生长势强、病虫害少和易管理的木本或草本观叶、观花植物。其中草坪地被植物应选择萌蘖力强、覆盖率高、耐修剪和绿色期长的种类。

常见行道树的品种中，法桐、国槐、银杏（雄株）、青朴、栾树、五角枫、臭椿、鹅掌楸、白蜡、香樟等是行道树的主要树种。根据不同地域条件可选用枫香、樱花、黄山栾、乌桕、枫杨、楸树、苦楝、光叶榉、椴树、三角枫、杨树、元宝枫、柳树、大叶女贞、玉兰、合欢、青桐、杜仲等作为辅助的行道树种。特殊区域可选用椰子、棕榈等特色树种。

### 3. 分车绿带设计

分车绿带是指车行道之间可以绿化的分隔带。位于上下机动车道之间的为中间分车绿带，位于机动车道与非机动车道之间或同一方向机动车道之间的为两侧分车绿带。为保证行车安全，分车绿带的植物配植应采用简洁的形式，要求树形整齐、排列一致。

中间分车绿带应有阻挡相向行驶车辆眩光的功能，在距相邻机动车道路路面高度0.6～1.5 m范围内，配置常绿植物，树冠应常年枝叶茂密。有条件的可栽植行列式乔木。根据景观要求,可适当配置景石、造型植物、色叶地被（见图4—55）。

图4—55 中间分车绿带

两侧分车带绿化应合理配置乔木、花灌木、时令花卉等。宽度大于等于1.5 m，应以乔木、灌木、地被植物相结合；分车绿带宽度小于1.5 m，应以灌木、地被植物相结合

（见图4—56）。

为了便于行人横穿街道，分车绿带应适当进行分段，一般75～100 m为一段。分段的断口应尽可能与人行横道、大型商店和人流集散比较集中的公共建筑出入口相结合。被人行横道或道路出入口断开的分车绿带，其端部应采取通透式种植（见图4—57）。

图4—56　两侧分车带

图4—57　人行横道与分车带的关系

### 4. 路侧绿带设计

路侧绿带是指布设在人行道边缘至道路红线之间的绿带。路侧绿带的种植设计应根据周边用地的性质、防护和景观要求进行，并应注意保持在路段内的连续与完整的景观效果。

整条道路的绿化应有统一的景观风格，不同路段的绿化形式可有所变化。同一路段上的各类绿带，在植物配植上应相互配合并应协调空间层次、树形组合、色彩搭配和季相变化的关系。园林景观路应与街景结合，配植观赏价值高、有地方特色的植物。主干路应体现城市道路绿化景观的风貌（见图4—58）。

图4—58　路侧绿带景观效果图

路侧绿带的宽度大小不一，中国常见的路侧绿带的最低限度为1.5 m，绿带根据宽度可采用乔木与灌木、地被植物、绿篱配置的形式。

道路两侧绿地宽度大于8 m时，可设计成开放式绿地供行人休息游憩用。在这种形式下，该地段绿化用地面积不得小于该段总用地的70%。

滨临江、河、湖、海等水体的路侧绿带，在设计中应注意与水面及岸线形式相结合，形成生动的滨水绿带。

当路侧临近护坡时，道路护坡绿化应结合工程设施栽植地被植物或攀缘植物形成垂直绿化（见图4—59、图4—60）。河、海护坡绿化应选择耐涝、抗风的植物，海岸护坡绿化应选择耐盐碱、抗海风的植物。

图4—59　垂直绿化形式（一）

图4—60　垂直绿化形式（二）

竖向设计应以总体设计所确定的各控制点的高程为基准，以保护自然地形为主。大高差或大面积填方地段的设计标高，应考虑当地土壤的自然沉降系数。营造地形的自然安息角不得大于20°，超过20°时，应采取护坡、固土或防冲刷的工程措施。道路交叉口处即两条或两条以上道路相交之处。这是交通的咽喉、隘口，种植设计需先调查其地形、环境特点，并了解“安全视距”及有关符号。为保证行车安全，道路交叉口转弯处必须空出一定距离，使司机在这段距离内能看到对面或侧方开来的车辆，并有充分的制动和停车时间，不致发生撞车事故。

根据两条相交道路的两个最短视距，可在交叉口平面图上绘出一个三角形，称为视距三角形。在此三角形内不能有建筑物、构筑物、广告牌以及树木等遮挡司机视线的地面物。视距三角形内布置植物时，其高度不得超过0.70 m，宜选矮灌木、丛生花草种植（见图4—61）。

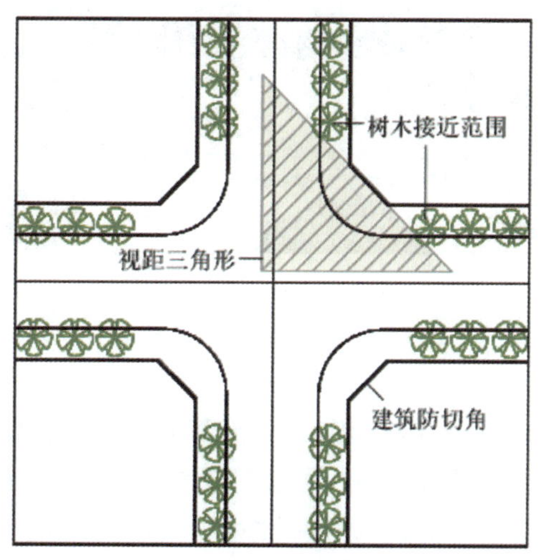


图4—61　视距三角形示意图

## 四、交通岛绿地设计

交通岛绿地即可绿化的交通岛用地。交通岛绿地分为中心岛绿地、导向岛绿地和立体交叉绿岛。交通岛周边的植物配置宜增强导向作用，在行车视距范围内应采用通透式配置。交通岛绿地可选择特选（盆景）景观树栽植，适当配置景石、花灌木、时令花卉等，丰富交通岛景观。在交通岛周边行车视距范围内的植物配置宜采用通透式。

### 1. 中心岛

俗称转盘，设在道路交叉口处，主要为组织环形交通，使驶入交叉口的车辆一律绕岛做逆时针单向行驶。中心岛多设在车辆流量大的主干道或具有大量非机动车通行，行人众多的交叉口。

中心岛绿地要保持各路口之间的行车视线通透，不宜栽植过密乔木，而应以嵌花草皮花坛为主或以低矮的常绿灌木组成简单的图案花坛，切忌用常绿小乔木或大灌木，以免影响视线，方便绕行车辆的驾驶员准确快速识别各路口（见图4—62）。

图4—62 中心岛绿地景观

### 2. 导向岛

导向岛用以指引行车方向，约束车道，使车辆减速转弯，保证行车安全。绿化布置常以草坪、花坛为主。为强调主要车道，可选用圆锥形常绿树栽在指向主要干道的角端加以强调。在次要道路的角端，可选用圆形树冠树种，以示区别（见图4—63）。

图4—63　导向岛绿地景观

### 3. 立体交叉

随着车流量的加大，许多大中城市纷纷采用立交桥的交通形式，立交桥的绿化也越来越受到重视。

桥下绿化，应栽植耐阴、半耐阴植物。桥柱绿化，应在桥柱周围栽植抗旱性强、攀爬能力强的攀缘植物。桥体绿化，应根据桥体两侧栽植槽或挂箱带宽度选择植物，长年无光照条件的区域不宜实施绿化（见图4—64）。

新建立交桥可在建设时预留栽植槽，宽度宜不小于60 cm，栽植抗旱性强的攀缘或悬垂植物。未预留栽植槽的立交桥宜设置挂箱，挂箱内宜栽植时令花卉或垂悬植物（见图4—65）。

图4—64　立交桥桥下绿化

图4—65　立交桥种植槽

## 五、停车场绿地设计

停车场周边应种植高大蔽荫乔木，并宜种植隔离防护绿带。在停车场内宜结合停车间隔带种植高大蔽荫乔木，对车辆有较好的遮阴效果。其树木枝下高度应符合停车位净高度的规定：小型汽车为2.5 m，中型汽车为3.5 m，载货汽车为4.5 m（见图4—66）。

图4—66　停车场绿地

# 第五节　厂区绿地设计

厂区绿化规划是工厂企业总体规划的有机组成部分，在决定总体规划时应给予综合的考虑和合理的安排，以充分发挥园林绿化在改善环境卫生，防护、保障生产，创造舒适优美的休息环境等方面的综合功能。

厂区绿化设计必须从实际出发，不要强求平面构图的完整性。总的原则应从有利于生产出发，配置形式在建筑、道路、广场附近可以以规则式为主，在不规则又较大的地区可采用自然式。选用植物种类不宜过多与繁杂，要根据工厂企业的特点、环境条件、植物的生态要求、工人的喜好等各方面因素，本着对工人健康有利，对生产有利的原则，进行树种选择，做到适地适树。在有污染的工厂及车间附近要选择那些对有害物质既有抗性又能吸收有害物质的树种，在工厂卫生保健机构附近应该选种一些能挥发杀菌素的树种，在精密仪器厂、印刷厂或车间附近不应选种有飞絮和产生大量花粉的树木等。

厂区绿化中有一个比较突出的问题，即植物与地上构筑物及地下管线等的矛盾。这主要反映在两个方面：一是植物是否影响构筑物及管线的合理使用；二是构筑物及管线是否影响植物成活。通过实验总结出解决这类矛盾的方法是植物种植与构筑物及管线保持合

理的距离。在实际工作中应根据具体情况，参照经验数据与管线所有单位联系洽商制定切合实际的栽植距离。

## 一、厂区内各类绿地的设计要点

### 1. 防护林带

防护林带在厂区绿化设计中占有重要地位，尤其是对于那些产生有害排出物的工厂企业和产品要求卫生防护级别很高的企业来说更显得重要。

防护林带首先要根据污染危害程度设立不同宽度的卫生防护地带，宽度应按照当地实际情况结合各种污染因素和绿化条件来综合考虑。

在企业的上风方向通常设置两条至数条防护林带，防止风沙吹袭以及邻近企业所产生的有害排出物的污染。在下风方向设置防护林带，必须根据有害排出物排放、降落和扩散的特点，选择适当的位置和种植类型。在一般情况下，污物从工厂烟囱排出时并不立即降落，故在靠近厂房的地段不必设置林带，林带应设置在污物开始密集降落的范围内和受影响的地段内，卫生防护带的范围内不宜布置可供散步休息的小道和广场，如需重点美化时，可在穿过卫生防护地带的车行和人行道口旁的林缘用花灌木、花卉或绿篱加以美化。

烟和有害物质污染大气的扩散情况是与污染物的排出量、风向、风速、大气的垂直温差、气压、污染源的距离及排出高度有关的，因此设置防护林带时，必须考虑这些因素才能发挥最大的卫生防护效果。

在较大的企业中，为了连续降低风速或连续降低有害排出物的扩散程度，还需要在企业内部设置防护林带，也可与企业内部的绿化和车间附近交通系统的绿化相结合，以节省用地。

防护林带应以选择在当地生长强健，具有抗烟尘和抗有害气体功能的乔灌木树种为主，林带的结构以采取乔灌木混交的紧密结构和半透风结构为主，外轮廓保持梯形或屋脊形，防风防尘效果较好。

在企业周围营造防护林带，还要考虑到企业保卫工作的需要，通常在围墙以外须留出6～10 m的空地，在围墙内留出3～6 m的空地，以便巡逻。

### 2. 游憩绿地

在工厂企业内部要充分利用空地普遍绿化，为职工开辟游憩场所，以丰富职工的生活内容。

（1）厂前区的绿化。厂前区多属行政办公、生活福利设施区，是职工上下班的必经之地，也是来宾首到之处，对绿化和美化的要求较高。厂前区大多位于企业的上风方向，受污染程度较轻，该区的地上地下管网也比生产区少，这些都为重点进行绿化美化布置提供了较好的条件。内容则可根据企业的特点进行设计，如厂前区距出入口较近，建筑物前的停车场与进口广场可以结合成一体，广场可以处理成带形，其中布置草地、花坛和水池等。而在广场的两边布置成花园的形式，并注意与道路绿化相呼应，若能与办公楼、食堂和俱乐部相结合，将更能发挥花园的绿化美化作用和为职工提供休息条件。如厂前区建筑群距入口较远，则可以采用林荫道的布置形式使之相互联系起来，在这种情况下，停车场地可设在主要建筑前，其大小应根据停车的数量而定。

厂前区若有消防队、汽车库、医疗所和托儿所等建筑时，应根据这些建筑特点分别进行绿化，成为具有一定独立性又与整个中心建筑区的绿化相统一的小园地，消防队和汽车库的绿化宜简洁，并且以种植乔木为主，栽植位置不要妨碍行车。

（2）全厂性的游憩绿地。这种绿地应该设置在职工易于到达和不受污染影响的地段，一般宜与中心建筑区的绿化相结合，可辟成景色优美的花园。

### 3. 生产车间周围的绿化

企业生产车间周围的绿化是较为复杂的问题。首先要调查了解生产车间周围可供绿化面积的大小和生产车间的生产特点对绿化的要求，如提出遮阴、降温、隔尘、隔噪声、防火防爆等要求。另外还要了解车间职工生产劳动的特点及其对车间附近绿化的要求和喜好。在一般情况下，车间附近重点美化的部分应是车间出入口处、车间附近休息室旁和窗口附近引人注目的地方。一般的地方绿化方式宜简洁，主要着重卫生防护的实效，不能因绿化而妨碍生产的正常进行。车间附近种植各种乔灌木时必须严格遵照绿化规范中所规定的乔灌木与建筑和各种管网的最小距离，同时要注意不能因种树而妨碍车间的通风透光。凡不宜种植乔灌木的地方，应尽量栽花种草或种植地被植物，做到黄土不露天，充分发挥绿化效益。一般工厂企业的生产车间大致有下面几种：

（1）车间本身产生有害排出物或不良影响者。如钢铁厂的高温车间，化工厂的有害气体车间，发电厂产生大量煤烟的锅炉房，建筑材料厂产生大量矿物粉尘的车间，制革厂产生臭味的车间及机器制造厂产生强烈噪声的锻压车间等。

对这类车间周围的绿化以能起到卫生防护隔离效果为主，尽量减少这类车间对附近环境卫生的不利影响。绿地布置不宜搞得太复杂，选用的植物种类，以当地生长迅速、枝叶茂盛、抗性较强的植物为主。在这类车间工作的职工除了在工间休息作短时逗留外，其他时间很少在车间附近的绿地内活动，没有必要设置休息活动的场地。如在高温车间附近，为了使职工能有一个良好的工间休息场所，宜在邻近休息处开辟绿地，种植大量乔木，达到浓荫蔽日，造成凉爽的小气候条件，调节职工的精神状态。在树种选择上，因为高温车间炉火通红，色彩强烈，职工的精神经常处于紧张状态，最好选那些叶子不反光，叶色暗淡，遮阴效果好或花色淡雅、清香并符合防火要求的花灌木及花卉种类，在绿地中可设置饮水站、座椅、操场等。

有煤烟、粉尘、化学物质和有臭味的车间，如果这些有害物质是沿着地面扩散为主，绿地应布置成防护林形式，地面要用草皮或地被植物充分绿化，沿建筑周边和道路可设置绿篱和树墙，使绿地在隔尘、隔声方面起到良好的效果，乔木离建筑物最好保持

5～10 m的距离，最小不得小于3 m，灌木可靠近房屋。在产生有害物质车间附近进行绿化时，树种选择是很重要的，一方面车间附近土壤条件差，在很大程度上被有害排出物所污染，而且常受到地下埋设管线的限制，因而影响植物生长，另外空气中的烟尘、有害气体还直接对植物产生危害，达到一定限度会导致植物死亡。

不同植物对有害排出物的抗性及其适应性是不同的，有的植物体在受害后，枝叶发生变形但很易恢复，有的其组织有控制气体交换的性能，或是气孔下陷，或是叶表有革质、腊质、绒毛等，对于这方面，目前尚在研究之中，大体上有下面结论：阔叶树的抗性比针叶树强；落叶阔叶树的抗性又比常绿阔叶树强；生长迅速，生态要求粗放的抗性较强；叶面垂直着生或下垂者抗性比叶面平展者要强；混交密植的抗性比单纯栽植、丛植或单株栽植者要强。

在噪声强烈的车间附近绿化时，主要是发挥绿化的减噪能力。从树种来说，叶面越大，枝叶越密，减噪能力越显著。从配植方式来看，自然式种植的树群比行列式种植的树群减噪效果好，矮树冠比高树冠好，灌木更好。如上述，在噪声强烈的车间周围绿化时，应选择枝叶茂密、分枝点较低、叶面较大的乔灌木和常绿树，组成复层混交林相配植方式，门口宜规则，路旁可用绿篱，其他地段应自然活泼，既满足防护要求，又丰富构图。

（2）有特殊要求的车间。像矿区的井口附近对色彩、光线的要求较为严格，而仪表工业、食品工业对防尘要求较高，造纸厂、木材厂、胶片厂等对防火有很高的要求等。在防尘防火防爆等要求较高车间附近的绿化种植，主要是充分满足防护要求，如精密仪表车间对卫生要求较高又要求光线足，故围绕车间的防护林带与车间要留出足够的距离，同时应避免选择那些容易产生飞絮以及花粉到处飞扬的树种，而在车间近旁的空地则应铺设草皮或种植小灌木。在防火防爆要求较高的车间周围，绿化应保证消防车能迅速方便地接近车间，在消防栓附近的地面上不种乔灌木，只铺设卓皮。刺绣厂、地毯厂等对绿化美化要求较高，故在绿化时应选择树姿美、花色鲜艳的树种，在种植时要进行细微的安排，或与山石组合做成具有诗情画意的小品，或者组成优美的图案画面。

（3）一般车间。如既无有害物排出，也无特殊要求的车间，附近的绿化布置就比较灵活，应尽量满足职工的喜好和要求。

除了从车间的性质出发进行不同的绿化外，职工的工作条件、生产操作方式也会影响到绿化的方式，如在噪声大的机器旁劳动，劳动量较大的职工与在安静环境中进行细微而复杂工作的职工，对园林绿化的要求就必须有所不同。很明显，前者要求绿化能让人在绿地中进行很好的安静休息，而后者则要求绿化能满足职工休息、积极开展文体活动的需要。

#### 4. 用水系统的绿化

工业企业除生活用水外，用于产品生产、冷却、冲洗、空调等的水量很大。不同的企业、生产过程对水的数量与质量要求也不同，因此，绿化对于保护水源的清洁卫生和涵养水源，减少水分蒸发很重要，特别是对于用水紧张的地区就更为重要。

### 5. 交通运输设施的绿化

工厂企业中人流量较大，运输频繁，根据企业交通运输设施类型的不同，在进行绿化时，也有不同的要求。

（1）道路的绿化。要有助于保证交通运输的畅通，沿道栽植乔灌木时必须严格遵照厂方和路口交叉、道路转弯等所规定的最小距离，留出足够宽度的车行道和人行道，如绿篱距道路至少0.8 m，乔木为1.2～2 m，灌木最好在2 m以上，既能保证交通不受妨碍，也可避免树木被擦伤损坏。在道路转弯处行车视线内不能栽植高于1 m的灌木或设置其他有碍视线的东西，同时道路绿化所采用的乔木树种分枝点要高些，一般在4 m以上，以免妨碍货运行车。企业内部道路两边常有密集的工程技术管线，和绿化有很大矛盾，因此绿化要采用较灵活的方式，因地制宜地巧妙搭配使用乔灌木、绿篱、花卉、草皮和攀缘植物，仍然可以取得良好的效果。

（2）铁路地带的绿化。厂内有铁路的地带，应在附近布置隔离林带，防止职工随意穿越铁路而发生事故。同时还可巩固路基、降低噪声的传播。在铁道的交叉口，种树不能遮挡视线。铁路弯道处内侧至少应留出200 m的视距，在此范围内也不能种植阻挡视线的乔灌木。

（3）传送带地段的绿化。在传送带支架两边或支架下面，可以种植乔灌木和攀缘植物。

### 6. 仓库及原料堆积场的绿化

在仓库周围进行绿化时，首先必须满足使用上的要求，务使出入装卸运输方便，另外还需要注意防火的要求，不宜种植针叶树与含油质较多的树种，在仓库周围必须留出5～7 m宽的空地，使消防车能方便进出，绿化布置以简单为宜。在地下仓库上面，为了进行伪装和降低夏季的地表温度及防止尘土飞扬，宜铺设草皮和种植灌木、草花或攀缘植物覆盖地面，若要种乔木时至少距地下仓库的周边5 m。

在露天堆积场进行绿化时，必须起到良好的隔离作用，种植方式可采用2～3行密植的乔灌木组成的防护林带，宜选用生长强健、防火隔尘效果好的树种。露天堆积场内部不能种树，若需种树时要选择不妨碍堆积物品和工人操作的地段，可以结合休息棚、休息室附近布置，栽植数株乔木。

## 二、厂区绿化抗污染树种的选择

（1）抗二氧化硫（$SO_2$）树种。有大叶黄杨、瓜子黄杨、海桐、女贞、小叶女贞、蚊母、凤尾兰、夹竹桃、合欢、刺槐、紫穗槐、枸杞、青冈栎、枇杷等。

（2）抗氯气（$Cl_2$）树种。有龙柏、侧柏、大叶黄杨、海桐、蚊母、凤尾兰、夹竹桃、小叶女贞、合欢、国槐、白榆、白蜡树、杜仲、柳树、苦楝、木槿、无花果等。

（3）抗粉尘树种。有樟树、香榧、黄杨、柳树、悬铃木、大叶黄杨、珊瑚树、泡

桐、石楠、夹竹桃、国槐、臭椿、构树、桑树、榆树、榉树石楠、广玉兰、蜡梅等。

设计案例如图4—67、图4—68所示。

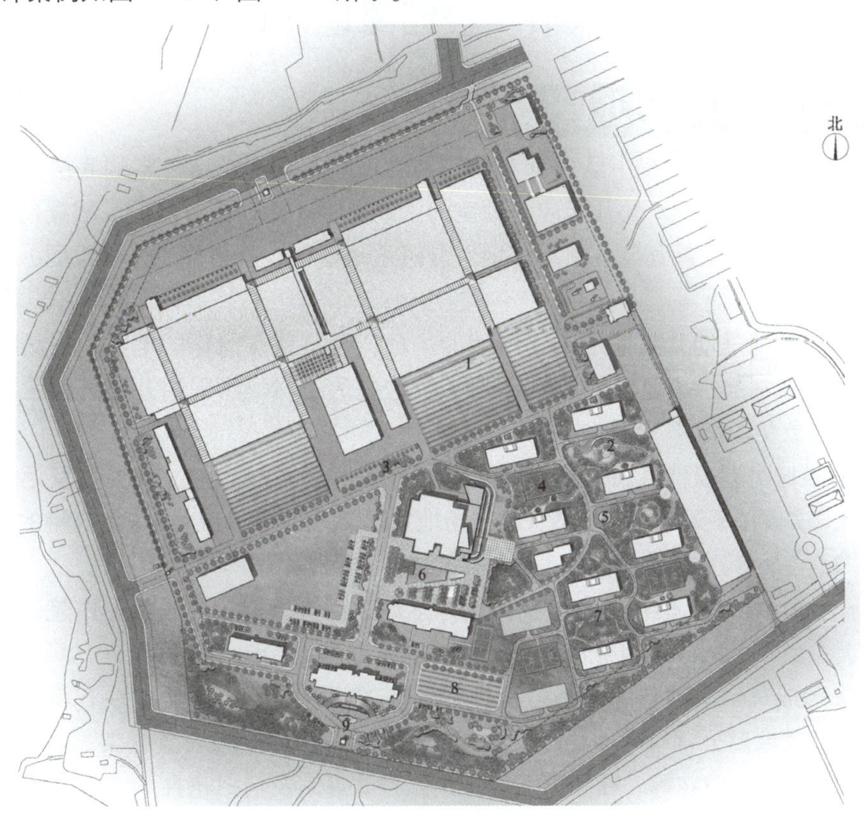


图4—67　某食品厂平面图

1—造型草坪　2—上升小广场　3—对景置石　4—下沉篮球场　5—休憩广场　6—中心观水景　7—休闲走廊　8—造型草坪　9—入口喷水池

图4—68　厂区绿化效果图

## 第六节　校园绿地设计

### 一、托儿所、幼儿园绿化

托儿所、幼儿园一般在小区中都布置在独立地段，或者设在住宅的底层，其用地周围环境必须安静。托儿所、幼儿园应包括室内活动及室外活动两个部分。根据幼儿园的活动要求，室外活动应设置有公共活动场地、分班活动场地，有条件时开辟果园、菜园、专类花园、小动物饲养地等。

公共活动场地是幼儿集体活动、游戏的场地，也是重点绿化的地区，在场地内设置沙坑、花架、涉水池、小亭及各种活动器械。这些活动器械可采用儿童所喜爱的艺术形象，如动物形象化图案等，可取得良好效果。

在活动器械附近以种植树冠宽阔、遮阴效果好的落叶乔木为主，使儿童及活动器械在炎夏免受太阳灼晒，冬天仍能晒到太阳。在场地角隅部分种植不带刺、花色鲜艳的开花灌木和宿根、球根花卉。其余场地应开阔通畅，不宜过多种植，以免影响儿童活动。

分班活动场地主要是各个班分别做室外活动之用。当建筑成长条形或院落时，园地面积又不大，就不必划成班组专用场地。幼儿在活动场地的树荫下做游戏，场地周围可用植篱围起来形成一个单独空间，场地根据活动要求，有的要用水泥、块石等铺砌，约有40%要铺装，其余部分铺草地。场地上要植以落叶大乔木，也可设置棚架，种植开花的攀缘植物，如紫藤、金银花等。在角隅及场地边缘种花灌木及宿根花卉。

果园、菜园、小动物饲养场地，是儿童认知自然的场所，是培养儿童热爱劳动、热爱科学的基地，用地大小依用地总面积的多少而定。一般设在住宅区中的托幼机构面积较小，可在全园的一角栽植少量的果树、油料作物、药用花草，小动物角以小家禽、鸟类为主。这些场地的周围应有低矮的绿篱或栅栏隔离。如面积较大，则这部分的面积可适当扩大，不仅可作为儿童观察、学习的园地，而且还能有经济收益。

生活杂务用场地应与生活管理用房紧密结合，常设在建筑物背面，场地周围以密植的绿篱与其他部分隔开，有条件时单辟出入口。

在建筑附近，特别是儿童主体建筑附近不宜近栽高大乔木，以免使室内的通风和日照受到影响，一般应离建筑5 m以外栽植，在建筑近处植以低矮灌木及宿根花卉，作为基础栽植。在主出入口附近可布置花坛、花台、水池、座椅等，除美化外，还可作为家长接送儿童室外休息等待之用。

在托幼用地周围必须种植成行的乔木及灌木绿篱，形成一个浓密的防尘土、噪声、风沙的防护绿带，其宽度为5~10 m。如一侧有车行道，绿化带应以密集式栽植，宽10 m左右。

托幼机构的植物选择宜多样化，多植树形优美、色彩鲜艳、物候季节变化强的植物，一

方面可使环境丰富多彩，气氛活泼；另一方面也可成为儿童学习自然科学知识的直观教材，增加知识。不要栽植多飞毛、多刺、有毒、有臭和易引起过敏症的植物，如悬铃木、皂角、海州常山、夹竹桃、鸢尾、野漆、凌霄、凤尾兰等（见图4—69）。

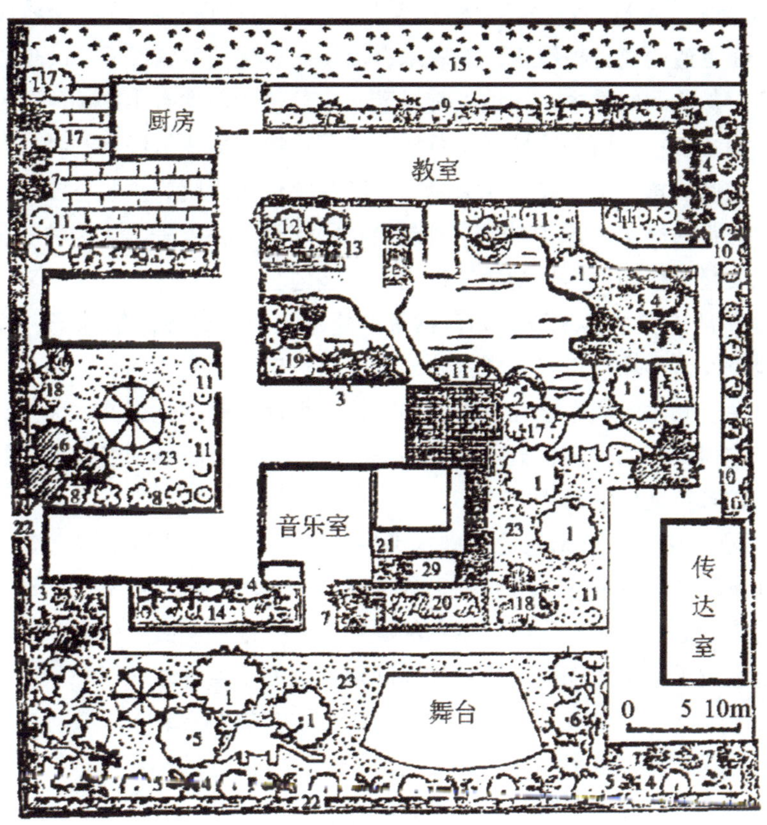


图4—69　某幼儿园绿地平面图

1—鹅掌柴　2—香樟　3—蜀桧　4—棕榈　5—红叶李　6—雪松　7—桂花　8—花石榴　9—木槿　10—紫薇　11—大叶黄杨球　12—广玉兰　13—凤尾兰　14—垂丝海棠　15—淡竹　16—藤本月季　17—蜡梅　18—红枫　19—绣球　20—日本杜鹃　21—木香　22—珊瑚树　23—绊根草

## 二、中、小学校园绿化

中、小学校绿地可以设在小区用地范围内，也可设立在独立地段。

学校用地一般分为主体建筑用地（包括教学用房、杂务院、道路等）、体育运动场地（体育场、游戏场等）、自然科学实验园地(种植场、饲养、气象园地等)。

主体建筑用地的绿化，主要为了在教学用房周围形成一个安静、清洁、卫生的环境，为教学创造良好的条件，其布局形式与建筑相协调，要方便师生通行，多为规则式布置。在建筑物周围的绿化，要服从教学用房的功能要求，在朝南方向，尤其是实验室前，应考虑室内的通风、采光的需要，靠近建筑栽植低矮灌木或宿根花卉作为基础栽植，高度以不超过窗台为限，离建筑外5 m以上才可栽植乔木，以避免影响光线和通风。在建筑东西两侧，为遮挡东、西晒，栽植高耸树冠的乔木，离建筑物3～4 m。学校出入口是校园绿化的重点，在主道两侧种植绿篱、花灌木，以及树姿优美的常绿乔木，使入口主道四季常青，或种植开花美丽的乔木，间植以常绿灌木。建筑物前常有小广场，可设置花坛、花台、花钵和一些装饰物，两侧绿地铺设草地，还可栽植些果树等经济树种。杂务院一般设于建筑背面或偏僻一角，则以绿篱作为隔离。道路绿化以遮阴为主，不要用飞毛、飞絮的树种，可多用开花的乔木。开花时节，校园内花团锦簇，格外美丽。树种丰富些，还可挂牌标明树种，使整个校园成为生物学知识的学习园地。

体育运动用地主要为学生进行体育锻炼的场地，有足球场、篮球场、排球场、田径场、体操场地等，运动场地点与教学主体建筑要有一定的距离，两者之间用树木组成紧密型的树带，以免上课时受场地活动及声音的干扰。场地周围绿化以乔木为主，可选择物候季节变化显著的树种，如榉树、五角枫、乌桕等，使体育场随季节变化而色彩斑斓。少种灌木，以留出较多空地供活动用。

自然科学园地应选择阳光充足、排水良好、接近水源、地势平坦之地，用地上可以根据自然条件及教学大纲要求，分别划出种植园、饲养场、气象观察等活动区，主要目的是结合教学需要，通过对自然现象、生物的观察，自己动手实践，使学生增强自然科学知识。在实验园地周围，应以围栏或绿篱作为间隔，以便于管理。

一些城市用地紧凑的中、小学要以见缝插绿的办法进行绿化，特别要充分利用攀缘植物进行垂直绿化，能达到事半功倍的绿化效果。学校用地周围应种植绿篱及高大树木，以减少场地尘土飞扬和噪声对附近住宅的影响。

## 三、高等院校校园绿化

大学校园绿地可以设在用地范围内，可根据不同院校的教学特色，进行合理布置。大学校园用地一般分为生活区、教学区、行政区、体育运动区等功能分区，其中绿化设计的特点各不相同。

教学区和行政区要求严肃、庄重，设计形式以规则式为主，树种选择统筹四季景观，配合主要建筑群体进行绿化布置，突出环境整体美感，给人留下深刻印象。主入口和中心区是绿化的重点区域，要体现院校的不同特点，气势上要重点突出。

生活区和体育运动区主要为师生创造一个整洁、卫生的生活环境，形式上要活泼舒适，创造适合于生活和锻炼的环境条件。体育运动区可以用高大的防护林带与其他区域隔离，防止粉尘、噪声的污染。

设计案例如图4—70～图4—72所示。

图4—70　某技术学院总平面图

图4—71　某技术学院鸟瞰图

图4—72　某技术学院局部效果图

## 第七节　医疗机构绿地设计

医院中的绿地，一方面可以创造安静的休息和治疗环境，另一方面也是卫生防护隔离地带，对改善医院建筑用地周围的小气候有良好作用。因此，它既美化了医院环境，改善了卫生条件，又有利于病人身心健康，使病人在接受治疗的同时，还可以在精神上受到绿地的积极影响，特别是对于治疗痊愈期的病人作用更大。

医院中的绿化面积应占医院总用地的50%以上。为了防止来自街道的尘土、烟尘和噪声，在周围应种植乔灌木的防护带，其宽度以10～15 m较为适当。医院的绿化布局依据医院各组成部分功能要求的不同而不同。

### 一、一般医院的绿化

#### 1. 门诊部

门诊部位置靠近出入口，人流比较集中，一般均临街，退后红线10～20 m。门诊部是城市街道和医院的结合部，需要有较大面积的缓冲场地，场地及周边做适当的绿化布置，以美化装饰为主，布置花坛、花台，有条件的可设喷泉、主题性雕塑，形成开朗、明快的格调。喷泉对于空气的负离子化是有好处的，在水流的冲击下，可促进空气中负离子的形成。广场周围植整形绿篱、开阔的草坪、花开四季的花灌木，在节日期间还可用一二年生花卉做重点装饰。广场周围还应种植高大乔木以遮阴。门诊部前的绿化布置

应以草坪为主，丛植乔灌木，乔木应离建筑5 m以外栽植，以免影响室内的通风、采光及日照。在门诊楼与总务性建筑之间应保持20 m的卫生间距，并以乔灌木隔离。医院临街的围墙以通透式的为好，使医院庭园内碧绿的草坪与街道上绿荫如盖的树木交相辉映。

### 2. 住院部

住院部常位于医院比较安静的地段。在住院楼的周围，庭园应精心布置，以供病人室内外活动和辅助医疗之用。在中心部分可有较整齐的广场，设花坛、喷泉，放置座椅、棚架。这种广场也可兼作日光浴场，也是亲属探望病人的室外接待处。面积较大时可采用自然式布置，有少量园林建筑、装饰性小品、水池、岗阜等，形成优美的自然式庭园。

植物布置要有明显的季节性，使长期住院的病人能感到自然界的变化，季节变换的节奏感强烈些，使之在精神、情绪上比较兴奋，可提高药物疗效。常绿树与花灌木应保持一定的比例，一般为1∶3左右，使花灌木丰富多彩。这里还可多栽些药用植物，使植物布置与药物治病联系起来，增加药用植物知识，减弱病人对疾病的精神负担，有利病人的心理，是精神治疗的一个方面。除了树木外，不少宿根、球根花卉既有很好的观赏价值，又有良好的收益，是可以多种的。

根据医疗的需要，在绿地中布置室外辅助医疗地段，如日光浴场、空气浴场，体育医疗场等，各以树木作为隔离，形成相对独立的空间。在场地上以铺草坪为主，也可以做嵌草铺装，以保持空气清洁卫生，还可设棚架做休息交谈之用。

一般病房与隔离病房应有30 m绿化隔离地段，且不能使用同一花园。

### 3. 辅助医疗、行政管理、总务以及其他部分

除总务部门分开之外，辅助医疗与行政管理一般常与住院门诊部组成医务区，不另行布置。晒衣场与厨房、锅炉房等杂务院可单独设立，周围有树木作为隔离。医院太平间、解剖室应有单独出入口，并在病人视野以外，有绿化作为隔离。有条件时要有一定面积的苗圃、温室，除了庭园绿化布置外，可为病房、诊疗室等提供盆花及插花，以改善、美化室内环境。

医疗机构的绿化除了要考虑其各部分使用要求外，其庭园绿化应起分隔作用，保证各分区不互相干扰。

医疗机构的绿化在植物种类选择上，可多种些有强杀菌能力的树种，如松、柏、樟、桉树等。有条件的还可选种些经济树种，如果树、药用植物中的核桃、山楂、海棠、柿、梨、杜仲、槐、白芍药、牡丹、杭白菊、垂盆草、麦冬、枸杞、醉蝶花、丹参、鸡冠花、长春花、藿香等，都是既美观又实惠的种类，使绿化同医疗结合起来，是医院绿化的一个特色。

## 二、其他医院

不同性质的医院，应该根据其特点进行绿化。

### 1. 儿童医院

儿童医院主要接受年龄在14周岁以下的病儿。其绿化除了与综合性医院相同外，要特殊考虑到儿童的特点，如绿篱高度最好不超过60 cm，以免挡住儿童的视线，在绿地中要安排儿童活动场地及设施，最好有一块供游憩活动的大草地。在树种选择上，要尽量避免种子飞扬的植物，如杨树、柳树的雌株及有刺、有毒的植物等。

### 2. 传染病医院

传染病医院主要接受有急性传染病的病人。因此绿地防护隔离的作用应予以突出，其防护林带应比一般医院放宽，最少要种三行乔木（15 m），林带应由乔木、灌木组成，同时要有一定比例的常绿树，使其在冬季也能起到防护作用。在不同病区之间，也要考虑适当的隔离，利用绿地把不同的病人组织到不同空间中去活动和休息，以防交叉感染。

设计案例如图4—73～图4—77所示。

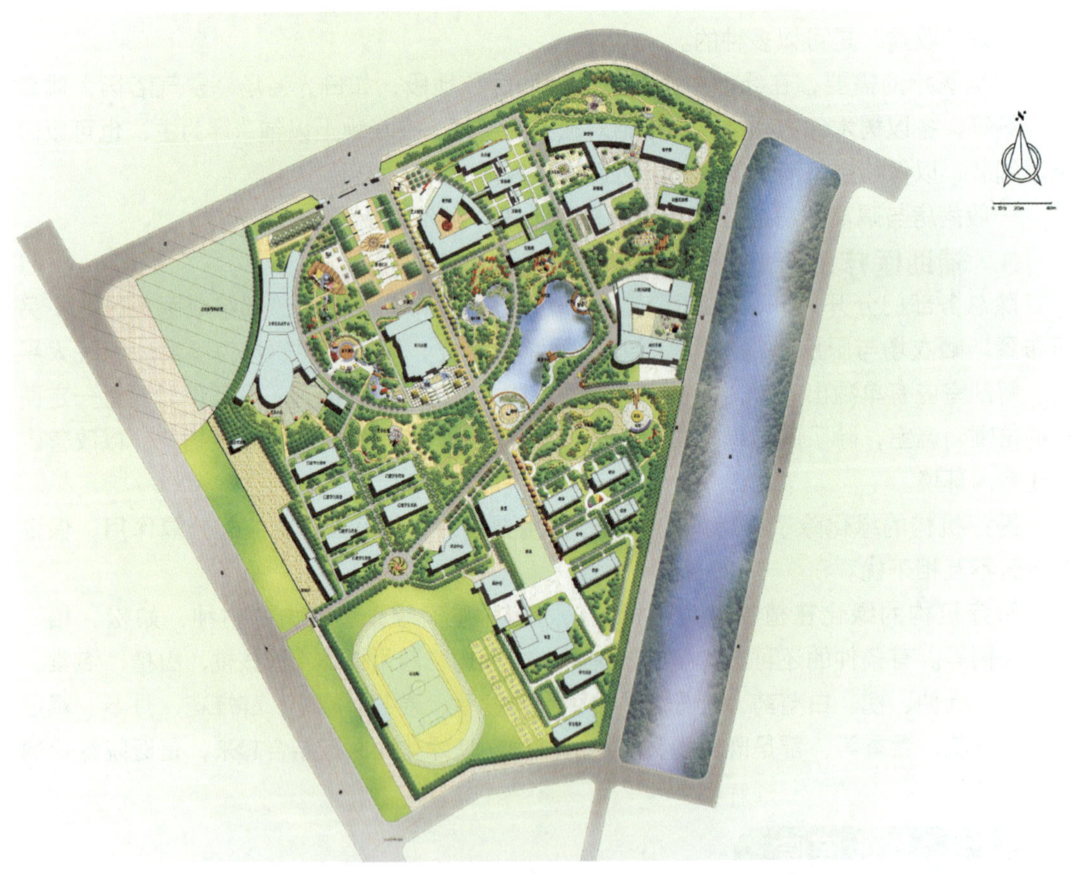

图4—73　某医学院总平面图

图4—74　某医学院鸟瞰图

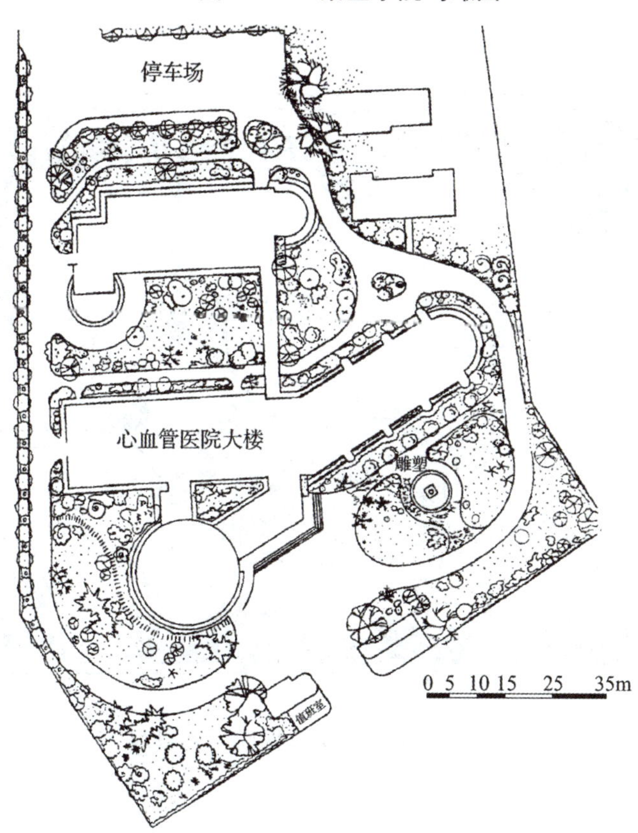


图4—75　孙逸仙心血管医院平面图

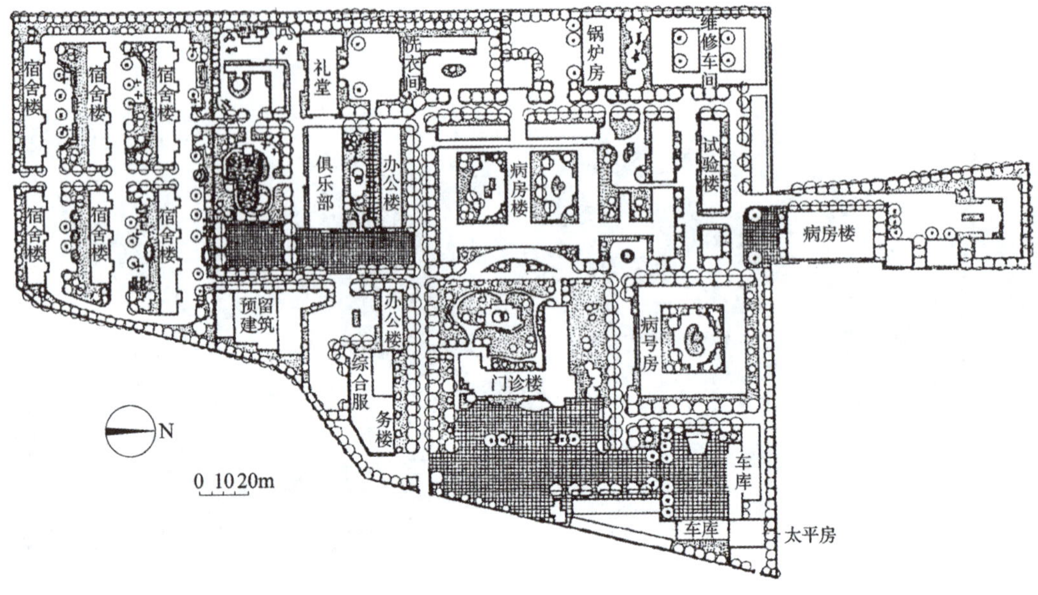


图4—76　石家庄市二六零医院平面图

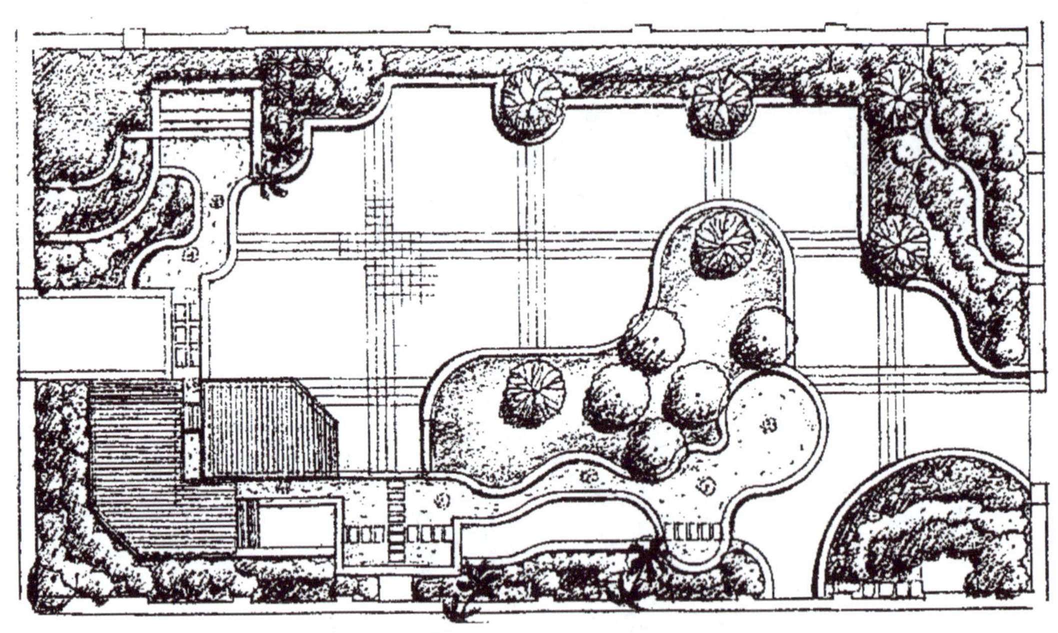

图4—77　台湾慈济大学医院中庭景观

## 思考与练习

1. 城市绿地共分为哪几个大类？每一大类分别包括哪些中类和小类？
2. 公园绿地的特征是什么？
3. 生产绿地的特征是什么？
4. 防护绿地的特征是什么？
5. 附属绿地的特征是什么？
6. 其他绿地的特征是什么？
7. 综合性公园的设计要点是什么？植物的种植设计需要注意哪些问题？
8. 带状公园有哪些类型？
9. 儿童公园应有哪些功能分区？
10. 动物园绿化设计的特色是什么？
11. 植物园一般有哪些分区？
12. 设计一个纪念性公园应注意些什么问题？
13. 居住区绿地有哪些分类？
14. 居住区绿地率怎样计算？
15. 组团绿地的规划设计要点是什么？
16. 宅旁绿地的规划设计要点是什么？
17. 请选择周边小区游园绿地进行优劣分析。
18. 请选择周边宅旁绿地进行优劣分析。
19. 城市道路绿地包含哪些部分？
20. 道路断面形式主要分哪几种？
21. 道路绿带包括哪些内容？
22. 请选择周边道路，对其行道树绿带进行设计。
23. 请选择周边道路，对其路侧绿带进行设计。
24. 厂区内主要包括哪几类绿地？
25. 防护林带的设计要点是什么？
26. 游憩绿地包括哪些种类？各有什么特点？
27. 不同类型的车间周边的绿化有什么区别？
28. 厂区内的道路绿化有什么要求？
29. 厂区抗污染树种如何选择？
30. 托儿所、幼儿园绿地的设计要点是什么？
31. 中、小学校园内主体建筑物周围的绿化要注意哪些问题？
32. 中、小学校园内体育运动用地周围绿化有什么特点？

33. 高等院校校园绿化有哪些要求?
34. 门诊部的绿化规划有哪些要点?
35. 住院部的绿化要注意哪些问题?
36. 儿童医院的绿化有什么特点?
37. 传染病医院的绿化有什么特殊要求?

# 第五章　计算机辅助设计

## 学习目标

◆ 熟悉Auto CAD 2012操作软件及Photoshop CS 3.0操作软件的基本操作命令

◆ 了解3Ds MAX 2012操作软件及SketchUp 8.0操作软件的应用范围

计算机辅助设计简称CAD，英文全称为Computer Aided Design，即利用计算机及其图形设备帮助设计人员进行设计工作，服务于机械、电子、建筑、园林、纺织、化工等各个行业。在工作中，计算机可以帮助设计人员担负计算、信息存储和制图等项工作。通常，在设计中可以利用计算机辅助设计对不同方案进行计算、分析和比较，以决定最优方案，利用计算机进行快速信息检索、草图设计、图形的编辑、图形数据加工等工作。

计算机辅助设计在园林景观设计中的应用主要体现在园林制图方面，计算机绘制的图样具有精确、易修改、便于分工合作、出图方便等优势。园林景观设计工作范畴较为广泛，涵盖不同尺度和类型的设计任务，因此，对计算机辅助设计的应用要求也呈现多样化趋势。目前，用于园林辅助设计的软件较为丰富，以Auto CAD、Photoshop、3Ds MAX最为常用。Auto CAD主要用于设计阶段的制图和施工图设计，Photoshop主要用于平面效果图和立体效果图的后期制作，3Ds MAX主要用于建模设计。近年来，随着计算机软件的不断发展，不少新兴的设计软件正在被广大设计者采用，SketchUp作为一种草图软件，简便易学、实用、灵活，深受设计者喜爱。

本章内容共包含四部分，包括Auto CAD 2012、Photoshop CS 3.0、3Ds MAX 2012、SketchUp 8.0的内容介绍，其中Auto CAD 2012、Photoshop CS 3.0作为园林景观计算机辅助设计的基础软件，本章做重点介绍， 3Ds MAX 2012、SketchUp 8.0等模型软件做认识性介绍。

## 第一节　Auto CAD 2012操作软件介绍

Auto CAD是美国Autodesk公司首次于1982年生产的自动计算机辅助设计软件，用于二维绘图、详细绘制、设计文档和基本三维设计。现已经成为园林景观辅助设计中最为常用的绘图工具。Auto CAD具有良好的用户界面，通过交互菜单或命令行方式

便可以进行各种操作，可绘制园林景观中的平面图、立面图、剖面图、施工图等，通俗易学，实用性强。在风景园林设计中，Auto CAD作为风景园林计算机辅助设计的入门软件，对于进一步认识园林景观，增进学生对园林景观的认识与表达，有很好的促进作用。

## 一、CAD 2012工作界面

Auto CAD 2012的经典工作界面由标题栏、菜单栏、工具栏、绘图窗口、光标、坐标系图标、命令窗口、状态栏、模型/布局选项卡等组成，如图5—1所示。

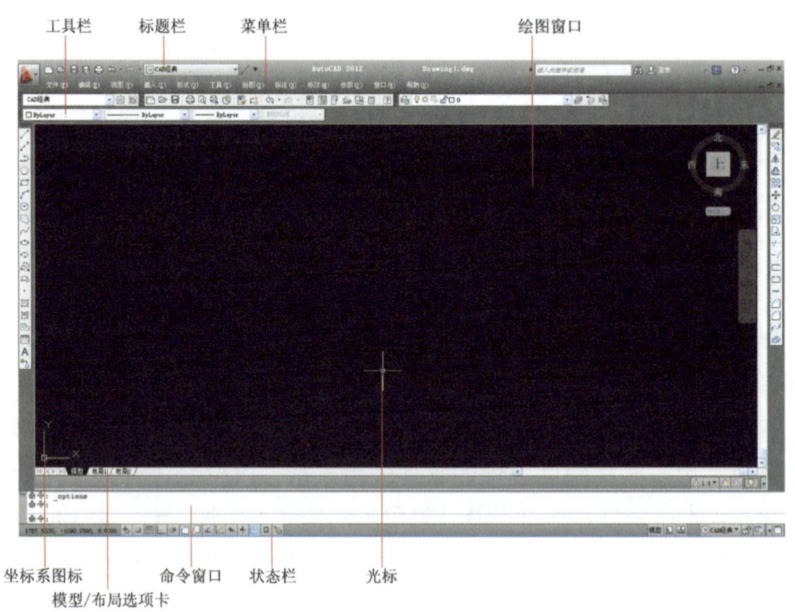


图5—1　Auto CAD 2012的工作界面

### 1. 标题栏

标题栏用于显示Auto CAD 2012的程序图标和当前所操作图形文件的名称。标题栏右上角为最小化、最大化和关闭按钮。

### 2. 菜单栏

菜单栏是主菜单，可利用其执行Auto CAD的大部分命令。包括“文件”“编辑”“视图”“插入”“格式”“工具”“绘图”“标注”“修改”“参数”“窗口”“帮助”等命令，单击菜单栏中的某一项，会弹出相应的下拉菜单。下拉菜单中，右侧有小三角的菜单项，表示它还有子菜单，右侧没有内容的菜单项，单击它后会执行对应的Auto CAD命令。图5—2所示为“窗口”→“锁定位置”下拉菜单。

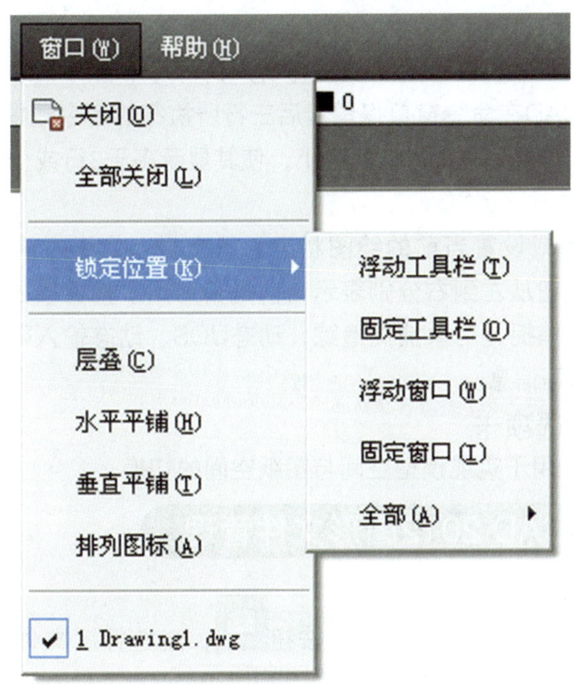


图5—2 下拉菜单

### 3. 工具栏

Auto CAD 2012提供了40多个工具栏，每一个工具栏上均有一些形象化的按钮。单击某一按钮，可以启动Auto CAD的对应命令。

用户可以根据需要打开或关闭任意一个工具栏。方法是：在已有工具栏上单击右键，AutoCAD弹出工具栏快捷菜单，通过其可实现工具栏的打开与关闭。

此外，通过选择与下拉菜单“工具”→“工具栏”→“AutoCAD”对应的子菜单命令，也可以打开Auto CAD的各工具栏。

### 4. 绘图窗口

绘图窗口类似于手工绘图时的图纸，是用户用Auto CAD绘图并显示所绘图形的区域。

### 5. 光标

当光标位于Auto CAD的绘图窗口时为十字形状，所以又称其为十字光标。十字线的交点为光标的当前位置。Auto CAD的光标用于绘图、选择对象等操作。

### 6. 坐标系图标

坐标系图标通常位于绘图窗口的左下角，表示当前绘图所使用的坐标系的形式和坐标方向等。Auto CAD提供世界坐标系（World Coordinate System，WCS）和用户坐标系（User Coordinate System，UCS）两种坐标系。世界坐标系为默认坐标系。

### 7. 命令窗口

命令窗口是Auto CAD显示用户从键盘键入的命令和显示Auto CAD提示信息的窗口。默认时，Auto CAD在命令窗口保留最后三行所执行的命令或提示信息。用户可以通过拖动窗口边框的方式改变命令窗口的大小，使其显示多于3行或少于3行的信息。

### 8. 状态栏

状态栏用于显示或设置当前的绘图状态。状态栏上位于左侧的一组数字反映当前光标的坐标，其余按钮从左到右分别表示当前是否启用了捕捉模式、栅格显示、正交模式、极轴追踪、对象捕捉、对象捕捉追踪、动态UCS、动态输入等功能以及是否显示线宽、当前的绘图空间等信息。

### 9. 模型/布局选项卡

模型/布局选项卡用于实现模型空间与图纸空间的切换。

## 二、Auto CAD 2012图形文件管理

### 1. 创建图形文件

单击“标准”工具栏上的“新建”按钮，或选择“文件”→“新建”命令，Auto CAD弹出“选择样板”对话框，如图5—3所示。

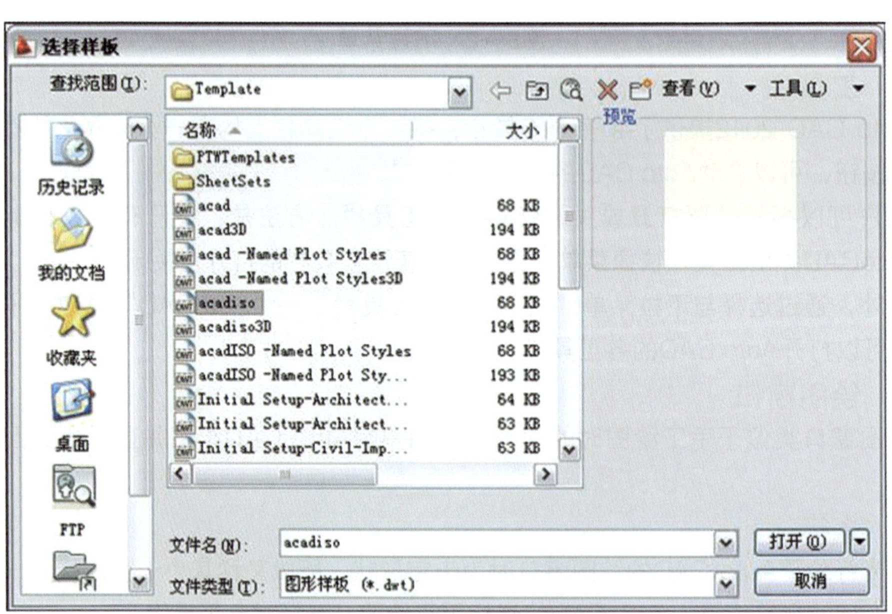


图5—3 “选择样板”对话框

通过此对话框选择对应的样板后（初学者一般选择样板文件acadiso.dwt即可），单击“打开”按钮，就会以对应的样板为模板建立新图形。

### 2. 打开图形

单击“标准”工具栏上的“打开”按钮，或选择“文件”→“打开”命令，Auto CAD弹出“选择文件”对话框（见图5—4），可通过此对话框打开已有文件。

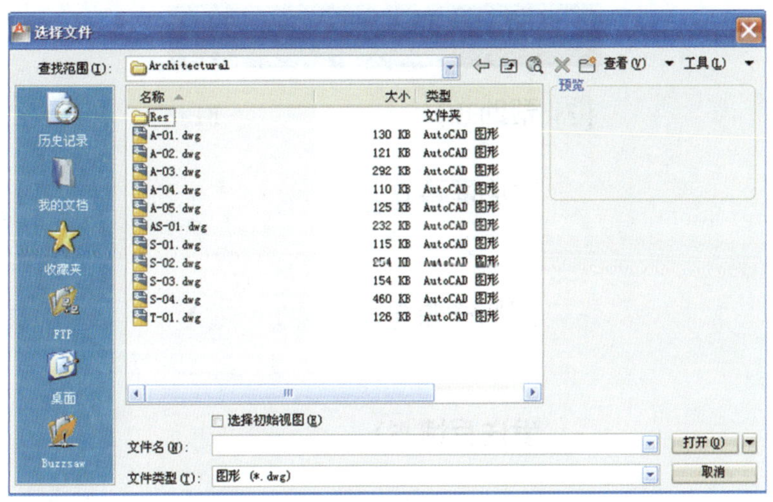


图5—4　“选择文件”对话框

### 3. 保存图形文件

单击“标准”工具栏上的“保存”按钮，或选择“文件”→“保存”命令，即执行文件保存命令，如果当前图形没有命名保存过，Auto CAD会弹出“图形另存为”对话框，通过该对话框指定文件的保存位置及名称后，单击“保存”按钮，即可实现保存。如果要将现有文件以新文件名存盘，选择“文件”→“另存为”命令，Auto CAD弹出“图形另存为”对话框，要求用户确定文件的保存位置及文件名，用户响应即可。

### 4. 退出Auto CAD 2012系统

使用Auto CAD 2012绘图完成后，应单击“标题栏”右侧的按钮，或者选择“文件”→“关闭”，都可正常退出CAD系统。如果在退出前没有保存图形，将自动弹出提示窗口（见图5—5），询问是否存盘，单击“是”即可保存文件。

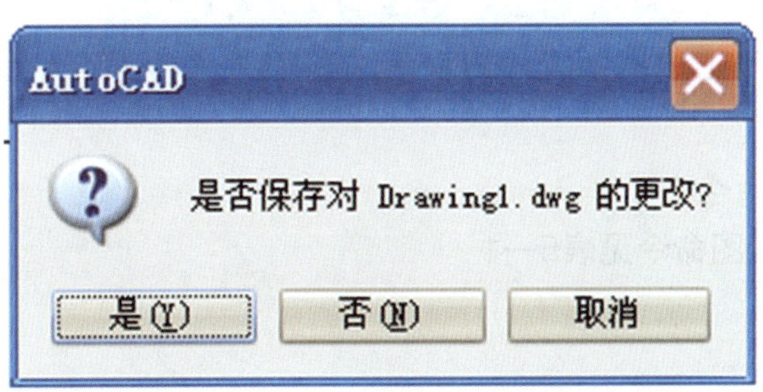


图5—5“是否保存”提示窗口

### 5. 帮助使用

用户在绘图或开发过程中可以随时通过该功能得到相应的帮助。图5—6所示为Auto CAD 2012的“帮助”下拉菜单。

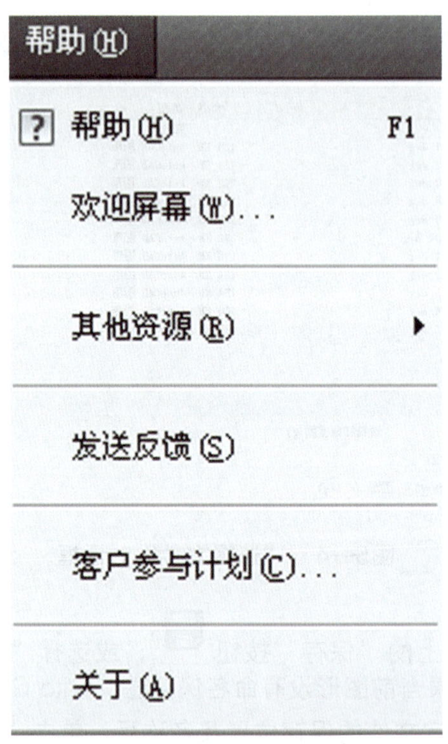


图5—6 “帮助”下拉菜单

选择“帮助”菜单中的“帮助”命令，Auto CAD弹出“帮助”窗口，用户可以通过此窗口得到相关的帮助信息，或浏览Auto CAD 2012的全部命令与系统变量等。

选择“帮助”菜单中的“新功能专题研习”命令，Auto CAD会打开“新功能专题研习”窗口。通过该窗口用户可以详细了解Auto CAD 2012的新增功能。

## 三、Auto CAD 2012基本绘图命令介绍

在了解了Auto CAD的基本操作界面后，下面进一步学习Auto CAD的基本操作命令。

### 1. 基本绘图命令

Auto CAD基本绘图命令见表5—1。

表5—1　　　　　　　　　　Auto CAD基本绘图命令

| 图形要素 | 命令 | 图标 | 操作说明 |
|---|---|---|---|
| 直线 | LINE（L） | | 可绘制一条直线段，或通过连续选点绘制折线或闭合的多边形，用LINE命令绘制出的一系列直线段中的每一条线段均是独立的对象 |
| 多段线 | PLINE（PL） | | 可通过连续选点或指定长度的方式来绘制多条首尾相接，闭合或不闭合的二维线段，可通过命令行操作提示改变宽度 |
| 正多边形 | POLYGON（POL） | | 可通过定义正多边形的边数、中心至顶角的距离或中心至边的距离，自由地绘制各种正多边形 |
| 矩形 | RECTANG（REC） | | 可绘制等边或不等边的闭合四边形 |
| 圆弧 | ARC（A） | | 可通过定义圆心、弧长、半径、圆心角等绘制各种弧形 |
| 圆 | CIRCLE（C） | | 可通过定义圆心、半径或直径绘制圆 |
| 样条曲线 | SPLINE（SPL） | | 可通过连续选点来直接创建或者接近一系列给定的点、闭合或不闭合的光滑曲线，并可通过控制点调整样条曲线形态 |
| 椭圆 | ELLIPSE（EL） | | 可通过椭圆长轴与短轴的长度绘制不同形态的椭圆 |
| 图案填充 | HATCH（H） | | 可以使用各种系统预定义、用户自定义、渐变填充等来对图形中存在闭合边界的区域进行图案填充，并可对图案填充的角度、比例、图案原点、绘图次序等进行调整 |
| 修订云线 | REVCLOUD | | 可通过设置最大弧长、最小弧长来绘制由连续圆弧组成的多段线 |

### 2. 基本编辑命令

Auto CAD基本编辑命令见表5—2。

表5—2　　Auto CAD基本编辑命令

| 图形要素 | 命令 | 图标 | 操作说明 |
|---|---|---|---|
| 删除 | ERASE（E） |  | 可直接删除不需要的对象 |
| 复制 | COPY（CO） |  | 在指定位置上复制对象，在复制命令退出前，可重复复制同一对象 |
| 镜像 | MIRROR（MI） |  | 通过定义镜像线（对称轴线）创建对象的镜像图像副本，原镜像对象可选择删除或保留 |
| 偏移 | OFFSET（O） |  | 通过定义偏移距离和指定偏移方向来创建平行直线、平行曲线、同心圆等 |
| 阵列 | ARRAY（AR） |  | 创建按指定方式排列的多个对象副本，分为矩形阵列和环形阵列两种 |
| 移动 | MOVE（M） |  | 在指定方向上按指定距离移动对象 |
| 旋转 | ROATE（RO） |  | 围绕指定基点按指定角度旋转对象 |
| 缩放 | SCALE（SC） |  | 可通过设置缩放基点、比例、参照实时缩放对象 |
| 拉伸 | STRETCH（S） |  | 通过鼠标反选来移动、拉伸、缩短对象 |
| 延伸 | EXTEND（EX） |  | 将指定的对象延伸到指定边界 |
| 打断 | BREAK（BR） |  | 从指定的点处将对象分成两部分，或删除对象上所指定两点之间的部分 |
| 圆角 | FILLET（F） |  | 为相交对象创建圆角 |
| 倒角 | CHAMFER（CHA） |  | 在两条相交直线之间创建倒角 |
| 分解 | EXPLODE（X） |  | 将合成对象（如多段线、图案填充、闭合几何图形、填充图案等）分解为独立的对象 |

备注：

在实机操作时，各命令可通过以下方式使用：

（1）单击CAD 2012 “绘图”工具栏中相应图形要素图标，再根据屏幕下方命令窗口的操作提示进行操作。

（2）直接单击菜单栏中相应下拉菜单中的命令提示，例如直线操作命令可选择“绘图”→“直线”命令，再根据屏幕下方命令窗口的操作提示进行操作。

（3）输入表中“命令栏”中的操作快捷命令（以上图表括弧中的英文字母），再根据屏幕下方命令窗口的操作提示进行操作。

重复执行命令的具体方法如下：

① 按Enter键或空格键。

② 使光标位于绘图窗口，单击右键，Auto CAD弹出快捷菜单，并在菜单的第一行显示出重复执行上一次所执行的命令，选择此命令即可重复执行对应的命令 。

在命令的执行过程中，用户可以通过按Esc键或单击右键，从弹出的快捷菜单中选择“取消”命令的方式终止Auto CAD命令的执行。

### 3. 模型控制与精确绘图

（1）图形显示缩放。图形显示缩放只是将屏幕上的对象放大或缩小显示尺寸，以适应用户的需求，执行显示缩放后，对象的实际尺寸仍保持不变。图形显示放大缩小的方式可以采用鼠标滚轮前后滚动实现，也可通过ZOOM命令实现缩放，还可利用 “缩放”子菜单（位于“视图”下拉菜单）和“缩放”工具栏实现对应的缩放。

（2）图形显示移动。图形显示移动是指在显示窗口上平移图纸，以便使图纸的特定部分显示在绘图窗口。执行显示移动后，图形相对于图纸的实际位置并不发生变化。图形显示移动可以采用按住鼠标滚轮的方式实现，也可通过PAN命令实现图形的实时移动，或单击右键显示快捷菜单，执行该命令，按Esc键或Enter键退出。

（3）正交功能。利用正交功能，用户可以方便地绘制与当前坐标系统的$X$轴或$Y$轴平行的线段（对于二维绘图而言即水平线或垂直线）。单击状态栏上的“正交”按钮，可快速实现正交功能启用与否的切换。

（4）对象捕捉。利用对象捕捉功能，在绘图过程中可以快速、准确地确定一些特殊点，如圆心、端点、中点、切点、交点、垂足等。可以单击“状态栏”上的“对象捕捉”按钮进行切换，同时可将光标置于“对象捕捉”按钮上，单击“设置”选项（见图5—7），进行设置。

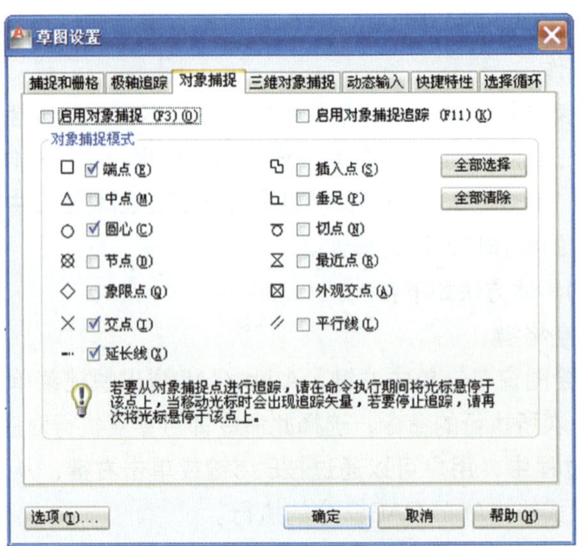


图5—7 “草图设置”窗口

（5）标注

1）文字标注。选择“格式”→“文字样式”命令，弹出“文字样式”对话框（见图5—8）。

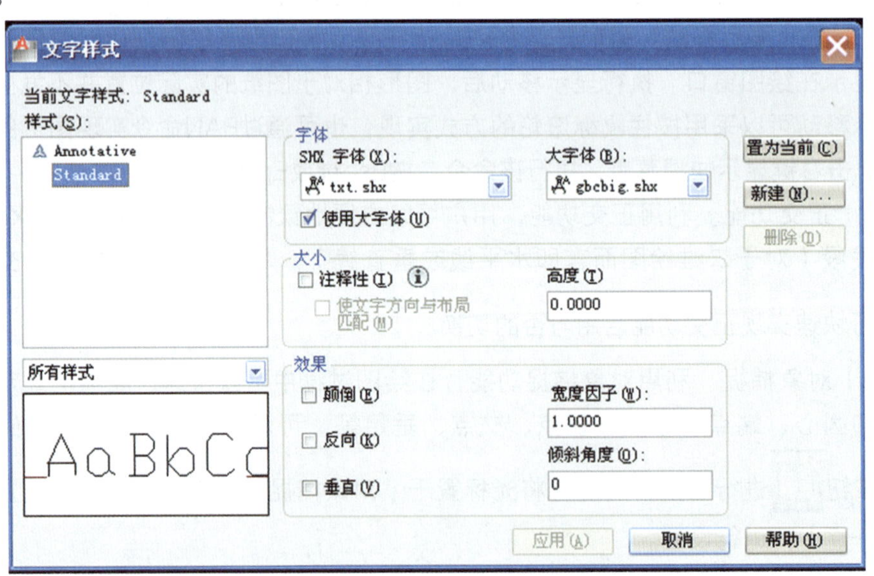


图5—8 “文字样式”对话框

“标注样式”涵盖所标注文字使用的字体、大小、颜色、效果等。Auto CAD 2012为用户提供了默认文字样式Standard。当在Auto CAD中标注文字时，可根据用户要求进行调整。

“样式”列表框中列有当前已定义的文字样式。

“字体”选项组用于确定所采用的字体。

“大小”选项组用于指定文字的高度。

“效果”选项组用于设置字体的某些特征。

“预览框”用于预览所选择或所定义文字样式的标注效果。

“新建”按钮用于创建新样式。

“置为当前”按钮用于将选定的样式设为当前样式。

“应用”按钮用于确认用户对文字样式的设置。

在对文字样式做好基本设置之后，单击选择“绘图”→“文字”→“单行文字”命令，并根据提示栏进行操作。

2）尺寸标注。尺寸标注分为线性标注、对齐标注、半径标注、直径标注、弧长标注、折弯标注、角度标注、引线标注、基线标注、连续标注等多种类型。线性标注又分为水平标注、垂直标注和旋转标注。

单击“格式”→“尺寸样式”，弹出“标注样式管理器”，如图5—9所示。

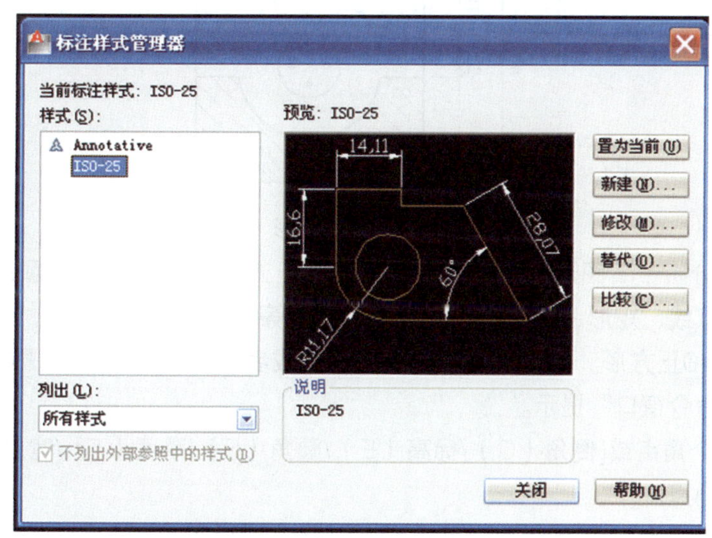


图5—9 “标注样式管理器”窗口

“尺寸样式管理器”用于设置尺寸标注的具体格式，如尺寸文字采用的样式、尺寸线、尺寸界线以及尺寸箭头的标注设置等。

“当前标注样式”标签显示出当前标注样式的名称。

“样式”列表框用于列出已有标注样式的名称。

“列出”下拉列表框确定要在“样式”列表框中列出哪些标注样式。

“预览”图片框用于预览在“样式”列表框中所选中标注样式的标注效果。

“说明”标签框用于显示在“样式”列表框中所选定标注样式的说明。

“置为当前”按钮把指定的标注样式置为当前样式。

“新建”按钮用于创建新标注样式。

“修改”按钮则用于修改已有标注样式。

“替代”按钮用于设置当前样式的替代样式。

“比较”按钮用于对两个标注样式进行比较，或了解某一样式的全部特性。

当“尺寸样式”设置完毕后，应选择“标注”下拉菜单相应标注类别图标进行不同形式的尺寸标注。例如选择“标注”→“连续标注”命令，就可对现有图形进行连续直线标注。

“实训”绘制以下图形（见图5—10）。

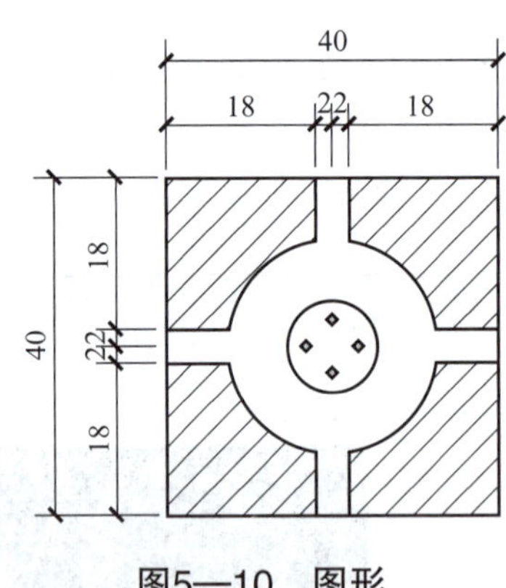


图5—10　图形

绘制前先分析一下图形空间，该图形由一个正方形套合两个同心圆而成，在绘制的过程中需用到直线、矩形、圆、偏移、打断、填充等命令。

绘制40×40正方形。单击“矩形”操作按钮或者选择“绘图”→“矩形”命令，此时屏幕下方“命令窗口”提示。

指定第一个角点或[倒角（C）/标高（E）/圆角（F）/厚度（T）/宽度(W)]:在屏幕上点击选择一个角点。

指定另一个角点或[面积（A）/尺寸（D）/旋转（R）]：

键入“@40，40”得到正方形。

开启状态栏中的对象捕捉，将捕捉点设置为“角点”“圆心”。

单击“直线”按钮或者选择“绘图”→“直线”命令，沿正方形中线点击绘制直线。

单击“圆”按钮或者选择“绘图”→“圆”→“圆心、半径”命令，此时屏幕下方“命令窗口”提示。

指定圆的圆心或[三点(3P)/两点(2P)/相切、相切、半径(T)]:

在屏幕上点击选择两条直线的交点。

指定圆的半径或[直径(D)] <1>:

键入 8，得到如图5—11所示的图形。

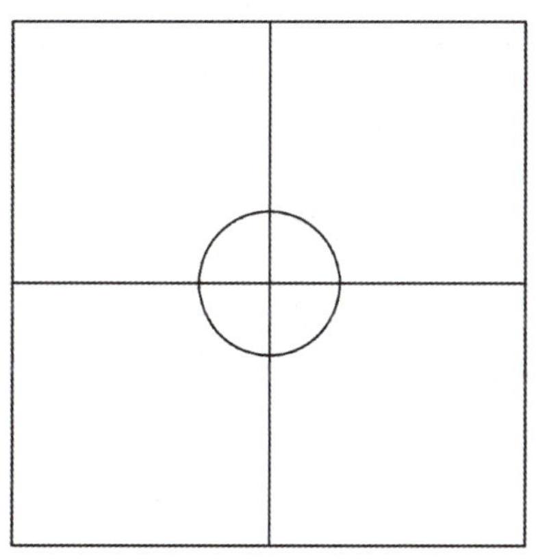

图5—11　实训绘图过程（一）

单击“偏移”按钮，或选择“修改”→“偏移”命令，此时屏幕下方“命令窗口”提示。

指定偏移距离或[通过(T)/删除(E)/图层(L)] <1>:

输入“7”，按Enter键。

选择刚刚绘制好的圆，将其向外偏移7 m。

利用上述方法将画好的两条正方形中轴线各向两边偏移2 m，如图5—12所示。

单击“删除”按钮或选择“修改”→“删除”命令，选择两条正方形中轴线，将其删除，如图5—13所示。

单击“打断”按钮或选择“修改”→“打断”命令。

剪掉多余的线段，如图5—14所示。

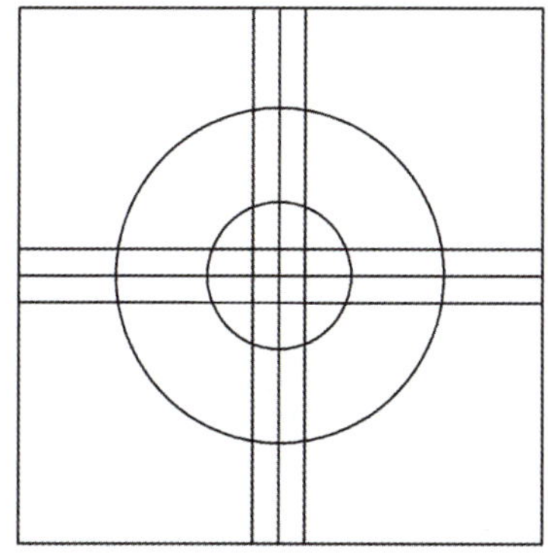

图5—12　实训绘图过程（二）

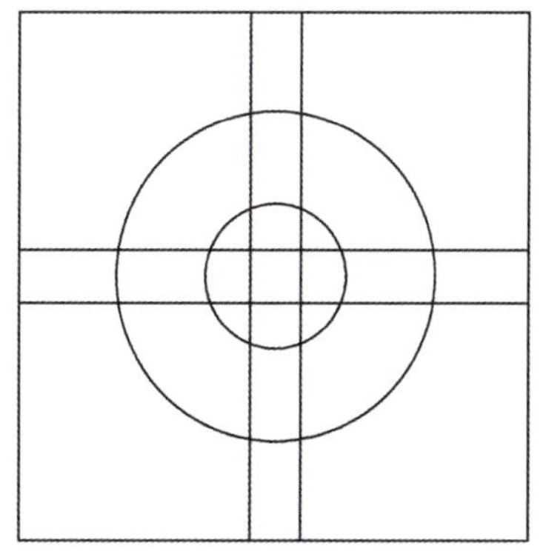

图5—13　实训绘图过程（三）

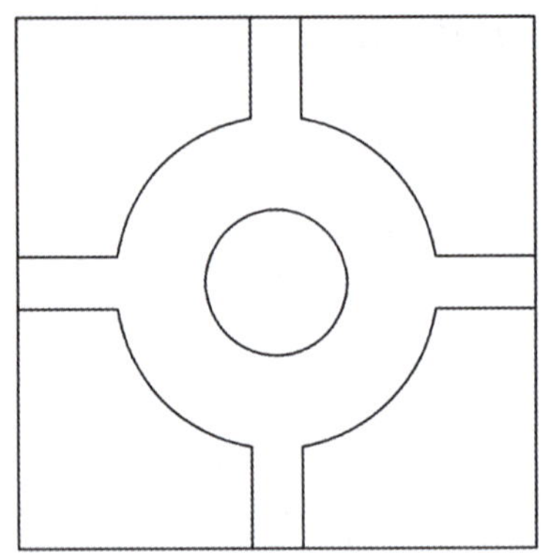

图5—14　实训绘图过程（四）

绘制2×2小正方形。

单击“旋转”按钮或选择“修改”→“旋转”命令，此时屏幕下方“命令窗口”提示。

选择对象：

选择刚刚绘制好的小正方形。

指定基点：

指定正方形的一个交点做基点。

指定旋转角度，或[复制(C)/参照(R)] <45>：

输入角度“45”。

按Enter键，将该图形旋转45°。

单击“复制”按钮或选择“修改”→“复制”命令，此时屏幕下方“命令窗口”提示。

选择对象：

选择刚刚画好的小正方形，单击右键。

指定基点或[位移(D)/模式(O)]<位移>：

指定正方形的一个交点做基点复制小正方形，如图5—15所示。

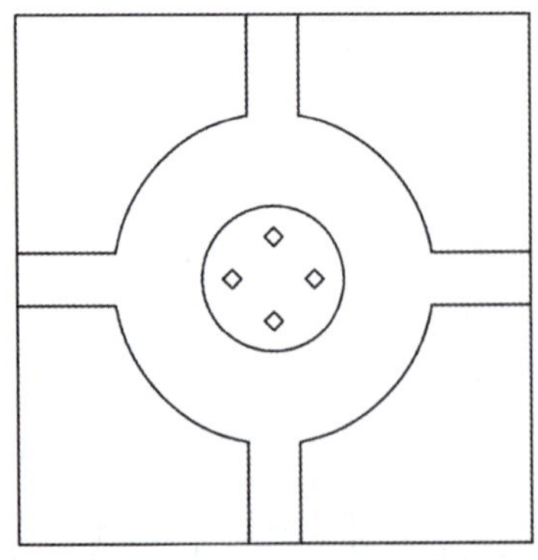

图5—15　实训绘图过程（五）

单击“图案填充”按钮或选择“绘图”→“图案填充”命令，弹出“图案填充和渐变色”控制面板，如图5—16所示。

在“图案填充”一栏中将“类型”选为“预定义”，将“图案”选为“SOLID”，将“样例”选为“红”，单击对话框右侧“添加拾取点”选项。

单击小正方形内部空间后按Enter键，单击“确认”按钮，完成图案填充。

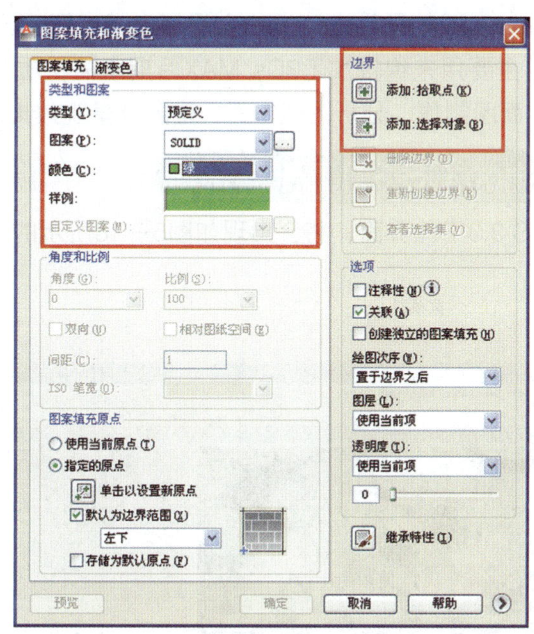


图5—16　“图案填充和渐变色”控制面板

依照上述方法将四周花坛填充为绿色斜纹图案，最终完成图形绘制（见图5—17）。

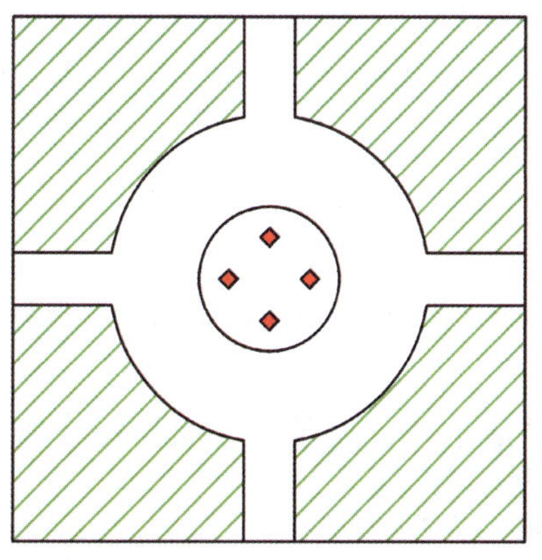

图5—17　完成效果

## 第二节　Photoshop CS 3.0操作软件介绍

Photoshop是美国Adobe公司推出的功能强大、使用广泛的图像处理软件，集图像扫描、编辑修改、图像制作、图像输入与输出于一体，深受广大设计人员的欢迎。

近年来，Photoshop在园林景观设计中的应用越来越广泛，已成为园林景观辅助设计中不可缺少的工具。主要用来编辑加工3Ds MAX后期所需材质贴图、校正色彩、添加效果及园林景观方案平面图制作、分析图制作等，是园林景观效果表达的得力帮手。

### 一、Photoshop CS 3.0工作界面

启用Photoshop CS 3.0工作界面，将会出现如图5—18所示的工作窗口。

图5—18　Photoshop CS 3.0工作界面

#### 1. 标题栏

标题栏位于工作界面的最上方，显示Photoshop经典字样和图标，最右边为最小化、最大化、关闭按钮。

#### 2. 菜单栏

菜单栏位于标题栏的下方，显示Photoshop CS 3.0的菜单命令，包括“文件”“编

辑”“图像”“图层”“选择”“滤镜”“分析”“视图”“窗口”“帮助”等命令，各命令窗口里包含了全部Photoshop CS 3.0执行命令，可用于完成图像文件的各项处理工作。

### 3. 工具箱

工具箱位于操作界面的左侧，Photoshop工具箱中包含图像处理或选定范围操作所需的各种工具。

### 4. 图像窗口

图像窗口是图像文件的显示区域，也是编辑处理图文图像的应用窗口，窗口上栏显示图像文件的名称、缩放比例、图像色彩模式，下方显示文档状态等。

### 5. 调色板

调色板位于操作界面的右侧，针对视图控制、图层、历史记录等提供快捷操作面板。

### 6. 工作区

工作区位于界面中央的大片灰色区域，工具箱、调色板、图像窗口都位于灰色区域中间。

## 二、Photoshop CS 3.0图形文件管理

### 1. 新建图像文件

选择“文件”→“新建”命令，或者按“Ctrl+N”组合键，打开新建窗口新建图像（见图5—19）。

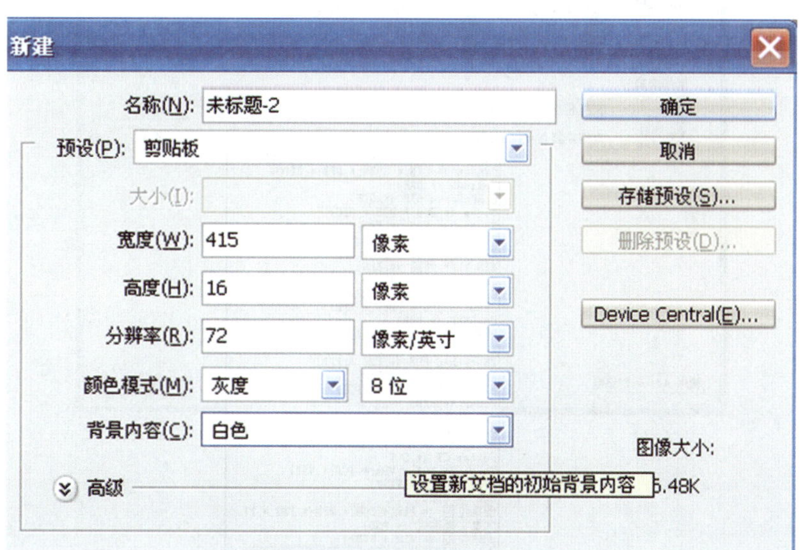


图5—19　“新建”窗口

用户可以根据自身需求对文件名称、图纸宽度、高度、分辨率、颜色模式、背景内容等进行设定，设定完成后，单击“确定”按钮，即可新建新图像文件。

### 2. 打开图像文件

选择“文件”→“打开”命令或按“Ctrl+O”组合键，或者双击屏幕“工作区”也可以打开图像，选择要打开的文件名称，如果文件格式与默认格式不符，可单击“文件类型”下拉列表进行选择。另外，还可选择“文件”→“最近打开文件”命令，选择近期使用过的文件（见图5—20）。

### 3. 存储图像文件

选择“文件”→“存储”命令或者按“Ctrl+S”组合键即可保存Photoshop的默认格式PSD，也就是Photoshop的默认格式。

选择“文件”→“存储为”或者按“Shift+Ctrl+S”组合键可以保存为其他的格式文件。如TIFF、BMP、JPEG/JPG/JPE、GIF等格式。

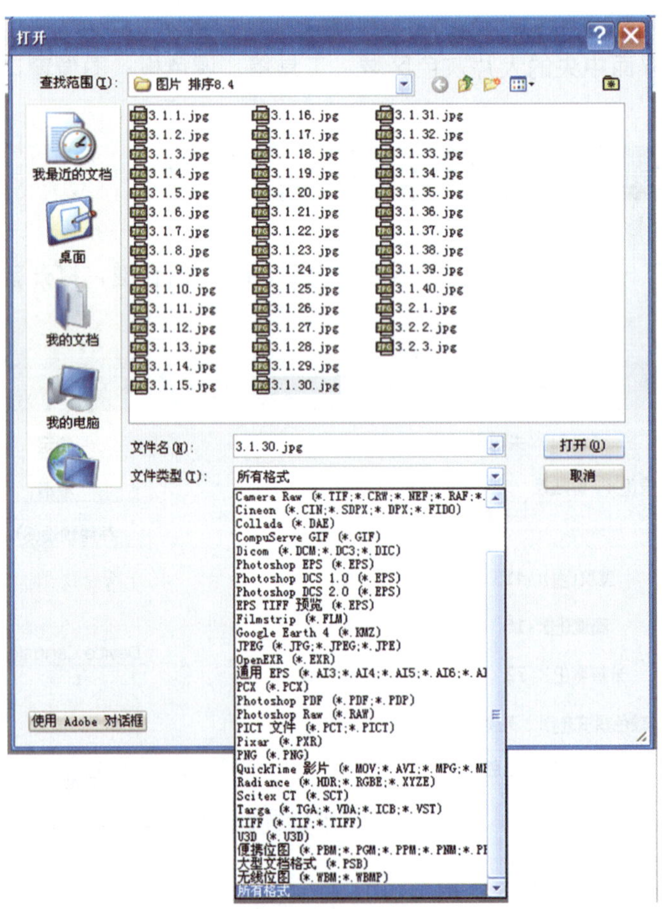


图5—20 打开文件窗口

## 三、图像基础知识

### 1. 文件格式

Photoshop CS 3.0软件支持20多种文件格式，可以打开这些格式的文件并进行图像编辑，运用较为丰富，常用以下几种图像格式：

（1）PSD（*.psd）格式。PSD格式是使用Adobe Photoshop软件生成的图像模式，这种模式支持Photoshop中所有的图层、通道、参考线、注释和颜色模式的格式。在保存图像时，若图像中包含图层，则一般都用Photoshop(PSD)格式保存。若要将具有图层的PSD格式图像保存成其他格式的图像，则在保存时会合并图层，即保存后的图像将不具有任何图层。

（2）JPEG（*.jpe，*.jpg）格式。 JPEG格式的图像通常用于图像预览，JPEG格式的最大特色就是文件比较小，经过高倍率的压缩，是目前所有格式中压缩率最高的格式。但是JPGE格式在压缩保存的过程中会以失真方式丢掉一些数据，因而保存后的图像与原图有所差别。

（3）TIFF（*.tif）格式。TIFF格式便于在应用程序之间和计算机平台之间进行图像数据交换。因此，TIFF格式应用非常广泛，可以在许多图像软件和平台之间转换，是一种灵活的位图图像格式。TIFF格式支持RGB、CMYK、Lab、IndexedColor、位图模式和灰度的颜色模式，并且在RGB、CMYK和灰度三种颜色模式中还支持使用通道（Channels)、图层（Layers）和路径（Paths）的功能。

（4）PDF（*.pdf）格式。PDF格式是Adobe公司开发的一种用于电子出版软文档格式。该格式文件可以存多页信息，支持RGB、索引颜色、CMYK、灰度、位图和Lab颜色模式，并且支持通道、图层等数据信息。PDF格式还支持JPEG和ZIP的压缩格式。

### 2. 分辨率

分辨率是指在单位长度内所含有的点（即像素）的多少，可以分为以下几种类型：

（1）图像分辨率。图像分辨率就是每英寸图像含有多少个点或像素，单位为dpi，例如200dpi就表示该图像每英寸含有200个点或像素。

在数字化图像中，分辨率的大小直接影响图像的品质。分辨率越高，图像越清晰，所产生的文件也就越大，在工作中所需的内存和CPU处理时间也就越多。所以在制作图像时，不同品质的图像就需设置适当的分辨率，才能最经济有效地制作出作品。

（2）设备分辨率。设备分辨率是指每单位输出长度所代表的点数和像素。它与图像分辨率有不同之处，图像分辨率可以更改，而设备分辨率则不可以更改。

（3）屏幕分辨率。屏幕分辨率又称屏幕频率，是指打印灰度级图像或分色所用的网屏上每英寸的点数，它是用每英寸上有多少行来测量的。

（4）输出分辨率。输出分辨率是指激光打印机等输出设备在输出图像的每英寸上所产生的点数。

## 四、Photoshop CS 3.0基本操作命令介绍

### 1. 基本绘图命令介绍

Photoshop CS 3.0基本绘图命令见表5—3。

表5—3 Photoshop CS 3.0基本绘图命令

| 工具 | 命令 | 图标 | 操作说明 |
|---|---|---|---|
| 移动工具 | V | | 用于移动选取区域内的图像 |
| 框选工具 | M | | 选取工具包含了矩形、椭圆、单行、单列选取工具<br>矩形选取工具：选取该工具后在图像上拖动鼠标可以确定一个矩形的选取区域，也可以在选项面板中将选区设定为固定的大小。如果在拖动的同时按住Shift键可将选区设定为正方形<br>椭圆形选取工具：选取该工具后在图像上拖动可确定椭圆形选取区域，如果在拖动的同时按住Shift键可将选区设定为圆形 |
| 套索工具 | L | | 用于通过鼠标等设备在图像上绘制任意形状的选取区域。分为：多边形套索工具，用于在图像上绘制任意形状的多边形选取区域<br>磁性套索工具，用于在图像上具有一定颜色属性的物体的轮廓线上设置路径 |
| 快速选择工具 | W | | 用于将图像上具有相近属性的像素点设为选取区域 |
| 裁切工具 | C | | 用于从图像上裁剪需要的图像部分 |
| 画笔工具 | B | | 该工具集包括画笔工具和铅笔工具，它们也可用于在图像上作画<br>画笔工具：用于绘制具有画笔特性的线条<br>铅笔工具：具有铅笔特性的绘线工具，绘线的粗细可调 |
| 图章工具 | S | | 图章工具包含橡皮图章和图案图章工具<br>橡皮图章工具：用于将图像上用图章擦过的部分复制到图像的其他区域<br>图案图章工具：用于复制设定的图像 |

续表

| 工具 | 命令 | 图标 | 操作说明 |
| --- | --- | --- | --- |
| 橡皮擦工具 | E | | 橡皮擦工具包括橡皮擦工具、背景橡皮擦工具、魔术橡皮擦工具<br>橡皮擦工具：用于擦除图像中不需要的部分，并在擦过的地方显示背景图层的内容<br>背景橡皮擦工具：用于擦除图像中不需要的部分，并使擦过区域变成透明<br>魔术橡皮擦工具：用于擦除色块 |
| 渐变工具 | G | | 渐变工具与颜料桶工具被组合到了一起<br>颜料桶工具：用于在图像的确定区域内填充前景色<br>渐变工具：在工具箱中选中“渐变工具”后，在选项面板中可进一步选择具体的渐变类型 |
| 文字工具 | T | | 文字工具：用于在图层上添加文字图层或放置文字<br>横排文字工具：用于在图像的横向方向上添加文字<br>直排文字工具：用于在图像的垂直方向上添加文字<br>横排文字蒙板工具：用于向文字添加蒙板或将文字作为选区选定<br>直排文字蒙板工具：用于在图像的垂直方向添加蒙板或将文字作为选区选定 |
| 抓手工具 | H | | 用于移动图像处理窗口中的图像，以便对显示窗口中没有显示的部分进行观察 |
| 缩放工具 | Z | | 用于缩放图像处理窗口中的图像，以便进行观察处理 |
| 拾色器 | | | 可以通过点击此按钮打开拾色器图，实现对于颜色的选择操作，分为前景色和背景色两部分。可以使用色域或颜色滑块指定颜色、使用Web安全颜色、选取自定颜色系统、从选取颜色库中选颜色等 |

## 2. 图像调整命令介绍

图像后期效果调整，在园林方案表达方面尤其是效果图制作方面占有十分重要的作用。利用图像调整命令，可以使后期输出的文件在颜色、对比度、明暗、色相方面效果更理想。

图像的调整方法可以从“图像”→“调整”子菜单中选择命令（见图5—21），在园林效果图制作中，常用的命令主要有“色阶”“曲线”“亮度对比度”“色相饱和度”“色彩平衡”等工具。

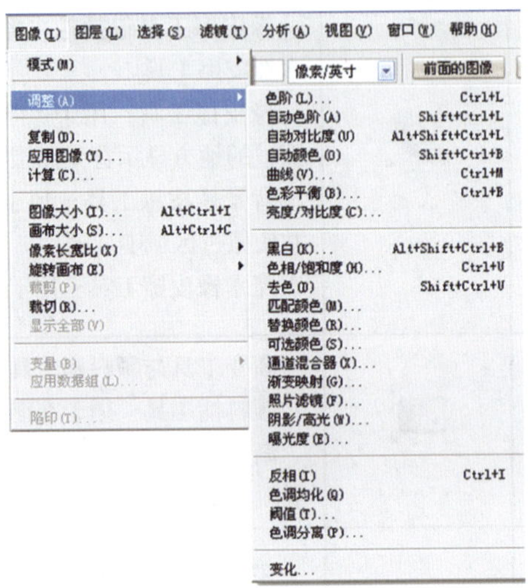


图5—21 “图像”→“调整”子菜单

（1）色阶。选取“图像”→“调整”→“色阶”。

色阶表现了一幅图的明暗关系，可以调整图像的暗调、中间调和高光，图5—22显示了图像中每个亮度值（0～255）处的像素点的多少。

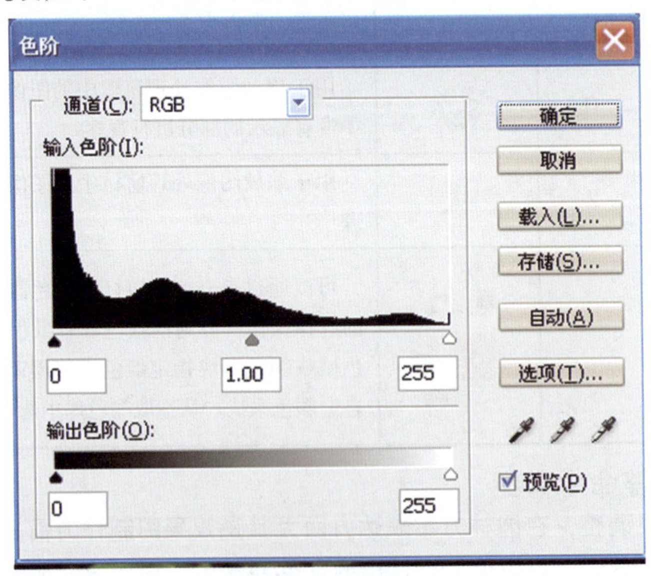


图5—22 色阶

“输入色阶”可以增加图像的对比度。

白色滑钮向左用来增加图像中亮部的对比度（数值范围为2～255）。

灰色滑钮用于控制图像中间色调的对比度（数值范围为0.10～9.99）。

黑色滑钮向右用来增加图像中暗部的对比度（数值范围为0～253）。

图5—23所示为图片在不同色阶值上取得的不同效果。

此外，Photoshop还设置了“自动色阶”工具，单击“图像”→“调整”→“自动色阶”可以自动调整图像的暗部区域和高光区域，使图像色调层次分明。这种自动化调节对某些图像能起到较好的效果，但有时却不够理想，适用于简单的灰度图和像素值比较平均的图像。

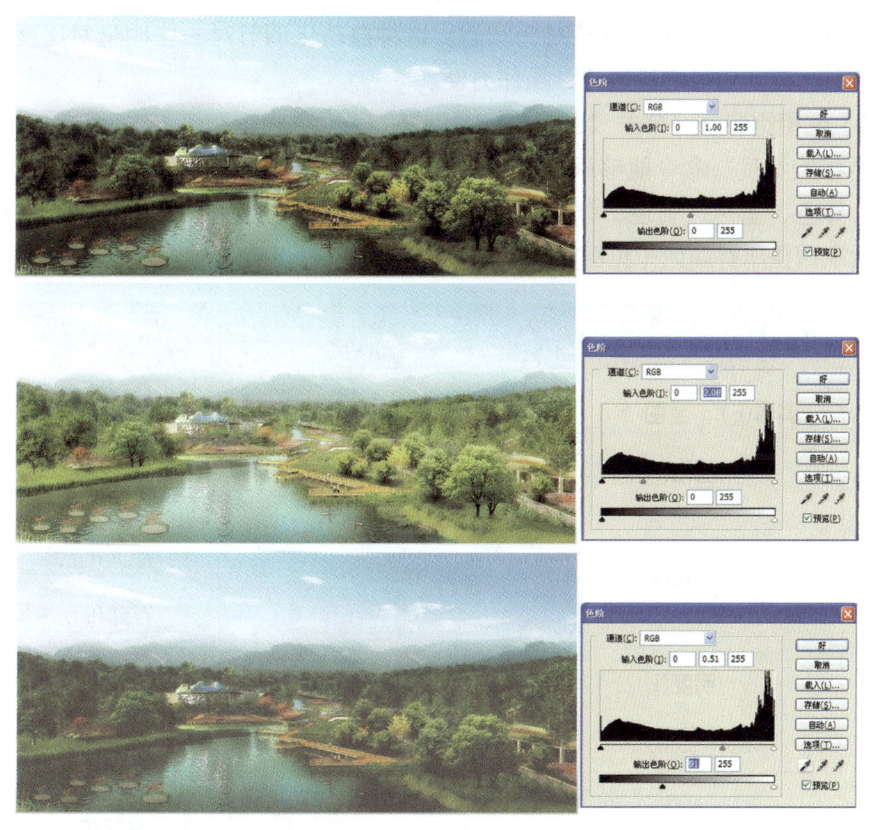

图5—23　不同色阶值的不同效果

（2）亮度对比度。单击“图像”→“调整”→“亮度对比度”。

“亮度对比度”命令能够一次性对整个图像做亮度和对比度的调整。可通过移动滑标或输入具体数值对图像的“亮度”和“对比度”进行调整。可以很方便地将光线不足的图像调整得亮一些（见图5—24）。

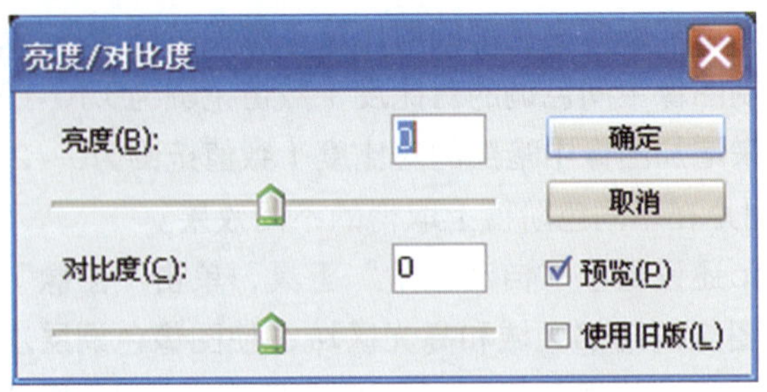


图5—24　亮度、对比度调整

此外，Photoshop设置了“自动对比度”工具，单击“图像”→“调整”→“自动对比度”可以自动调整图像明暗对比状态，这种自动化调节对一些明暗对比度较低、模糊不清的图像能起到很好的效果，操作方便。

（3）色相饱和度。单击“图像”→“调整”→“色相饱和度”。

“色相饱和度”命令能够根据色相、饱和度和明度来调整图像的色彩，可以单独选择红色、绿色、蓝色、青色、洋红和黄色共六种颜色中的任何一种单独进行编辑或选择“全图”来调整所有颜色（见图5—25）。

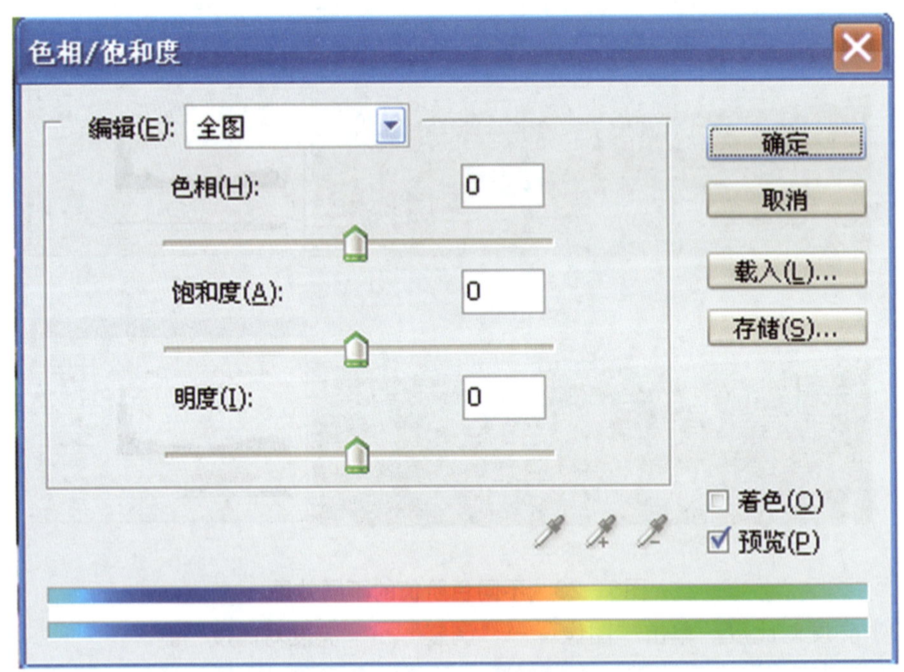


图5—25　色相、饱和度调整

图5—26所示分别为调整图片色相、饱和度、明度所得到的效果。

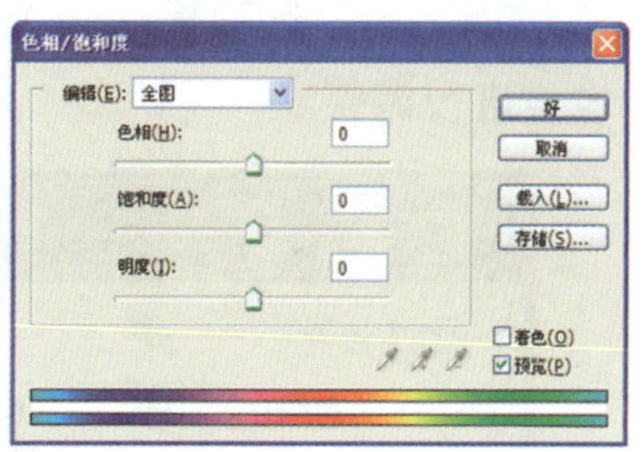

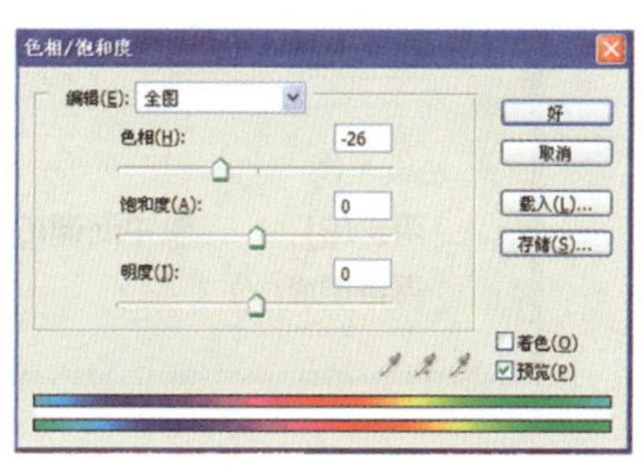

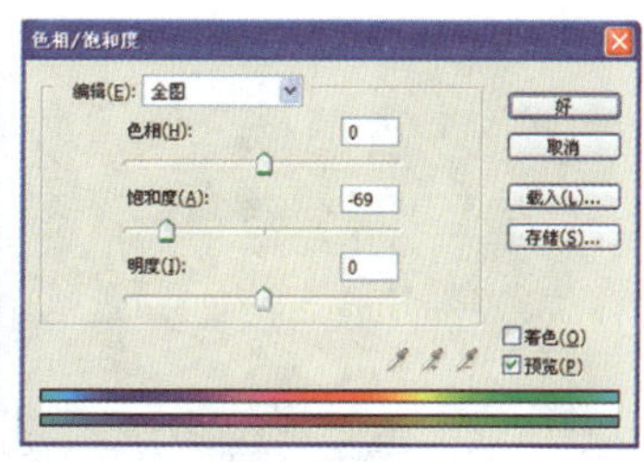

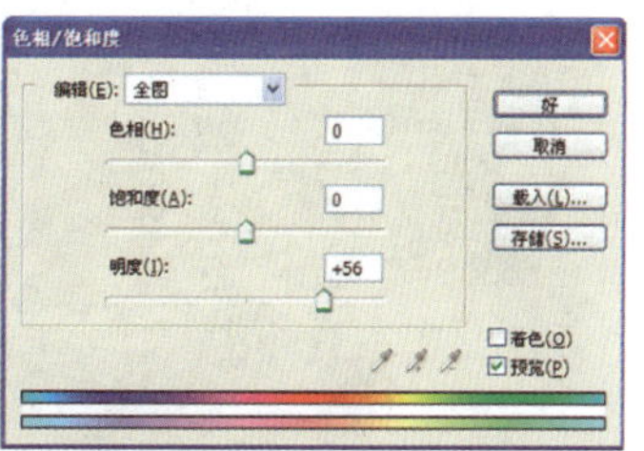


图5—26　调整图片色相、饱和度、明度所得到的效果

（4）色彩平衡。单击“图像”→“调整”→“色彩平衡”。

“色彩平衡”命令可以改变图像中颜色的组成，并混合色彩达到平衡（见图5—27）。

其中，“色调平衡”选项板用于选择需要进行调整的色彩范围，选中某一项就可对相应色调的像素进行调整。

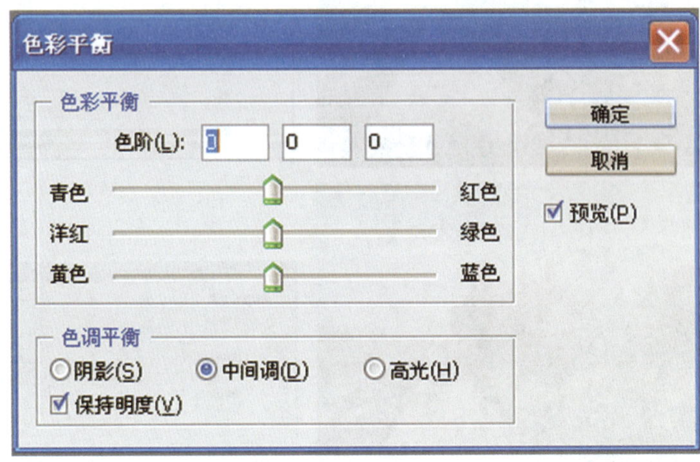


图5—27　“色彩平衡”对话框

图5—28所示为对原有图片增加黄色、红色色值所得的图像效果。

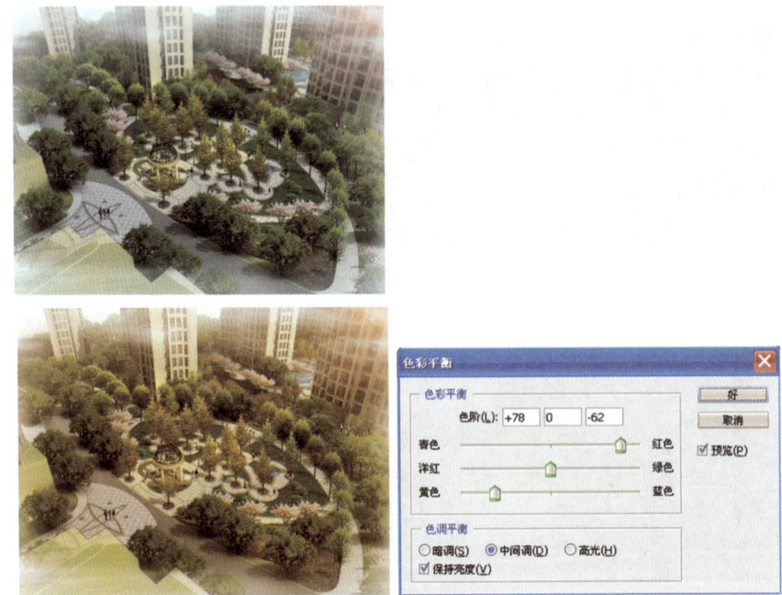


图5—28　色彩平衡调整效果图

# 第三节　其他操作软件介绍

## 一、3Ds MAX在园林景观中的应用

3D Studio Max常简称为3Ds MAX或MAX，是Autodesk公司开发的基于PC系统的三维渲染和制作软件，具有建模、渲染、动画合成等功能，包含强大的材质、贴图、灯光合成等功能，其三维建模功能较为灵活，可充分弥补Auto CAD在三维设计中的不足。

通常来讲，在园林景观计算机辅助设计中，利用3Ds MAX进行效果表达分为效果图制作和动画制作两方面。效果图前期制作可分为创建模型、赋予材质、设置灯光，创建相机、渲染场景五个步骤。而在一些特别重大的项目，可利用3Ds MAX进行动画制作从而使设计意图表达得更直观全面，但技术的复杂程度较高。

3Ds MAX前期建模工作通常包括以下工作流程：

### 1. 建模

在视口中建立对象的模型轮廓，3Ds MAX提供了强大的建模功能，用户可以利用各种建模命令建立或修改模型，建模阶段空间模型尺寸精准，模型体块以不同颜色的色块区分关系，给人一种大致的印象（见图5—29）。

### 2. 材质与贴图

材质与贴图是3Ds MAX重要的渲染手段，通过材质贴图为已建好的模型加载真实材质，使物体看起来逼真，进一步贴近设计意图（见图5—30）。

### 3. 灯光相机

创建灯光为场景提供照明。灯光可以投射阴影、投影图像以及为大气照明创建体积效果，相机能如在真实世界中一样控制镜头长度、视野和运动控制（例如推、拉、摇、移镜头），如图5—31所示。

图5—29 建模

图5—30 材质与贴图

图5—31　灯光相机

## 4. Photoshop后期处理

3Ds MAX具有强大的三维模型制作功能和高品质的渲染功能。但在效果图制作的中后期处理中存在着一些缺憾。而使用图像处理软件Photoshop，可以使图像变得丰富多变化，有效地弥补这一缺憾（见图5—32）。两者的结合可使3Ds MAX制作的效果图更加完善。因此在园林景观计算机辅助设计中，要综合运用各种软件，才能互相协作，取长补短，充分发挥软件优势，才能更好地表达园林景观的设计成果。

图5—32 Photoshop后期处理

## 二、SketchUp在园林景观中的应用

SketchUp是美国Last sofeware公司推出的一款草图设计工具，是一种全新理念的3D模型设计工具。它吸收了“手绘草图”和“工作模型”两种传统辅助设计手段的特点，使用数字技术辅助方案构思，可使设计师直接在计算机上进行直观的构思、推敲和修改，尽可能减少设计师的重复劳动，大大提高了设计师的工作效率。

在园林景观计算机辅助设计中，SketchUp 直接面向设计构思过程，SketchUp的建模系统独有“基于实体”和“精确”的特性，这都使得它避免了其他一些3D软件要求用户输入种类繁多指令的缺点。SketchUp的智能化和简洁性可以使用户方便地频繁修改设计，却不必在操作上浪费太多的时间，使图样更加直观，设计师的修改更加方便。另外在与其他制图软件的衔接方面，SketchUp设置了种类繁多的导入项和导出项。

SketchUp新颖独特的方法使得使用者可以非常方便地将二维图形转化成三维模型，并快速得到最终效果。

SketchUp的操作简单，且拥有强大的辅助构思和表现能力。SketchUp提供多种展现设计的手段，可以生成有光影效果的效果图（见图5—33），也可以生成各种特效风格的效果图，如晕影效果（见图5—34）、黑白光影效果（见图5—35），更可以将模型导入其他三维软件中，渲染出效果更为逼真的图片。

图5—33 光影效果

图5—34 晕影效果

图5—35 黑白光影效果

总体来讲，SketchUp 是直接面向设计过程而不是渲染成品的，与设计师用手工绘制构思草图的过程很相似，其目标是让设计师做设计而不是让绘图员作图。设计师在设计的整个过程均可使用该软件，克服了当前存在的设计与计算机表现脱节的弊病，让设计师回归到设计与表现连贯进行的传统工作模式上来。该软件简便易学，具有实用性、灵活性，可大大提高园林设计师设计成果的准确性和合理性，相信随着技术的不断深入改进、完善，在园林规划设计方面将会有很好的应用前景。

## 思考与练习

1. 练习打开、新建、保存、关闭Auto CAD文件。
2. 练习直线、三角形、矩形、正多边形、圆形的绘制。
3. 练习打开、新建、存储、关闭Photoshop文件。

# 参考文献


[1] 胡长龙主编.园林规划设计.北京；中国农业出版社，2002

[2] 杨赉丽主编.城市园林绿地规划.北京；中国林业出版社，1995

[3] 刘骏、蒲蔚然编著.城市绿地系统规划与设计.北京；中国建筑工业出版社，2004

[4] 中国勘查设计协会园林设计分会编著.风景园林设计资料集. 北京；中国建筑工业出版社，2006

[5] 王瑞玺、初巧岗、郑庆荣主编.草图大师 中文版SketchUp全能特训一点通.北京；科学出版社，2007

[6] 任敬虎主编.3ds max 8建筑效果图完全自学手册.北京；北京希望电子出版社，2006

[7] 王子崇主编.园林计算机辅助设计.北京；中国农业大学出版社，2010